"十二五"国家重点图书出版规划项目

高等学校"十二五"规划教材·计算机软件工程系列

嵌入式计算机系统设计

吕为工　张　策　编著

哈尔滨工业大学出版社

内容简介

本书主要针对计算机专业学生学习和提高嵌入式系统设计水平而撰写。书中讨论的嵌入式计算机系统包含一个完整有交互能力的操作系统,对于操作系统与应用程序一体化的方式则不做讨论。本书针对嵌入式计算机系统设计的特点,首先对其软硬件开发模型进行整体描述,然后自底向上地讲解嵌入式计算机系统的体系结构、初始化和启动模型、开发环境、操作系统内核、文件系统、驱动程序及可视化开发模型,每个部分都配有实例,实例采用主流的嵌入式 Linux 和 ARM9 处理器进行说明;第 9 章特别介绍了个人移动设备计算机系统,并以安卓平台进行讲解;第 10 章给出了几个嵌入式计算机系统应用案例,包括一个税控机开发平台、一个智能家居领域的照明系统和一个针对水资源管理的物联网系统。

与介绍应用技术为主的一般嵌入式系统图书不同,本书更加注重嵌入式计算机系统方面的模型抽象,适合作为计算机及相关专业的工程技术人员、研究生、本科生学习和应用嵌入式计算机系统的参考书。

图书在版编目(CIP)数据

嵌入式计算机系统设计/吕为工,张策编著. —哈尔滨:
哈尔滨工业大学出版社,2017.3(2021.12 重印)
ISBN 978 − 7 − 5603 − 6133 − 8

Ⅰ.①嵌…　Ⅱ.①吕…　②张…　Ⅲ.①微型计算机−
系统设计　Ⅳ.①TP360.21

中国版本图书馆 CIP 数据核字(2016)第 167248 号

策划编辑　王桂芝
责任编辑　刘　瑶
出版发行　哈尔滨工业大学出版社
社　　址　哈尔滨市南岗区复华四道街 10 号　邮编 150006
传　　真　0451 − 86414749
网　　址　http://hitpress.hit.edu.cn
印　　刷　哈尔滨工业大学印刷厂
开　　本　787mm×1092mm　1/16　印张 22.25　字数 542 千字
版　　次　2017 年 3 月第 1 版　2021 年 12 月第 2 次印刷
书　　号　ISBN 978 − 7 − 5603 − 6133 − 8
定　　价　45.00 元

前　言

作为一个 20 世纪 90 年代初毕业的计算机专业的学生,在毕业以后,因为工作性质的原因,我除了从事基于 PC 的计算机应用系统开发,也完成了相当多的基于单片机、工控机甚至 PLC 等这样底层应用系统的构建,因此,"嵌入式系统"这个名词对我来说一直就不陌生,但 2003 年之前,我却一直认为嵌入式系统与我、与计算机专业没有什么关系。

2003 年,一个韩国公司找到我所在学校的科研团队,要开发一个智能家居方面的产品,用于照明的控制和管理,我的团队接受了这个任务。这个产品开发最终使用了 μcos 操作系统和一个三星的 ARM7 处理器,并开启了我个人的嵌入式系统研发生涯。从这时开始,我眼中的嵌入式系统才真正与计算机专业联系起来,并逐步成为我科研和教学的中心。2008年,我开始了嵌入式系统的教学,直到 2015 年春天,我已经为 8 届不同的本科生和研究生讲授过嵌入式系统课程。

在从事嵌入式系统教学的生涯中,我一直遵循着以应用为核心的原则,例如,在嵌入式系统硬件平台的讲解中有具体的电路设计,在嵌入式操作系统的讲解中有具体的环境使用,在基于嵌入式 GUI 的讲解中有 QT 应用程序的设计等。采用这种从应用角度传授嵌入式系统基础知识的方式,目的是使学生踏入社会时能尽快适应嵌入式应用系统的研发需求。而通过学生毕业后的实际工作经历,也表明了这种教学有不错的效果。但随着一批批学生毕业踏入工作岗位,对嵌入式系统更高层次的一些需求出现了,他们开始思索,在娴熟地应用嵌入式系统基本技术的同时,如何能够高屋建瓴,更好地把握嵌入式系统设计的脉络,从战略性的角度应对嵌入式系统开发中遇到的各种问题呢? 这迫使我不得不思索,如何对嵌入式系统的各个方面进行总结和抽象,为嵌入式系统开发提供更全面、有深度和高度的理论支持。

本书正是基于上述思考的一些成果,与一般介绍应用技术为主的嵌入式系统书籍不同,我希望使用一些国内外其他著述未见使用的方法,从新的角度诠释嵌入式系统,从新的高度对嵌入式系统的开发进行抽象。例如,嵌入式系统开发模式的理论模型描述,嵌入式计算机系统硬件构架抽象、驱动程序开发模型及可视化开发等模型描述等。

本书主要针对计算机专业学生进一步学习嵌入式系统的需求,就像本书的书名——《嵌入式计算机系统设计》一样,我们将更加强调嵌入式系统的计算机属性,本书讨论的嵌入式计算机系统,必须包含一个完整有交互能力的操作系统,对于操作系统与应用程序一体化的方式则不做讨论。在嵌入式系统方向,这能使计算机专业的教学内容从非计算机专业中更加鲜明地独立出来。

为了追踪嵌入式系统方向的最新发展,本书将个人移动设备(PMD)也纳入主要讨论范畴。PMD 作为一种软硬件相对通用的专用计算机系统,应用广泛,又与传统 PC 有着很大区别,未来必然会在高等教育教学中占有一席之地,本书在这方面做了初步探索。嵌入式计算机系统应用的另一个热点是将物品接入互联网,与互联网融合形成物联网(Internet of Things,IOT),本书也进行了一些有针对性的分析和讨论。

本书对嵌入式计算机系统进行了抽象总结,但并不意味着不需要应用实例的讲解,相反,应用实例会更加重要,而与此同时,为了和本书内容更好地结合,应用实例的讲解在理论与实际的结合方法上,增加了更多的阐述。本书的应用实例跟踪了传统的和业界最热门的方向。传统的嵌入式计算机系统实例是一个税控机开发平台的全套设计,热点应用则给出了一个智能家居领域的照明系统和一个针对水资源管理的物联网系统设计。

全书共分 10 章,第 1 章首先讲述了嵌入式计算机系统基础,然后从第 2~8 章以自底向上的顺序介绍了嵌入式计算机系统的全貌,其中第 2 章讲述了嵌入式计算机系统体系结构,第 3 章讲述了嵌入式计算机的初始化与启动,第 4 章讲述了嵌入式操作系统开发环境,第 5 章讲述了嵌入式操作系统移植,第 6 章讲述了嵌入式文件系统,第 7 章讲述了嵌入式设备驱动程序开发模型,第 8 章讲述了嵌入式可视化开发模型,第 9 章则是一个独立的内容,对个人移动设备计算机系统给出了单独的讲述,第 10 章则给出了几个嵌入式计算机系统的设计案例。为减少对应用部分细节的描述,一些说明性的内容收集在附录中。

本书由吕为工和张策撰写,参加撰写的还有柏军、李剑雄和石代锋。

由于作者水平所限,疏漏之处在所难免,恳请读者批评指正。

作者
2016 年 8 月

目　　录

第1章 嵌入式计算机系统基础

从2000年开始,"嵌入式系统"这个词语频繁地出现在计算机研究及应用的各种论述中,与此同时,一类特殊的计算机也被彻底地独立出来,这就是嵌入式计算机。

2002年,John L. Hennessy 和 David A. Patterson 在他们的经典著作 *Computer Architecture：A Quantitative Approach* 的第3版中,不仅在附录中增加了嵌入式计算机的内容,还采用了新的计算机分类方式,即从使用的角度将计算机分为桌面电脑(个人计算机,PC)、服务器和嵌入式计算机,取代了传统的微型机、小型机、中型机和大型机的分类方式,这标志着嵌入式计算机在业界主流的分类方式中占据了一席之地。

2005年,嵌入式计算机的核心硬件——嵌入式处理器销售量约30亿个,而同期的个人计算机销售量约为2亿台,服务器约为1 000万台。到2010年,嵌入式处理器的总销售量达到了190亿个,个人计算机约为3.5亿台,服务器约为2 000万台,嵌入式计算机正以前所未有的速度走进人们的生活,它开启了一个时代,即PC失去主角位置的时代——后PC时代。

嵌入式计算机的兴起成为后PC时代的主要标志之一。

1.1 嵌入式计算机系统概述

尽管嵌入式系统在2000年以后才被广泛认知,但它却并非一个全新的事物,早在微处理器面世,微型机出现伊始,开发人员就已经开始将微处理器嵌入到设备之中,以实现对设备的智能化控制,而这正是最早的嵌入式计算机。通用计算机系统和专用的嵌入式计算机系统一直是计算机系统的两大分支。

1.1.1 嵌入式系统的概念与特点

目前,常见的针对嵌入式系统或嵌入式计算机系统的定义有以下四种:

(1)国际电气工程师学会(IEE)对嵌入式系统的定义:用来控制或监视机器、装置、工厂等大规模系统的设备。

(2)电气和电子工程师协会(AIEE)对嵌入式计算机系统的定义:是一个较大的系统的一部分,并执行该系统的某些要求,例如,在飞机或快速传输系统中使用的专用的计算机系统。

(3)北京航空航天大学何立民教授对嵌入式系统的定义:用来嵌入到对象系统中的专用计算机系统。

(4)国内通常采用的定义:嵌入式系统是以应用为中心,以计算机技术为基础,软件硬件可裁剪,适应应用系统对功能、可靠性、成本、体积、功耗严格要求的专用计算机系统。

显然,第一个定义是一个完全的非计算机专业定义,它甚至连嵌入式系统是不是计算机系统、是不是包含处理器都没有明确说明。作为以计算机学科为基点的书籍,这一定义不在本书讨论之列。而在后三个定义中,则首先肯定了嵌入式系统是一种计算机系统,"专用的计算机系统"成为三者的共同描述。

本书不对嵌入式系统的定义做深入探讨,也不管业界对嵌入式系统的定义有怎样不同的解读,但嵌入式系统是一个专用的、不具有通用的类似个人计算机形态的计算机系统,这对本书所讲的嵌入式系统来说是一个确定性的描述,是展开论述的一个基点。

嵌入式系统作为一种专用的计算机系统,通常具有如下特点:

(1)专用性。嵌入式系统适应不同的应用场合,个性化很强,一般要针对硬件进行移植,追求的是专用而不是通用,这也是嵌入式系统开发周期较长的根本原因。

(2)系统精简。嵌入式系统一般工作在资源有限的环境中,对功耗、体积等都有着特定的要求,其功能的设计及实现一般不会太复杂。

(3)多样性。嵌入式系统的应用场合多种多样,功能纷繁复杂,无法按照某一标准定制。

(4)嵌入式系统通常有各自专门的开发工具和环境。

(5)嵌入式系统的应用软件很多时候会和操作系统结合在一起,对代码质量和效率要求很高。

(6)嵌入式系统使用嵌入式操作系统,而嵌入式操作系统通常要求内核小、可裁剪、多任务,一些应用场合还对可靠性、实时性有着极高的要求。

1.1.2　嵌入式计算机系统

按照前述嵌入式系统的后三个定义,嵌入式系统是一种计算机系统,那么把嵌入式系统也称为嵌入式计算机系统就没有任何问题了,但本书在书名中使用"嵌入式计算机系统"的意义则远不止于此,它有针对性地包含以下三个含义。

1. 站在计算机学科的角度

嵌入式计算机系统是一门关于计算机及电子等专业的交叉学科,不同学科的不同人看待嵌入式计算机系统有不同的角度。一个现代的电子工程师看到的嵌入式计算机可能主要是 SOC 处理器设计及系统的硬件实现技术;一个单片机程序员甚至会认为单片机系统才是正宗的嵌入式计算机系统,而本书则从计算机系统的角度来看待嵌入式计算机系统。

计算机系统由软件和硬件组成,既然嵌入式计算机系统也是一种计算机系统,那么它同样也是由软件和硬件构成,只不过这个软件和硬件是用于嵌入式计算机系统的,可称之为嵌入式软件和嵌入式硬件。

2. 包含完整的有交互能力的操作系统

从计算机专业的角度,进一步分析嵌入式硬件和嵌入式软件。嵌入式硬件包括嵌入式处理器和外围接口电路,而嵌入式软件则包括嵌入式操作系统和用户应用程序。嵌入式计算机系统的组成如图 1.1 所示。

在早期,针对嵌入式系统中是否一定包括嵌入式操作系统曾有过争议,争议的焦点在于一些不含有操作系统的普通单片机系统到底算不算嵌入式系统。随着嵌入式系统的发展,这个争议已烟消云散,现在,普通的单片机系统通常仅被看作是嵌入式应用,而不是嵌入式系统。将嵌入式应用和嵌入式系统区别开来的正是嵌入式操作系统,嵌入式操作系统的加

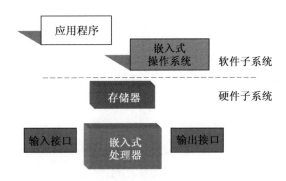

图 1.1　嵌入式计算机系统的组成

入也意味着计算机专业正式介入了专用计算机领域。

本书的嵌入式计算机系统针对嵌入式操作系统有更严格的限定,即包含完整的有交互能力的操作系统,但对于操作系统与应用程序一体化的方式则不做讨论。在嵌入式系统方向,这能使计算机专业的教学内容从非计算机专业中独立出来。据笔者所知,一些电子类专业的嵌入式系统课程通常都是以简单的、无交互能力的、无单独开发环境的小操作系统(如 uC/OS 等)为基础进行讲授的。

3. 包含 PMD 计算机系统

PMD(Personal Mobile Device,个人移动设备),是指一类带有多媒体用户界面的无线设备,如手机、平板电脑等。John L. Hennessy 和 David A. Patterson 在第 5 版的 *Computer Architecture: A Quantitative Approach* 中对计算机进行分类,把 PMD 从嵌入式计算机中分离出来,被作为单独的计算机类别。PMD 有通用的软件开发平台,就像桌面计算机一样,可以运行第三方软件,是一种软硬件相对通用的专用计算机系统。PMD 作为一个应用范围广并在不断发展,又与传统 PC 有着很大区别的计算机系统,正变得越来越重要。

就像手机不再仅仅是专门用于通话功能的设备一样,PMD 的专用性正在逐渐淡化,而通用特性则越来越接近个人计算机,而且其形态也相对固定。与传统通用计算机系统和嵌入式系统都不同,PMD 仍然使用与一般嵌入式计算机系统类似的操作系统环境,并且其开发模式也同样为主机-目标机模式。从计算机系统开发者的角度看,基于 PMD 与嵌入式计算机的开发还具有很高的相似性,并且更接近于计算机学科的范畴,所以本书将 PMD 也纳入讨论范围。笔者认为,在 PMD 未成为完全独立的教学与科研方向之前,在嵌入式计算机系统中讨论 PMD 是合适的。

1.1.3　嵌入式计算机系统的相关知识体系

图 1.2 给出了与嵌入式系统各组成部分直接相关的知识体系。由图可以看到,根据嵌入式计算机系统硬件包括的嵌入式处理器和外围接口电路,衍生出嵌入式硬件可能涉及的三部分知识点,即嵌入式处理器设计、外围接口电路设计,以及将二者结合在一起的基于嵌入式处理器的硬件体系结构设计;而根据嵌入式系统软件包括的嵌入式操作系统和应用程序,与嵌入式系统软件相关的四个知识点则为嵌入式操作系统设计、嵌入式操作系统开发环境、基于嵌入式操作系统的硬件驱动程序设计以及嵌入式系统中的应用程序设计。

嵌入式系统不一定需要可视化的图形界面,如汽车控制尾气排放的嵌入式系统,甚至连文本字符界面也不需要,而嵌入式系统中图形界面开发有自己的开发模式,所以这里将嵌入式系统中的应用程序设计知识点分为"无界面或字符界面应用程序设计"和"嵌入式 GUI 及图形应用程序设计"。

在计算机专业中,嵌入式处理器设计的相关知识属于计算机组成原理的范畴,具体操作上主要是使用 Verilog 或 VHDL 语言设计基于 MIPS 指令集的处理器,并通过 FPGA 以 SOC 的方式进行处理器的仿真。

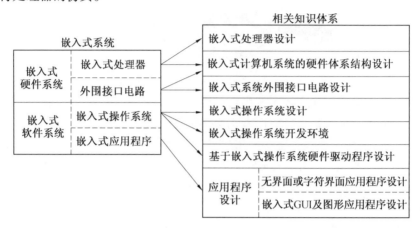

图 1.2　与嵌入式系统各组成部分直接相关的知识体系

对于外围接口电路设计,无论是电子类专业的课程"单片机及接口技术",还是计算机专业的"微机原理与接口技术",虽然并不是专门针对嵌入式处理器,但由于接口电路的通用性,因此已经包含大部分相关知识。

嵌入式操作系统设计涉及的基础知识在计算机专业的操作系统课程中已经给出,而无界面或字符界面应用程序设计与通用的程序设计并无不同,所有程序设计相关基础课都有相关讲解。

在图 1.2 中被单独标出的四个知识点,即嵌入式计算机系统的硬件体系结构设计、嵌入式操作系统开发环境、基于嵌入式操作系统硬件驱动程序设计和嵌入式 GUI 及图形应用程序设计,包含在本书讨论的范围内。

1.2　嵌入式操作系统

在前面给出的描述中,嵌入式处理器和嵌入式操作系统并不是自底向上定义的,它是由嵌入式系统的概念引出的,即嵌入式处理器是用于嵌入式系统的处理器,嵌入式操作系统是用于嵌入式系统的操作系统。

很遗憾,这并不是一个能够量化的严格定义,通常,嵌入式处理器是相对于主流处理器中的 X86 而言的,嵌入式操作系统则排除了桌面计算机和服务器使用的操作系统(如 Windows 和 Unix)。

1.2.1　与应用程序一体化的操作系统

一些简单的嵌入式操作系统,如 uC/OS 和 QNX 等,并不存在提供交互能力的用户界面(Shell),其操作系统和应用程序是一体的,采用和单片机系统一样的开发模式(通过仿真器),而不是使用基于嵌入式操作系统的开发环境。

在这些简单的嵌入式操作系统上开发程序,操作系统是"看不见"的,在 PC 程序员眼中,这只是一些支持多任务的 API 函数,同时,这些操作系统内部也缺乏通用的硬件驱动程序支持,硬件驱动往往需要程序员自己编写,并且这些驱动程序是直接基于硬件的,并不具有操作系统提供屏蔽硬件细节的底层支持。

这些小操作系统通常都是实时的抢占式的,代码体积小,速度快,一般适合无存储管理的低配置硬件上的简单应用,相当于单片机系统的进阶模式。从计算机专业的角度看,这样的操作系统则是不完整的,这类操作系统被排除在本书的嵌入式计算机系统之外。

对于这类操作系统开发模式的进一步探讨,将在后文给出。

1.2.2　实时操作系统

实时性一直是应用系统关注的主要性能,在嵌入式计算机系统中更是如此。一个嵌入式计算机系统要成为一个实时系统,与其包含嵌入式操作系统是密切相关的。

1. 实时系统

Stankovic 对实时系统的定义:"实时系统是这样一种系统,即系统执行的正确性不仅取决于计算的逻辑结果,还取决于结果的产生时间。"

实时系统又可以分为硬实时系统和软实时系统。它们对外界事件做出反应的时间不同,硬实时系统必须对事件做出及时的反应,绝对不能错过事件处理的时限。比如说航天飞机的控制系统,如果出现故障,后果则不堪想象。软实时系统是指,如果系统负荷较重时,则允许发生错过时限的情况,而且不会造成太大的危害。比如液晶屏刷新允许有短暂的延迟。

硬实时系统和软实时系统实现的区别主要是在选择调度算法上。一般来说,软实时系统任务的调度为毫秒级,而硬实时系统任务的调度为微秒级。对于软实时系统,选择基于优先级调度的算法足以满足其需求,而且可以提供高速的响应和大的系统吞吐量。而对硬实时系统来说,需要使用的算法就应该是调度方式简单、反应速度快的实时调度算法。

嵌入式计算机系统通常用于某种实际场合,其实时性会决定实际应用的效果甚至成败,即所有的嵌入式计算机系统都有实时性要求。通常可以认为,嵌入式计算机系统至少是软实时系统,如果把软实时系统和硬实时系统都看作是实时系统,则所有的嵌入式系统都可以看作是实时系统,但并不是所有的实时系统都是嵌入式系统,实时系统甚至可以连计算机系统都不是。

2. 实时操作系统

实时操作系统是指具有实时性,能支持硬实时控制系统工作的操作系统。实时操作系统的首要任务是调度一切可利用的资源完成实时控制任务,其次才着眼于提高计算机系统的使用效率。实时操作系统的重要特点是通过任务调度来满足对于重要事件在规定的时间内做出正确的响应。对于非实时操作系统,软件的执行在时间上的要求并不严格,时间上的延误或者时序上的错误,一般不会造成灾难性的后果。

实时操作系统的主要任务是对事件进行实时处理,虽然事件可能在无法预知的时刻到达,但是软件必须在事件随机发生时,在严格的时限内做出响应(系统的响应时间)。实时操作系统具有可确定性,即系统能对运行得最好和最坏的情况做出精确的估计。对于实时操作系统,即使是系统处在尖峰负荷下,也应如此,系统时间响应的超时就意味着致命的失败。

3. 使用嵌入式操作系统的优缺点

使用嵌入式操作系统的优点:使程序的设计和扩展变得容易,大大提高了开发效率;充分发挥 32 位 CPU 多任务的潜力,实现多任务设计,能够充分利用硬件资源和实现资源共享;实时性和健壮性能够得到更好的保证。

使用嵌入式操作系统的缺点:嵌入式操作系统增加了 ROM/RAM 等额外开销,CPU 也增加了 5% ~ 10% 的额外负荷。

1.2.3　嵌入式操作系统实例

嵌入式操作系统种类繁多,各有特色,在最新的调查中,Linux 已经在每年数以千计的产品设计中成为主流操作系统,在近一半的嵌入式设计中使用了 Linux。

1. 嵌入式 Linux

在嵌入式系统领域,Linux 是应用最广泛的首选操作系统,目前已经发展到 2.6 版本。

嵌入式 Linux 现在已经有许多版本,包括强实时的嵌入式 Linux 和一般的嵌入式 Linux 版本。新墨西哥工学院的 RT-Linux 通过把通常的 Linux 任务优先级设为最低,而所有实时任务的优先级都高于它,以达到既兼容通常的 Linux 任务又保证强实时性能的目的。

另一种源于 Linux 的嵌入式操作系统是 uCLinux,它是针对没有 MMU 的处理器而设计的,去掉了虚拟内存管理技术,程序中访问的地址都是物理地址,并为嵌入式系统做了许多小型化工作。

Linux 的主要特点如下:

(1)开放源码,驱动程序及其他资源丰富。

(2)内核小,功能强,稳定健壮,效率高,多任务。

(3)易于定制裁剪,在价格上极具竞争力。

(4)除了支持 X86 CPU 外,还支持其他 CPU 芯片。

(5)有大量的且不断增加的开发工具,这些工具为嵌入式系统的开发提供了良好的开发环境。

(6)沿用了 Unix 的发展方式,遵循国际标准,可以方便地获得众多第三方软硬件厂商的支持。

(7)有完善的网络支持。

(8)包含嵌入式浏览器、邮件程序、MP3 播放器、MPEG 播放器和记事本等丰富的应用程序。

2. Windows CE

Windows CE 是微软公司的产品,但并不是 PC 上的 Windows,它是从整体上为有限资源平台设计的多线程、完整优先权、多任务的操作系统。其模块化设计允许它对从掌上电脑到专用的工业控制器的用户电子设备进行定制。操作系统的基本内核至少需要 200 KB 的 ROM。

Windows CE 的特点如下:

(1)带有灵活的电源管理功能。

(2)对象存储技术,包括文件系统、注册表和数据库。

（3）良好的通信能力,支持各种通信硬件,支持局域网、Internet 和拨号连接。

（4）支持嵌套中断,提供实时支持。

（5）更好的线程响应能力,中断服务线程响应时间上限更严格,适应嵌入式应用程序要求。

（6）256 个优先级,使开发人员在时序安排方面有更大的灵活性;使用 Win32 API 的一个子集,支持近 1 500 个 API,足以编写任何复杂的应用程序。

（7）在掌上电脑中,Windows CE 包含重要的应用组件,如 Pocket Outlook、语音录音机、移动频道、远程拨号访问、世界时钟、计算器、多种输入法、GBK 字符集、中文 TTF 字库及英汉双语词典。

Windows CE 的缺点是价格过高。

3. VxWorks

VxWorks 是美国 WindRiver 公司于 1983 年设计开发的一种实时操作系统。VxWorks 拥有良好的持续发展能力、高性能的内核以及良好的用户开发环境,在实时操作系统领域内占据一席之地。

VxWorks 以其良好的可靠性和卓越的实时性被广泛地应用在通信、军事、航空航天等高精尖技术及实时性要求极高的领域中,如卫星通信、军事演习、导弹制导及飞机导航等。在美国的 F-16 战斗机、FA-18 战斗机、B-2 隐形轰炸机和爱国者导弹上,甚至连 1997 年 4 月在火星表面登陆的火星探测器上也使用了 VxWorks。

VxWorks 具有以下核心功能:

（1）微内核。

（2）任务间通信机制。

（3）网络支持。

（4）文件系统和 I/O 管理。

（5）POSIX 标准实时扩展。

（6）C++及其他标准支持。

VxWorks 是一个非常优秀的实时系统,其缺点是价格昂贵。

4. Palm OS

Palm OS 在掌上电脑和 PDA 市场上占有很大的市场份额。它有开放的操作系统应用程序接口（API）,开发商可以根据需要自行开发所需的应用程序。

Palm OS 运行在一个多任务的内核之上,但同一时刻用户界面仅仅允许一个应用程序被打开,即只能执行单任务,这保证了系统的高效和稳定。Palm OS 关机时要保存刚才正在运行的程序,开机时从断点开始运行,实现了所谓的零启动时间。Palm OS 常用版本为 5.2,最新版本为 5.3。

Palm OS 的特点如下:

（1）专门为移动设备设计,高效利用内存和电池能量,便于设计小巧轻便的产品。

（2）支持个人信息管理。

（3）Palm OS 软件开发联盟提供了数万种应用程序,兼容 Word、Excel、网页浏览器、电子邮件系统、电子书籍和游戏。

（4）无论同步数据、安排日程,还是使用手写输入法,总是能提供简单快捷的用法。

（5）有线和无线通信，许多基于 Palm 的设备带有红外传送功能，可以利用有线 Modem 来支持无线局域网和蓝牙。

5. uC/OS

uC/OS 是源码公开的实时嵌入式操作系统，目前有代表性的版本是 uC/OS-Ⅱ，大约有 6 500 行代码 。uC/OS-Ⅱ的主要特点如下：

（1）公开源代码。系统透明，很容易就能把操作系统移植到各个不同的硬件平台上。

（2）可移植性强。uC/OS-Ⅱ绝大部分源码是用 C 语言编写的，可移植性较强。而与微处理器硬件相关的那部分则是用汇编语言编写的，已经压到最低限度，便于移植到其他微处理器上。

（3）可固化。操作系统和应用程序是一体的，可以固化嵌入到开发者的产品中成为产品的一部分。

（4）可裁剪。通过条件编译可以只使用 uC/OS-Ⅱ中应用程序需要的那些系统服务程序，以减少产品中的 uC/OS-Ⅱ所需的存储器空间。

（5）抢先式。uC/OS-Ⅱ完全是抢先式的实时内核，这意味着 uC/OS-Ⅱ总是运行在就绪条件下优先级最高的任务。

（6）实时多任务，最多支持 60 个任务。

（7）可确定性。全部 uC/OS-Ⅱ的函数调用与服务的执行时间具有可确定性。

（8）uC/OS-Ⅱ仅是一个实时内核，有很多工作往往需要用户自己去完成。

（9）把 uC/OS-Ⅱ移植到目标硬件平台上只是系统设计工作的开始，还需要进行功能扩展，包括实现硬件驱动、文件系统及 GUI 等。

6. LynxOS 和 QNX

LynxOS 是一个分布式、嵌入式、可规模扩展的实时操作系统，它遵循 POSIX. 1a，POSIX. 1b 和 POSIX. 1c 标准。LynxOS 支持线程概念，提供 256 个全局用户线程优先级，还提供一些传统的、非实时系统的服务特征，包括虚拟内存、一个基于 Motif 的用户图形界面、与工业标准兼容的网络系统以及应用开发工具。

QNX 是一个实时的、可扩充的、开放的操作系统。使用时，用户程序代码和内核直接编译在一起，生成一个单一的多线程映象。QNX 应用接口遵循 POSIX 相关标准，可移植性好，Linux/Unix 程序可以很方便地移植。QNX 的开放性还表现在网络连接上，提供全面的对多种硬件多种协议的支持。QNX 的内核非常小巧（QNX4. x 大约为 12 KB），而且运行速度极快，用户可以根据实际需求，将系统配置成微小的嵌入式操作系统或包括几百个处理器的超级虚拟机操作系统。

7. 安卓系统和苹果 iOS

安卓（Android）和苹果 iOS 是专门用于 PMD 的嵌入式操作系统。

安卓由 Google 公司和开放手机联盟领导及开发，是一种基于 Linux 的自由及开放源代码的操作系统，主要用于移动设备，如智能手机和平板电脑。安卓操作系统最初由 Andy Rubin 开发，2005 年由 Google 收购注资，2007 年 11 月，Google 与 84 家硬件制造商、软件开发商及电信营运商组建开放手机联盟，共同研发改良安卓系统，并在随后发布了安卓系统的源代码。据 2012 年 11 月数据显示，安卓系统占据全球智能手机操作系统市场份额的 76%。2013 年全世界采用安卓系统的设备数已达到 10 亿台。

苹果 iOS 是由苹果公司开发的移动操作系统。苹果公司最早于 2007 年 1 月 9 日的 Macworld 大会上公布这个系统,最初是设计给 iPhone 使用的,后来陆续套用到 iPod Touch(苹果公司 2007 年推出的便携移动产品,可看作 iPhone 的简版)、iPad 及 Apple TV 等产品中。iOS 与苹果的 Mac OS X 操作系统一样,也是以 Darwin(苹果电脑 2000 年的一个开放源码操作系统)为基础的,属于类 Unix 的商业操作系统。iOS 系统原名为 iPhone OS,2010 年 WWDC(苹果电脑全球研发者大会)大会上宣布改名为 iOS。

8. 国内的几个嵌入式操作系统

DeltaOS 是成都电子科技大学嵌入式实时教研室和科银公司联合研制开发的全中文的嵌入式操作系统,提供实时内核,绝大部分的代码由 C 语言编写,具有很好的移植性。它主要包括实时内核 DeltaCORE、组件 DeltaNET、文件系统 DeltaFILE 以及嵌入式图形接口 DeltaGUI 等,还提供了一整套的嵌入式开发套件 LamdaTOOL。

Hopen OS 是由凯思集团自主研制开发的实时操作系统,它由一个体积很小的内核及一些可以根据需要进行定制的系统模块组成。其核心 Hopen Kernel 的规模一般为 10 KB 左右,占用空间小,并具有实时、多任务、多线程等特征。

EEOS 是中科院计算所组织开发的开放源码的实时操作系统。该实时操作系统重点支持 Java,要求一方面小型化,一方面能重用 Linux 的驱动和其他模块。它包含 E2 实时操作系统、E2 工具链及 E2 仿真开发环境的完整环境。

HBOS 系统是浙江大学自主研制开发的全中文实时操作系统,具有实时、多任务等特征,能提供浏览器、网络通信和图形窗口等服务;可供进行一定的定制或二次开发;能为应用软件开发提供 API 接口支持;可用于开发信息家电、智能设备和仪器仪表等领域。

1.3　嵌入式处理器

嵌入式处理器是用于嵌入式系统的处理器,严格来说,任何处理器都可能被用于嵌入式系统,那么如何确定一个处理器是不是嵌入式处理器呢? 通常,嵌入式处理器是相对于主流处理器中的 X86 而言的,其本质是区别通用计算机处理器的专用计算机处理器。表 1.1 给出了 X86 处理器与嵌入式处理器的比较。

表 1.1　X86 处理器与嵌入式处理器的比较

	X86 处理器	嵌入式处理器
应用	家用 PC、笔记本、服务器	特定应用
组成	ALU、MMU、片内 Cache,片内资源有限,其他功能需要扩展	ALU、MMU、片内 Cache,集成网卡、USB 等
指令系统	CISC	RISC
I/O 编址方式	独立编址	统一编址
系统存盘	硬盘,需要时调入内存	Flash,启动后全部加载
软件	多样,复杂,全面	面向特定需求,占用空间小,精简
产品使用	通过人机交互实现	嵌入设备中自动完成
关联	X86 常作为嵌入式系统的开发主机	

1.3.1　传统的处理器

处理器的设计是一个复杂的系统工程,一般根据设计方法把传统的处理器分为微控制单元 MCU、数字信号处理器 DSP 及微处理器 MPU 三类。

1. 微控制单元 MCU

MCU 是一种系统设计方法,将计算机的 CPU、RAM、ROM、定时器和多种 I/O 接口集成在一片芯片上,形成芯片级的计算机,为不同的应用场合做不同的组合控制。

51 单片机是这种设计方法最早期的实现,广泛应用于各种工业控制场合,对不同信息源的多种数据进行处理诊断,属于通用集成电路。

2. 数字信号处理器 DSP

DSP 是另外一种系统设计方法,与 MCU 专注于控制不同,DSP 强调各种数字信号处理算法的快速实现,如音频、视频数据的编解码。

MCU 采用的硬件结构是冯·诺依曼型,通常在同一个存储空间取指令和数据,两者不能同时进行。DSP 采用改进型哈佛结构,指令和数据空间完全分开,并且有多个指令和数据空间,提高了数据的吞吐率。DSP 具有专门的硬件乘法器,广泛采用流水线操作,这些特性大大提高了 DSP 处理数据的能力。DSP 通常具有较高的主频。

3. 微处理器 MPU

MPU 是去除了集成外设(如 ROM 和 RAM)的 MCU,是高度集成的通用结构的处理器。MCU 以其控制功能的不断完善为发展标志,而 MPU 追求的则是运算性能和速度的飞速发展。X86 可以看作是一种 MPU。

随着技术的发展,MCU、MPU 和 DSP 三种传统的处理器之间的界限变得越来越模糊,已经很难再明确加以区分,不少的 MCU 和 MPU 具备了 DSP 的特征,技术融合成为大趋势。

1.3.2　片上系统 SOC

传统处理器的设计方法和现代设计方法大为不同,硬件技术的进步,原先由许多独立 IC 组成的电子系统能够集成在一个单片硅片上,构成所谓的系统芯片。每种系统芯片都是由硬件描述语言设计,然后在芯片内由电路实现的。这些系统芯片构成的功能模块,称为 IP Core(知识产权核,分为软核和硬核),需要时,将原来的 IP Core 转移到新系统或只更改一小部分电路就可实现所需要的功能,从而可以高效率地缩短硬件产品的开发周期,降低开发的复杂度。

片上系统 SOC 可以说是处理器技术的集大成者,一个 MPU 或 DSP 可以以一个 IP 硬核的形式存在于 SOC 处理器中。SOC 是一种基于 IP 核的嵌入式系统设计技术,如果不特别指出,可以认为通常说的嵌入式处理器都是 SOC 处理器。

SOC 结合了许多功能模块,将它们做在一个芯片上,这些功能模块以往都做成一个个独立的处理芯片,例如 ARM RISC、MIPS RISC、DSP 或是其他的微处理器核心、USB 单元、TCP/IP 通信单元、GPRS 通信接口、GSM 通信接口、IEEE1394 单元和蓝牙模块接口。一个典型的 SOC 处理器示意图如图 1.3 所示。

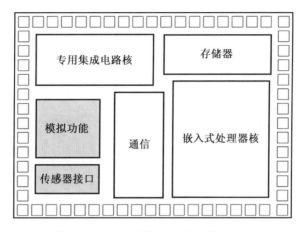

图 1.3　一个典型的 SOC 处理器示意图

1.3.3　嵌入式处理器的能耗问题

第一个微处理器的功率为 0.1 W,而 3.3G Intel Core i7 的功率为 130 W,芯片散热已经接近了风冷技术的极限。

对嵌入式处理器而言,很多应用处于移动的环境,多采用电池供电,功耗问题就更为突出。嵌入式处理器面临的不仅是散热问题,如果不能保证连续的有效使用时间,则将大大降低其实用性。

处理器是一种集成电路,而集成电路最主要的功耗来自开关晶体管,处理器开关晶体管产生的功率称为动态功率,可以表示为

$$动态功率 = 1/2 \times 电容负载 \times 电压^2 \times 开关频率$$

根据这个公式,现代微处理器为降低功耗,提供了许多技术。

1. 关闭非活动模块的时钟

关闭非活动模块的时钟是嵌入式处理器普遍提供的功能。三星的嵌入式处理器 S3C2410 关闭了 SPI、I^2S、I^2C、ADC (&Touch Screen)、RTC、GPIO、UART2、UART1、UART0、SDI、PWMTIMER、USB device、USB host、LCDC 等 14 种设备的时钟。

2. 动态电压频率调整,根据负载调整时钟频率和电压

Intel 处理器普遍采用的是变频技术,Intel Atom Z3570 处理器的基础频率是 457 MHz,加速频率为 640 MHz。

一些处理器,如 Intel 的 XScale 处理器家族的升级产品 PXA27x,采用了动态电压调节 DVS(Dynamic Voltage Scaling)技术,这是计算机系统结构中的一种电源管理技术,它可以根据处理器实时的使用状况,提高或降低电源电压。由于电路的功耗与电源电压存在平方的关系,因此在系统闲置或低速运行时,降低电源电压可以大大降低电路的功耗。

3. 针对特定应用的设计

例如,由于 PMD 和膝上型电脑经常空闲,因此为其提供单独的低功率模式。三星的嵌入式处理器 S3C2410 有四种电源模式(NORMAL/SLOW/IDLE/POWER-OFF),可起到降低功耗的作用。

4. 超频

在超频模式中,芯片可以判定在少数几个核心上以较高的时钟频率短时运行是安全的,

直到温度开始上升为止。在执行单线程代码时,这些微处理器可以仅留下一个核心,并使其以更高的时钟频率运行,而其他所有核心均被关闭。

1.3.4　嵌入式处理器实例

嵌入式处理器的种类多种多样,无论是 ARM、MIPS,还是 PowerPC,都有其各自的应用市场。

1. ARM

ARM(Advanced RISC Machines)公司是全球领先的 16/32 位 RISC 微处理器知识产权设计供应商。ARM 既可以认为是一个公司的名字,也可以认为是对一类微处理器的通称,还可以认为是一种技术的名字。1991 年 ARM 公司成立于英国剑桥,主要出售芯片设计技术的授权。

ARM 公司通过转让高性能、低成本、低功耗的 RISC 微处理器、外围设备和系统芯片设计技术给合作伙伴,使它们能利用这些技术来生产各具特色的芯片。ARM 已成为移动通信、手持设备、多媒体数字消费嵌入式解决方案的 RISC 标准,应用在工业控制、消费类电子产品、通信系统、网络系统等领域。ARM 处理器有三大特点:小体积、低功耗、低成本而高性能;16/32 位双指令集;全球合作伙伴众多。

采用 ARM 技术知识产权(IP)核的微处理器,即所说的 ARM 微处理器,已遍及各类产品市场,在嵌入式市场占主导地位,ARM 技术正在逐步渗入我们生活的各个方面。ARM 处理器能适应各种应用,有使用 ARM 技术授权的多种多样的 ARM 处理器芯片供选择。2010年 ARM 公司共交付 61 亿个基于 ARM 技术的芯片,到 2012 年,在嵌入式处理器市场的份额为 60%。

ARM 公司是专门从事基于 RISC 技术芯片设计开发的公司,作为知识产权供应商,它本身不直接从事芯片生产,而是靠转让设计许可,由合作公司生产各具特色的芯片。全世界各大半导体生产商从 ARM 公司购买 ARM 微处理器核,根据各自不同的应用领域加入适当的外围电路,从而形成自己的 ARM 微处理器芯片进入市场。

目前,全世界有几十家大的半导体公司都使用 ARM 公司的授权,因此既使 ARM 技术获得更多的第三方工具、软件的支持,又使整个系统成本降低,从而使产品更容易进入市场被消费者所接受,更具有竞争力。

表 1.2 对各个 ARM 产品的应用场合、内核型号以及技术特点进行汇总。从表中可以看出,ARM 处理器包罗万象,几乎涵盖了各个应用环节和各个档次,有对 16 位压缩指令集、DSP、Java、超长指令字、多核等各种功能的支持,也有安全性和能量管理支持。

表 1.2　ARM 产品汇总

处理器系列	应用场合	内核型号	技术特点
ARM7	工控、网络、手机、多媒体等	ARM7TDMI ARM7TDMI-S ARM720T ARM7EJ	Thumb、低功耗三级整数流水线，最高 130 M
ARM9	无线设备、仪器仪表安全系统、机顶盒、数字相机和摄像机等	ARM920T ARM922T ARM940T	Thumb、MMU，哈佛结构、高性能、低功耗五级整数流水线
ARM9E	无线设备、数字消费品、成像设备、工控存储和网络设备等	ARM926EJ-S ARM946E-S ARM966E-S	Thumb、DSP、VFP9、Java，五级整数流水线，最高 300 M
ARM10E	无线设备、数字消费品、成像设备、工控通信和信息系统	ARM1020E ARM1022E ARM1026EJ-S	Thumb、DSP、VFP10，内嵌并行读写操作部件，六级整数流水线，最高 400 M
SecurCore	对安全性要求较高的电子商务、政务、银行业务、网络和认证	SC100、SC110 SC200、SC210	带有保护单元，采用软内核技术，可集成安全特性和其他协处理器
Xscale	数字移动电话、个人数字助理和网络产品等	ARMv5TE	DSP、Thumb、性能全、性价比高、功耗低
StrongARM	便携通信产品、消费类电子产品、掌上电脑	SA-1100 兼容 ARMv4	电源效率高
ARM11	下一代手机和 PDA 等手持设备	ARM1136J(F) ARM1156T2(F)-S ARM1176JZ(F)-S	Thumb-2，智能能量管理(IEM)
OptimoDE			VLIW、用户自定义数据通道
MPCore	各种网络装置，可处理更高包及数据流量		多核：四路 SMP、四路 AMP 或混合支持多任务作业的能力
Cortex	多路音视频、游戏(A)、汽车、大型家电、原单片机应用领域(M)	Cortex-A Cortex-R Cortex-M	ARM12、Thumb2、ARMv7 实时低功耗(R)

2. MIPS

MIPS 是 Microprocessor without Inter-locked Pipeline Stages 的缩写,是一种处理器内核标准,它是由 MIPS 技术公司开发的。MIPS 技术公司是一家设计制造高性能、高档次的嵌入式 32 位和 64 位处理器的厂商,在 RISC 处理器方面占有重要地位。

MIPS 技术公司既开发 MIPS 处理器结构,又自己生产基于 MIPS 的 32 位/64 位芯片。为了使用户更加方便地应用 MIPS 处理器,MIPS 公司推出了一套集成的开发工具,称为 MIPS IDF(Microprocessor without Inter-locked Pipeline Stages,Integrated Development Framework),特别适用于嵌入式系统的开发。

3. PowerPC

PowerPC 架构的特点是可伸缩性好,方便灵活。PowerPC 处理器的品种很多,既有通用的处理器,又有嵌入式控制器和内核,应用范围非常广泛。

目前,PowerPC 处理器的主频从 25 ~ 700 MHz 不等,它们的能量消耗、大小、整合程度、价格差异悬殊,主要产品模块有主频 350 ~ 700 MHz 的 PowerPC 750CX 和 750CXe 以及主频 400 MHz 的 PowerPC 440GP 等。

嵌入式的 PowerPC 405(主频最高为 266 MHz)和 PowerPC440(主频最高为 550 MHz)处理器内核可以用于各种集成的系统芯片(SOC)设备上,在电信、金融和其他许多行业具有广泛的应用。

4. X86

虽然通常意义上的嵌入式处理器不包括 X86 ,但 X86 完全用于嵌入式系统,甚至在嵌入式系统中可以直接使用 PC 的部分或全部硬件。从嵌入式市场来看,在早期,486DX 是与 ARM、68 K、MIPS 和 SuperH 齐名的五大嵌入式系统处理器之一。

今天的 Pentium 和当初的 X86 使用相同的指令集,这既有利也有弊,利是可以保持兼容性,至少 10 年前写的程序在现在的机器上还能运行;弊是限制了 CPU 性能的提高。

X86 处理器在嵌入式领域应用并不算广泛。

5. 68000

Motorola 公司的 68000(68 K)是出现比较早的一款嵌入式处理器,68 K 采用的是 CISC 结构,与现在的 PC 指令集保持了二进制兼容。

1994 年,Motorola 公司又推出了基于 RISC 结构的 68K/Cold Fire 系统微处理器。目前,基于该架构的嵌入式微处理器主要有 MCF5272,它基于第二代 ColdFire V2 核心,是迄今性能最高的 V2。

1.4　嵌入式计算机系统开发模型

一个计算机系统的开发涉及两种类型的软硬件实体,一个是在开发过程中使用的软硬件实体,一个是在运行过程中使用的软硬件实体,我们把前者称为开发环境对象,把后者称为运行环境对象。计算机系统的开发除了完成设计目标外,还有一定的工期和成本要求,我们称之为时间约束和成本约束。

计算机系统的开发就是在满足时间约束和成本约束的条件下,使用开发环境对象,形成运行环境对象的过程。

假定一个计算机系统的开发环境对象为 D，运行环境对象为 T，时间约束为 Time，成本约束为 Cost，那么该计算机系统的开发模型可以定义为下列多元组 M：

M = <D, T, Time, Cost, D→T>

其中，D→T 对在时间约束 Time、成本约束 Cost 的条件下，基于开发环境对象 D，构建运行环境对象 T 的过程进行了描述，它代表计算机系统的开发过程。

如果要评价一个实际计算机系统的开发，M 的五个因素都是很重要的，但对于一类计算机系统来说，需要关注的是 D 提供了什么样的软硬件支持，T 能够完成什么样的软硬件功能，对于下列计算机系统的开发，都将从 D 和 T 两方面进行探讨和描述。

1.4.1　单片机系统的开发

嵌入式系统软件包含了嵌入式操作系统，然而在嵌入式系统的定义中，却并没有明确要求必须使用操作系统。这使得一种特殊的计算机系统被独立出来，即软件直接建立在硬件之上的不使用操作系统的普通单片机系统。

一些直接为单片机系统编写软件的硬件设计人员认为这也是一种嵌入式系统，计算机专业人员则通常持有相反的观点。事实上，如果没有操作系统的引入，单片机系统和计算机系统的研发人员几乎没有交集，也不会有嵌入式系统今天的辉煌。

单片机系统难以实现复杂的功能，可以想象，如果没有操作系统，编程人员直接在硬件上实现 USB 协议和网络协议，会有怎样的工作量和难度。

操作系统的引入与硬件升级带来了嵌入式计算机系统，而操作系统的引入也意味着计算机专业的介入。

如图 1.4 所示，单片机系统的开发采用的是"开发主机+仿真器+仿真头+自制硬件"模式。单片机的开发者首先要自己制作硬件，并在硬件上留出处理器的接口，与仿真头相连接，而后在主机上用 C 语言或者汇编语言编写程序，使用仿真软件，通过仿真器控制仿真头，调试单片机硬件或应用。

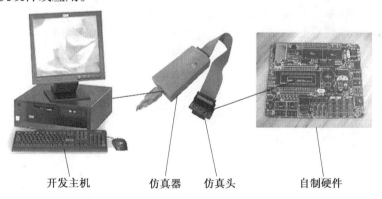

开发主机　　　　仿真器　仿真头　　　　自制硬件

图 1.4　单片机系统的开发模式

对于单片机平台的计算机系统开发，首先要进行硬件系统的开发设计，再在这个平台上进行软件系统的开发，如果硬件平台设计发生错误，则需要重新开始这个过程。单片机系统的软件通常都比较简单，一般由单片机硬件的设计者自己编写，其软件开发环境由主机上的仿真软件提供，调试程序要下载到自制的目标板上的内存中，仿真运行，调试好的程序最终要经过烧写固化。

单片机系统的开发流程如图 1.5 所示。其设计难点主要在于要不止一次(有经验的设计者可以减少这个次数,这也是单片机系统设计更加看重经验的原因)地设计和实现硬件平台,而每次实现都需要一定周期进行制版、采购芯片、焊接和调试。对于软件平台,一般相对简单,难于实现复杂功能。

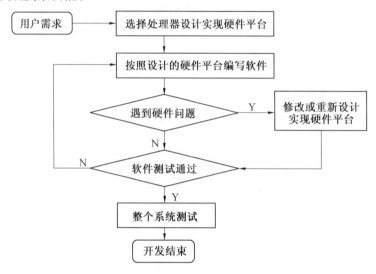

图 1.5 单片机系统的开发流程

假定单片机系统的开发环境对象 $D = <H_D, S_D>$,其中 H_D 为单片机系统硬件开发环境对象,S_D 为单片机系统软件开发环境,那么:

$H_D = \{$开发主机,仿真器,仿真头$\}$

$S_D = \{$仿真器厂家提供的不通用的只具有基本功能的开发软件$\}$

假定单片机系统的运行环境对象 $T = <H_T, S_T>$,其中 H_T 为单片机系统硬件运行环境对象,S_T 为单片机系统软件开发环境,那么:

$H_T = \{$自制简单硬件$\}$

$S_T = \{$由 C 语言或汇编语言生成的功能简单的软件$\}$

可以看到,单片机系统的开发环境对象 D 中的 H_D 不仅需要开发主机,还需要专用的仿真器和仿真头,S_D 只能为开发者提供基本的支持,而运行环境对象 T 中的 H_T 和 S_T 都需要开发者完成,一般只完成简单的软硬件功能,硬件驱动由开发者完成。

1.4.2 基于个人计算机系统的开发

我们首先要肯定的是,家用 PC 不是嵌入式计算机系统,二者一个是通用计算机的代表,一个是专用计算机的代表,是绝对不可以混为一谈的。PC 拥有通用的软件和硬件,而嵌入式系统的本质则是专用的,软硬件可裁剪。

但 PC 的部分或全部硬件可以在嵌入式计算机系统中使用,让通用的 PC 完成某种专门的功能,这时 PC 可以称为嵌入式 PC。例如,在实际项目开发中,我们曾把主机板 EmCORE-v615(一种 X86 主机板)作为控制板嵌入某纺织设备中,也曾将工业 PC 整体嵌入某气体检定装置中。

与 PC 相比,嵌入式计算机系统没有固定的形态及标准的 I/O 配置,且任务集有限。PC

平台的计算机系统开发,通常使用固定的硬件平台及操作系统,主要工作是应用软件设计与开发。稳定的硬件平台使 PC 平台上的开发者不需要关心硬件是如何实现的,而操作系统则提供大量标准化的底层支持,基于操作系统的编程环境也十分优异,这使得在 PC 上开发应用软件十分适宜,而随着中间件的盛行,PC 上的应用软件将更多更好,规模也更大。

假定个人计算机系统的开发环境对象 D=<H_D, S_D>,其中 H_D 为个人计算机系统硬件开发环境对象,S_D 为个人计算机系统软件开发环境,那么:

H_D = {个人计算机本机}

S_D = {基于 Windows 的大型开发软件}

假定个人计算机系统的运行环境对象 T=<H_T, S_T>,其中 H_T 为个人计算机系统硬件运行环境对象,S_T 为个人计算机系统软件开发环境,那么:

H_T = {个人计算机本机}

S_T = {利用各种高级语言以及中间件生成的 Windows 软件}

可以看到,个人计算机系统的开发环境对象 D 中的 H_D 不需要其他开发主机,S_D 能为开发者提供全面的支持,而运行环境对象 T 中的 H_T 同样是不需要任何改变的个人计算机,S_T 为规模不同、难度不同的个人计算机软件,是唯一需要开发完成的,S_T 使用的硬件驱动为 Windwos 自带,不需要开发。

表 1.3 和表 1.4 给出嵌入式计算机系统与 PC 硬件平台和软件平台的比较。

表 1.3　嵌入式计算机系统与 PC 硬件平台的比较

设备名称	嵌入式系统	PC 硬件平台
CPU	嵌入式处理器 ARM、MIPS 等	Intel Pentium、AMD Athlon 等
内存	SDRAM 芯片	SDRAM、DDR 内存条
存储设备	Flash 芯片	硬盘
输入设备	按键、触摸屏	鼠标、键盘
输出设备	LCD	显示器
声音设备	音频芯片	声卡
接口	MAX232 等芯片	主板集成
其他设备	USB 芯片、网络芯片	主板集成或外接卡

表 1.4　嵌入式计算机系统与 PC 软件平台的比较

	嵌入式计算机系统	PC 软件平台
引导代码	BootLoader 引导,针对不同电路板进行移植	主板的 BIOS 引导,无须改动
操作系统	Linux、Windows CE、VxWorks 等,需要移植	Windows、Linux 等,不需要移植
驱动程序	每个设备驱动程序都必须针对电路板进行重新开发或移植,一般不能直接下载使用	操作系统含有大多数驱动程序,或从网上下载直接使用
协议栈	需要移植	由操作系统或第三方提供
开发环境	借助服务器进行交叉编译	在本机就可开发调试
仿真器	需要	不需要

1.4.3　嵌入式计算机系统的开发模式

在嵌入式计算机系统的开发过程中,对应每个处理器的都有一个通用、固定、成熟的基本硬件平台,所以除了个性化部分外,减少了硬件系统错误引入的机会。嵌入式计算机系统屏蔽掉了底层硬件的很多复杂信息,使得开发者通过操作系统提供的 API 函数就可以完成大部分的工作,大大地简化了开发过程,提高了系统的稳定性。

与单片机开发相比,嵌入式计算机系统的开发把开发者从反复进行硬件平台设计过程中解放出来,从而可以把主要精力放在编写特定的应用程序上。这个过程更类似于在系统机(如 PC)上的某个操作系统下开发程序。从总体上看,嵌入式计算机系统设计介于单片机系统与 PC 之间,既有相对完整的硬件开发平台,也可能需要个性化的硬件的全新设计开发。图 1.6 给出了嵌入式计算机系统开发的主要工作。

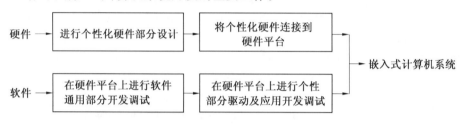

图 1.6　嵌入式计算机系统开发的主要工作

下面先假定嵌入式计算机系统的硬件平台为类似 PMD 的形式,不需要更改。事实上,个性硬件和软件通常规模不大,难度有限。

嵌入式计算机系统的开发采用的是"开发主机+仿真器+硬件平台"模式,如图 1.7 所示。开发者使用的是从厂家购买的硬件开发平台,首次使用时需要通过仿真器向硬件平台下载嵌入式操作系统,然后在主机上编写基于操作系统的程序,最后通过交叉编译的方式,在嵌入式操作系统环境下进行调试和运行。

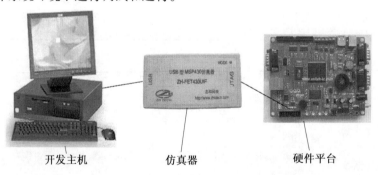

图 1.7　嵌入式计算机系统的开发模式

如果采用操作系统和应用程序一体化的方式,由仿真器提供开发环境,在整个开发过程中仿真器是不可或缺的,这种方式除了自制硬件平台被通用硬件平台代替外,其他与单片机开发类似。如果嵌入式计算机系统使用完整的操作系统,在首次通过仿真器安装了嵌入式操作系统后,就不再需要仿真器了,而是使用操作系统开发环境在主机操作系统下开发程序,在嵌入式计算机操作系统下运行程序。

嵌入式计算机系统的开发流程如图 1.8 所示。其主要工作是基于嵌入式操作系统的程序设计,与 PC 相比,在主机操作系统上开发应用程序时多了一个交叉编译环节,但整体上属于 PC 的开发模式,而不是单片机的开发模式。

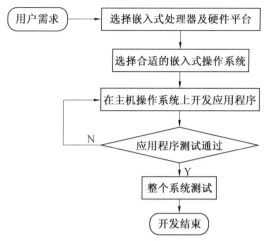

图 1.8　嵌入式计算机系统的开发流程

假定嵌入式计算机系统的开发环境对象 D = <H_D, S_D>,其中 H_D 为嵌入式计算机系统硬件开发环境对象,S_D 为嵌入式计算机系统软件开发环境,那么:

H_D = {开发主机,[仿真器]}

S_D = {基于嵌入式操作系统开发软件}

假定嵌入式计算机系统的运行环境对象 T = <H_T, S_T>,其中 H_T 为嵌入式计算机系统硬件运行环境对象,S_T 为嵌入式计算机系统软件开发环境,那么:

H_T = {厂家提供的通用硬件平台,[个性化硬件]}

S_T = {由 C 语言或其他高级语言生成的运行于嵌入式操作系统的软件}

可以看到,嵌入式计算机系统的开发环境对象 D 中的 H_D 需要开发主机,有时也需要专用的仿真器,S_D 能为开发者提供比较好的支持,而运行环境对象 T 中的 H_T 一般不需要开发者构建,S_T 可以完成比较复杂的软功能,硬件驱动程序一般由嵌入式操作系统提供。

1.4.4　嵌入式计算机系统的开发过程

在选定满足需求的嵌入式硬件平台之后,最重要的是要决定采用哪一种嵌入式计算机操作系统。

嵌入式计算机操作系统可分为商用型和免费型两种,前者往往价格昂贵。选择嵌入式操作系统除了要考虑价格外,还要考虑操作系统对硬件的支持、开发调试用的工具、系统是否能满足应用需求以及操作系统是否提供足够的 API 等。几种嵌入式操作系统的比较见表 1.5。

在完成嵌入式操作系统选型之后,就进入正常计算机系统的开发流程。首先进行需求分析和规格说明,然后进行软硬件的功能分割,即体系结构设计,并根据体系结构分别进行软硬构件的设计,最后则是系统集成与调试。

表 1.5　几种嵌入式操作系统的比较

	Palm OS	Windows CE 3.0	嵌入式 Linux
大小	核心几十KB,整个嵌入式环境也不大	核心占 500 KB 的 ROM 和 250 KB的RAM。整个 Windows CE 操作系统包括硬件抽象层、Windows CE Kernel、User、GDI、文件系统和数据库,大约为 1.5 MB	核心从几十 KB 到 500 KB,整个嵌入式环境最小为 100 KB 左右,并且以后还将越来越小
可开发定制	可以方便地开发定制	用户开发定制不方便,受 Microsoft 公司限制较多	用户可以方便地开发定制,可以自由地卸装用户模块,不受任何限制
互操作性	可操作性强	互操作性较强,可通过 OEM 的许可协议使用于其他设备	互操作性很强
实用性	比较好	比较好	很好
适用的应用领域	应用领域较广,特别适用于掌上电脑的开发	应用领域较广,是为新一代非传统的 PC 设备而设计的,这些设备包括掌上电脑、手持电脑及车载电脑	由于 Linux 内核结构及功能特点,嵌入式 Linux 的应用领域非常广泛,特别适于信息家电的开发

　　基于体系结构,嵌入式计算机系统可能要设计一些硬件构件,最重要的硬件构件即前面所选择的硬件平台其实已经存在,它可以作为一个大的硬件构件。如果需要其他的硬件构件,则也需要进行选择,如现场可编程门阵列、电路板等。一些硬件构件是现成的,例如CPU 在任何情况下都是一个标准构件,同样的还有存储器芯片等。有时也必须自己设计一些硬件构件,即便使用标准集成电路,也必须设计连接它们的印刷线路板。需要注意的是,这些构件的使用很有可能要做大量编程。

　　对于自己设计硬件构件,其主要过程及注意事项如下:

　　(1)确定输入输出及其逻辑关系。

　　(2)参考类似产品设计,做出整体方案。

　　(3)查阅芯片资料,进行 CPU 选型、芯片选型及采购。

　　①CPU 选型:一般根据性价比、开发难易度(包括调试工具功能和参考设计、软件资源及成功案例数量)及可扩展性进行选择。

　　②芯片选型:尽量选用使用广泛、性价比高、采购方便、短期内不会停产、引脚兼容种类多及类似的老产品使用过的芯片,注意不要浪费芯片的引脚资源。

　　(4)设计电路原理图,制作 PCB 并焊接。设计时要多参照成功设计、老产品设计,要多向相关专家请教,原理图必须多次审核。

　　注意,数字及模拟的电源和地要分开,接地要可靠,不要有资源冲突,未使用引脚要参照手册连接正确,考虑功耗和散热问题,要为软件设计提供方便。

　　这个过程比较长,可以并行地使用通用的硬件平台(选择最优的,对设计有帮助的为最佳)进行仿真开发。

(5)使用仿真器烧写程序,进行调试,修正错误,直到最后硬件定型(可能需要多次制版,原则上少于三次)。

首次上电前要注意电源和地是否短路,目测是否有虚焊和漏焊,上电后要先检查电源是否正常,时钟是否正常,芯片温度是否正常,指示灯是否正常。

硬件正常启动后,通常先烧入操作系统,看其是否能正常工作,若能则通过操作系统进行调试;否则可使用仿真器进行调试,以找出问题,可利用指示灯进行软件调试,串口作为输出。

系统集成把系统的软件、硬件和执行装置集成在一起进行调试,发现并改进单元设计过程中的错误,在系统集成中通常可以发现错误,而好的设计能帮助我们快速找到这些错误。通常要注意以下几个方面:

①按阶段架构系统并且正确运行选好的测试,能更容易地找到这些错误。

②每次只对单个模块排错,能更容易地发现和识别简单的错误。

③在早期修正错误,有利于发现那些比较复杂或是含混的错误。

④嵌入式计算机系统使用的调试工具要比在桌面系统中的调试工具有限得多,因此要发现问题,需要详细地观察系统以准确确定错误。

1.5　嵌入式计算机系统的应用热点

随着时代的发展和技术的进步,嵌入式计算机系统的应用越来越广泛,各类产品层出不穷,甚至其内涵也发生了深刻的变化。

1.5.1　嵌入式计算机系统与 PMD

PMD 是带有多媒体用户界面的无线设备,强调成本和功耗,一般采用闪存作为存储方式,响应性能和可预测性能是其多媒体应用程序的关键特性,而实时性能的需求也是重要的。2010 年,个人移动设备 PMD 销售了约 18 亿台,其中 90% 为手机,而嵌入式处理器售出了 190 亿个,具有 ARM 体系结构的约为 61 亿,PMD 和一般的嵌入式计算机一样,都呈现出良好的发展趋势。

提到 PMD,有一个已逝的先驱者将不得不被提起,那就是斯蒂夫·乔布斯。人们可能已经忘记了这个世界上第一个真正实用的个人电脑的制作者,但不会不知道他作为苹果公司首席执行官发布的两款产品——iPhone(2007 年发布)和 iPad(2010 年发布),它们在短短的几年里,就已经形成了一类被业界认可的新型计算机,那就是 PMD。

智能手机的出现改变了手机仅仅用于通话联络的功能,使用群体空前扩大,已经成为人们生活的必备品。其功能也不再单一,现在它像 PC 一样,可以上网、看视频,已经形成单独的应用领域;iPad 平板电脑既可作为个人数字助理 PDA 的进阶产品,也可看作笔记本电脑的精简版,它摆脱了计算机作为开发者开发平台的最后一点痕迹,已经成为一个纯粹的应用平台,主要功能为浏览互联网、收发电子邮件、观看电子书、播放音频或视频等。

类似智能手机、平板电脑这样的 PMD 产品已经拥有独立的开发平台,允许第三方软件的运行,而传统的嵌入式系统则不支持二次开发。图 1.9 给出了传统的嵌入式计算机系统与 PMD 嵌入式系统及笔记本电脑的关系。

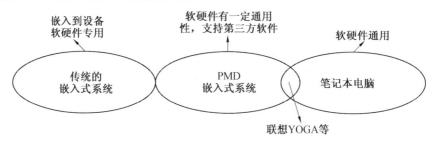

图 1.9　传统的嵌入式计算机系统与 PMD 嵌入式系统及笔记本电脑的关系

　　PMD 有单独的开发平台,当前主要有两种,即基于 IOS 系统和基于 Android 系统的开发平台。IOS 平台是苹果公司不开源的;而安卓平台是开源的,包括内容提供器、资源管理器、通知管理器和活动管理器,系统构架包括应用程序层、应用程序框架层、系统运行库层和 Linux 内核层,其开发基于 Java 语言。

　　PMD 的开发模式介于传统嵌入式计算机系统和 PC 之间,采用的是“开发主机-目标机”模式,用户在主机上开发程序,通过 USB 或网络下传。

　　以安卓系统为例,假定 PMD 计算机系统的开发环境对象 $D = <H_D, S_D>$,其中 H_D 为 PMD 计算机系统硬件开发环境对象,S_D 为 PMD 计算机系统软件开发环境,那么:

　　$H_D = \{$开发主机$\}$

　　$S_D = \{$Java 开发软件$\}$

　　假定 PMD 计算机系统的运行环境对象 $T = <H_T, S_T>$,其中 H_T 为 PMD 计算机系统硬件运行环境对象,S_T 为 PMD 计算机系统软件开发环境,那么:

　　$H_T = \{$PMD 的硬件平台$\}$

　　$S_T = \{$Java 软件$\}$

　　可以看到,PMD 计算机系统的开发环境对象 D 中的 H_D 需要开发主机,S_D 能为开发者提供比较好的开发支持,而运行环境对象 T 中的 H_T 不需要开发者构建,S_T 可以完成比较复杂的功能,硬件驱动程序由安卓系统提供。

1.5.2　嵌入式系统与物联网

　　嵌入式系统的另一个发展趋势是与 Internet 的进一步结合,物联网就是其中的一种表现形式。

　　最早提出物联网设想的是比尔·盖茨。他在 1995 年出版的《未来之路》中描述了未来的住房:当你走进去时,所遇到的第一件事是有一根电子别针夹住你的衣服,这根别针把你和房子里的各种电子服务接通了。凭你戴的电子别针,房子会知道你是谁,你在哪儿,房子将利用这一信息尽量满足甚至预见你的需求。当你沿大厅的路走时,你可能不会注意到前面的光渐渐变强,身后的光正在消失。

　　一般认为,物联网的概念是 1999 年由麻省理工学院的 Ashton 教授根据他所从事的基于 RFID(Rodia Frequency Identification)的物品识别研究而正式提出的,到 2005 年,在国际电信联盟(International Telecommunications Union, ITU)的推动下,物联网的发展开始驶入快车道。

物联网(The Internet of Things)就是物物相连的互联网,可以说是互联网的延伸和扩展。通过物联网,物品与物品之间也可以交换信息和通信。物联网通过智能感知与识别技术和普适计算,广泛应用于网络的融合中,因此被称为继计算机、互联网之后世界信息产业发展的第三次浪潮。物联网技术与相关产业已被列为我国"十二五"规划及"十三五"规划的战略性新兴产业之一。嵌入式系统是构建物联网的基础,没有嵌入式系统,物联网就是无源之水,就是空中楼阁。物品要想接入互联网,必须具有通信和感知自身信息,甚至控制自身行为的能力,而实现这些功能的基础是使物品成为一个嵌入式系统,这个嵌入式系统要结合智能传感器网络获得信息,要连接 Internet 网,与 Internet 的原有资源结合起来,形成全新的网络体系结构。

对于互联网来说,其信息通常通过人工输入,是非实时的,而当物品接入互联网形成物联网之后,物品信息则是通过设备获取的,是真实且实时的。图 1.10 给出了物品接入互联网的一般方式。

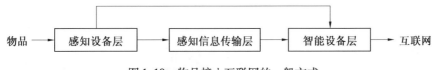

图 1.10　物品接入互联网的一般方式

感知设备层由多个感知设备构成,感知设备可以是传感器,把外界物品的物理信号转换成智能设备层能够识别的信号形式,也可以是一个传感仪表,将物理信号转换成数字信号,通过总线传递给智能设备层。感知设备获得的信息除了直接传送给智能设备层外,还可以传送至感知信息传输层,由传输层转送至智能设备层。感知信息传输层通常是一个传感器网络,能沿着某种路径传递信息,并最后送达智能设备层。智能设备层包含能采集到物品信息且直接接入互联网的智能设备,智能设备通常为一个物联网终端,物联网终端是一个含有智能芯片的嵌入式系统。

由此可见,物联网中起到承上启下作用的智能设备层正是由嵌入式计算机系统构成的,其传递给互联网的主要信息及对应的应用主要有以下三种。

1. 物品的识别信息

识别物品,首先就要为物品设定唯一的标识,目前物联网物品标识还没有统一的标准,常见的物品标识有条形码、二维码和 RFID,有人还提出使用 IPv6 地址作为标识,RFID 作为物联网的商用标识使用得比较多,如高速公路的 ETC 收费、物流系统等。物品识别服务是通过感知类设备完成的,它基于感知类数据的特殊服务形式,通常要求在固定位置安装识别装置,在要识别的物品上贴上可被识别装置识别的标签,当该物品(如车辆)经过时,就被识别并自动存储,进而在互联网上提供对该物品相关信息的查询服务,信息采集是不连续的、被动的,被采集的信息通常还有时间和位置,其中时间为物品被识别装置识别的时间,位置为识别装置的位置。

2. 物品的数据采集

通过感知设备采集获取外界关键信息,这是物品最早被使用的方式之一,使用的领域为工业控制、环境监测及自动抄表等。显然,由于数据的专用性和安全性等原因,这些被采集的数据并不是都需要扩展到 Internet 范围,但只要利用其中的一小部分,就可以形成很多相当有价值的物联网应用,而不需要付出高昂的成本,数据采集一般是连续和主动的。

3. 物品的行为控制

物品的行为控制也是物品被最早使用的方式之一,这种控制是一种主动的行为,主要用于工业控制、水利等领域。将这类物品的行为控制扩展到 Internet 范围往往涉及更高的安全性问题,一个新加入的领域是智能家居,通过物联网系统控制家电的行为是一个好办法。通过物联网对物品行为实施控制时,一般通过开启或关闭设备(如电机、阀门、家电)来完成,也有一些设备需要更高级的控制,如灯光的亮度、空调的温度等。

鉴于物联网的高速发展及其与嵌入式计算机系统的关联性,应更多关注与物联网相关的嵌入式计算机的功能,如主要传感器信号的采集、视频监控、条码扫描、RFID 识别、GPS (Global Positioning System)定位、指纹及语音识别等,还有对无线通信的支持,如蓝牙、Zig-Bee、GPRS(General Packet Radio Sevice)等。

第2章 嵌入式计算机系统体系结构

嵌入式计算机系统的体系结构设计是嵌入式系统硬件设计的核心,现代计算机设计都是从体系结构开始的,独立设计任何一个嵌入式计算机系统,体系结构的设计都是关键和不能逃避的。将基于嵌入式计算机系统的体系结构的设计作为单独的内容独立出来,而不是仅仅着重于嵌入式处理器的微观功能及其与外围接口电路的连接细节,就能够从宏观出发,注重整体,自顶向下,将底层的嵌入式处理器功能与外围接口电路有机地组织起来,真正提高设计能力,同时,这也符合当前基于 IP 核的硬件设计发展趋势。

2.1 嵌入式计算机系统体系结构概述

2.1.1 整体构架

下面从个人计算机系统的构架来研究其体系结构。图 2.1 给出了个人计算机硬件平台的逻辑结构,图中清晰地标明了逻辑部件包括处理器、存储器、多个输入输出接口和输入输出设备,各司其职,基本没有功能上的交叉。

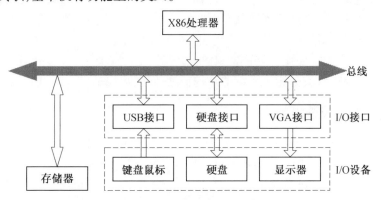

图 2.1 个人计算机硬件平台的逻辑结构

与个人计算机系统不同,嵌入式计算机系统的嵌入式处理器中包含了内核和一些常用的输入输出接口,这改变了嵌入式计算机系统的体系结构。图 2.2 所示为嵌入式计算机系统硬件平台的逻辑结构。嵌入式处理器内部提供了存储器、Nand Flash 及 LCD 等输入输出接口,因此这些外部设备(以下简称外设)就不再需要在处理器外部搭建独立的输入输出接口电路,有时芯片内部甚至已经集成了接口和外设,如看门狗、实时时钟等。

比较嵌入式计算机体系统硬件平台结构的改变,我们首先发现的是嵌入式处理器构造的改变,其内部除有独立的嵌入式处理器内核外,还有一些独立的输入输出接口电路和外设,这些输入输出接口通常被称为"控制器",如存储控制器、Nand Flash 控制器、LCD 控制器

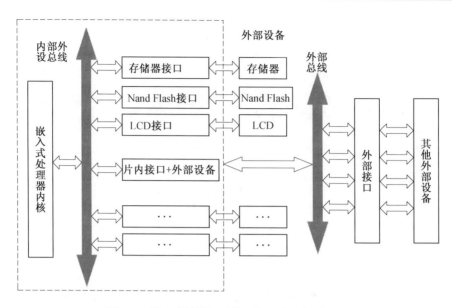

图 2.2　嵌入式计算机系统硬件平台的逻辑结构

等。在处理器内部,这些部件通过内部外设总线与处理器内核相连接,看起来就像在处理器内部有一个小计算机系统一样,这正是片上系统 SOC(System on Chip)的含义所在,而其中每个部件都是一个独立的 IP(Intellectual Property)核,也清楚地说明了 SOC 是基于 IP 核技术的。

嵌入式处理器的改变也带来嵌入式计算机系统的改变,如果所要构建的嵌入式计算机系统需要的外设都可以通过嵌入式处理器的输入输出接口连接,那么单独的外部接口就不需要被构建了,这样就形成了"处理器+外设"的简单系统结构,从而大大简化了简单小系统的构建,对于更复杂的需要设计外部接口的系统,也大大减少了设计外设接口的数量,降低了其工作量。这种嵌入式计算机系统的结构伸缩性强,可以适应嵌入式领域应用的多样性。

2.1.2　嵌入式主机板

主机板(Mainboard 或 Systemboard)通常指个人计算机中把各部件连接到一起的印刷电路板,个人计算机的主板上通常留有 CPU、内存、硬盘及输入输入设备插座,是个人计算机的重要部件;对于嵌入式计算机系统,其主机板通常是不含外设的嵌入式计算机,嵌入式处理器、Nand Flash 和内存通常都直接作为主机板的一部分,只留有与外部输入输出设备的接口。

嵌入式主机板通常是能构成完整计算机系统的不可分割的线路板,笔者将其分为以下两种主要类型。

1. 一体式主机板

一体式主机板会裁剪掉设备无须使用的功能,使之形成一个整体,嵌入实际设备中使用。做成后的嵌入式主机板具有固定的功能和应用领域,一般不需要再改变,适合在有一定批量和通用性的嵌入式产品中使用,PMD 主机板就是这种类型的代表。

2. 核心式主机板

核心式主机板包含具有基本功能的核心硬件,相当于基于嵌入式处理器的最小系统,使用时通过外围板扩展功能,实际嵌入设备时,在核心板不变的情况下,通过不同外围板支持不同的功能,以此实现嵌入式计算机系统的应用需求。这种类型的主机板更适用于需要二次开发的场合,与主机板配合使用的外围板可以由厂家提供,也可自行开发。

这类嵌入式主机板的印制板一般为 6 ~ 8 层板,尺寸为名片大小,总线通过外部接口引出,核心主机板完成了嵌入式计算机系统中设计和布线最复杂的部分,大大简化了外围板的设计难度。

图 2.3 给出了基于 ARM 处理器的核心式主机板的系统结构,内配有内存、电子盘、常用设备接口和总线接口。

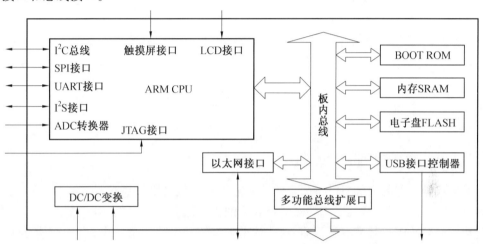

图 2.3 基于 ARM 处理器的核心式主机板的系统结构

2.1.3 输入输出系统编程结构

嵌入式计算机系统输入输出系统编程结构分为片内接口和片外接口两部分,如图 2.4 所示。其中片内接口通过其内部一组特殊寄存器完成,为了与内核寄存器相区别,通常被称为特殊功能寄存器 SFR,其使用按照嵌入式处理器规定好的方式进行,所需外部接口则与外部总线相连,就像普通外设接口一样,通过端口进行操作,使用方式按照外部接口采用的接口芯片或电路进行。

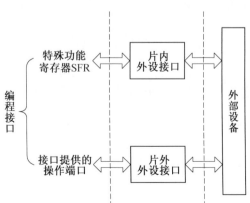

图 2.4 嵌入式计算机输入输出系统编程结构

特殊功能寄存器 SFR 能操作输入输出接口,控制对应的处理器内部或外部设备,一般按照其对应的输入输出接口进行分组,以完成对应外设的使用,每组都有各自的功能,如存储控制、USB 主机控制、DMA 控制、中断控制等。图 2.5 给出了一组特殊功能寄存器 SFR 与对应接口及外设控制结构,这组特殊功能寄存器组号为 i,共有六个,其中 SFR_{i1} 为代表第 i 组特殊功能寄存器的第一个,其他与之类似。

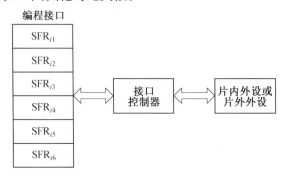

图 2.5　一组特殊功能寄存器 SFR 与对应接口及外设控制结构

2.1.4　片内接口的可配置

嵌入式处理器的内部提供了大量的输入输出接口同外部设备连接,每种输入输出接口都有自己独立的引脚,这会引起外部引脚数量的大量增加,从而增大处理器芯片的体积,这个问题如何解决呢? 其实答案很简单,那就是引脚的复用,即一脚多用,使引脚有多个功能,只在需要时才配置成对应功能。

通常嵌入式系统中可配置的复用引脚都为通用输入/输出(GPIO)引脚,这样的引脚在不需要设置为专用外设引脚时,至少可以配置为使用量最大的输入和输出功能,以利于充分利用引脚资源。单个 GPIO 引脚一般可配置不超过四种,其中包括输入和输出功能。

假定嵌入式处理器可配置的 GPIO 引脚数为 n,引脚 $i(i=0,\cdots,n-1)$ 的可配置功能数为 4,分别为 input、output、F_{3i} 和 F_{4i},那么嵌入式处理器的可配置引脚所有功能可以用一个 4 行 n 列的矩阵表示为

$$\begin{bmatrix} input & input & \ldots & input & \ldots & input \\ output & output & \ldots & output & \ldots & output \\ F_{30} & F_{31} & \ldots & F_{3i} & \ldots & F_{3n-1} \\ F_{40} & F_{41} & \ldots & F_{4i} & \ldots & F_{4n-1} \end{bmatrix}$$

嵌入式处理器中对引脚的配置也是分组进行的,为方便起见,每组可配置的引脚数一般和处理器字长匹配。假定要配置的一组引脚组号为 i,组中单个引脚可配置的功能数都相同,为 F_i,嵌入式处理器字长为 W,那么对每组配置的引脚数 P_i,通常满足下列表达式:

$$P_i \leq \frac{W}{\log_2 F_i}$$

若 $F_i = 4$,$W = 32$,则可得 $P_i \leq 16$。

每组引脚的配置由对应的特殊功能寄存器完成。表 2.1 给出了针对一组 16 个引脚的配置寄存器示意性的使用说明。

表 2.1　一组 16 个引脚的配置寄存器示意性使用说明

位号	位名	位 值				位号	位名	位 值			
		00	01	10	11			00	01	10	11
31,30	GPC15	input	output	F_{3f}	F_{4f}	15,14	GPC7	input	output	F_{37}	F_{47}
29,28	GPC14	input	output	F_{3e}	F_{4e}	13,12	GPC6	input	output	F_{36}	F_{46}
27,26	GPC13	input	output	F_{3d}	F_{4d}	11,10	GPC5	input	output	F_{35}	F_{45}
25,24	GPC12	input	output	F_{3c}	F_{4c}	9,8	GPC4	input	output	F_{34}	F_{44}
23,22	GPC11	input	output	F_{3b}	F_{4b}	7,6	GPC3	input	output	F_{33}	F_{43}
21,20	GPC10	input	output	F_{3a}	F_{4a}	5,4	GPC2	input	output	F_{32}	F_{42}
19,18	GPC9	input	output	F_{39}	F_{49}	3,2	GPC1	input	output	F_{31}	F_{41}
17,16	GPC8	input	output	F_{38}	F_{48}	1,0	GPC0	input	output	F_{30}	F_{40}

若引脚被配置成输入输出之外的接口功能,就可以利用图 2.4 给出的方式进行控制;若配置成输入输出方式,则同这组引脚的数据寄存器来使用,输入引脚还可能配有上拉电阻寄存器,以设置是否使用片内上拉电阻。

2.1.5　嵌入式计算机系统的硬件可重构

在嵌入式计算机系统领域,除了 PMD 这样相对通用专用系统,传统的嵌入式计算机系统开发还是需要在体系结构上有所变化,以适应不同的快速变化着的应用领域和应用场合。如果每次对体系结构的调整都要进行重新设计,即使只是局部设计,也会大大增加嵌入式计算机系统的开发难度,使开发周期变长,这是开发者和嵌入式产品商家都不希望看到的。

解决这一问题的方法是使嵌入式计算机系统在一定程度上实现硬件可重构,使开发者通过重构来改变嵌入式计算机系统的体系结构,以适应各种嵌入式产品的不同需求。本书将从下列四个层面来讨论嵌入式计算机系统的硬件可重构问题。

1. 静态可重构

在 2.1.2 节中,我们已经了解了核心式主机板的概念,核心式主机板只提供嵌入式计算机系统的核心构架,只有与外围板相配合才能最终形成嵌入式计算机系统体系结构。如果能够提供功能足够多的外围板与核心式主机板相连,就能够构建适合任意应用场合的嵌入式计算机系统体系结构,这种基于固定硬件,通过组合重构嵌入式计算机系统体系结构的方式,称为静态可重构。

嵌入式应用种类繁多,每种应用都由嵌入式计算机系统所提供的功能完成,如果为每种应用都构建一个外围板,来实现嵌入式计算机系统所需要提供的功能,即使对规模和实力很强的硬件厂商来说,也是不可能的事情。作为探讨,这里做一个理想化的简化,来分析静态可重构方式对应用的适应性。

假定嵌入式计算机系统所需要的功能都能够被分解成独立的基本功能,并与硬件模块一一对应,而外围板则能够连接一个或多个不同的硬件模块,组合硬件提供的基本功能满足嵌入式应用需求。若现有提供基本功能的硬件模块为 n 个,外围板最多可同时连接 m 个硬件模块,那么可适应的应用种类 s 为

$$s = C_n^1 + C_n^2 + \cdots + C_n^m$$

如果 $n=10$, $m=3$, 则 $s=820$, 即在提供 10 种基本硬件模块, 外围最多可组合三种不同模块的条件下, 通过静态重构方式可适应 820 种应用场合, 随着 n 和 m 的增大, s 会有更大的增长, 在这种情况下, 静态可重构有良好的适应性。

2. 片内配置重构

嵌入式处理器芯片内部提供了一些常用的可配置输入输出接口, 以连接不同的外设, 嵌入式处理器的这种可配置具有以下特性。

(1) 可配置的功能有限。嵌入式处理器由于体积、功率和引脚数的限制, 一般提供的可配置功能在 20 个以内。

(2) 可配置的能力有限, 灵活性不足。在表 2.1 所示的典型配置中, 每个引脚仅可配置四个固定的功能, 且包括输入和输出两个功能。

(3) 可通过编程动态改变。引脚功能的配置通过特殊功能寄存器实现, 可以通过在嵌入式处理器上运行的程序直接改变, 即具有动态的在线改变配置的能力。

3. FPGA 实现的重构

静态可重构通过使用不同功能的外围板来满足不同的应用需求, 其本质是通过改变配置的硬件来实现重构, 再通过重构为开发者提供不同的硬件平台, 以开发出符合需求的嵌入式计算机系统。静态可重构要求硬件平台厂商提供一系列不同功能的硬件产品, 难度很大。那么是否能够提供一种硬件产品, 可以根据要求进行重构, 以适应不同情况呢? FPGA 为这种重构提供了可能性。

FPGA(Field-Programmable Gate Array), 即现场可编程门阵列, 是在 PAL、GAL、CPLD 等可编程器件的基础上进一步发展的产物。它是作为专用集成电路领域中的一种半定制电路而出现的, 既解决了定制电路的不足, 又克服了原有可编程器件门电路数有限的缺点。FP-GA 的本质是硬件可编程, 即可以通过硬件描述语言编写的程序改变其功能。

图 2.6 给出了一种基于 FPGA 可重构嵌入式计算机系统结构, 利用 FPGA 的可编程能力, 可以在 FPGA 内部重构连接不同外部设备的输入输出接口, 从而达到实现不同嵌入式计算机应用系统的目的。

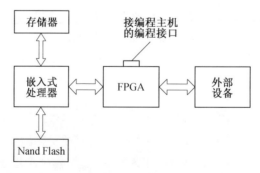

图 2.6 一种基于 FPGA 可重构嵌入式计算机系统结构

利用 FPGA 实现可重构方便简洁, 通过重写硬件描述语言程序就可以改变 FPGA 的功能, 但 FPGA 不是万能的, 也有一定的限制, 在 FPGA 中一般无法重构出带有模拟器件和功率器件的输入输出接口。

4. 自重构

如果嵌入式计算机系统能够根据连接的外部设备自动改变其硬件结构,与外部设备相匹配,这就是自重构。

自重构类似个人计算机提供即插即用功能,但由于其面临的外部设备和环境千差万别,二者之间的难度是不同的,个人计算机中只提供有限的标准接口,如 USB、网络等,即插即用是在这些标准接口之上用软件实现的,而嵌入式计算机的自重构则需要进行硬件上的调整,面对的外部设备接口更是多种多样,有功能强大支持即插即用的标准接口,也有数量众多不能获取设备信息的标准和非标准接口,在现有条件下,全面实现自重构是不可能的,只要能够实现部分设备的自重构就是最好的结果了。

一个嵌入式计算机系统要实现自重构,即使部分的自重构,也需要满足一定的条件,笔者将这些条件总结如下。

(1)嵌入式计算机系统要拥有改变自身硬件结构的能力。嵌入式计算机系统拥有通过自身程序改变片内硬件配置的能力,而 FPGA 提供编程接口,如果有合适的硬件连接,这个编程接口完全能够被嵌入式计算机系统用来编程改变 FPGA 内部的硬件配置。因此,嵌入式计算机系统利用处理器的可配置和 FPGA 的可编程特性,提供有限的自重构能力,是没有问题的。

(2)嵌入式计算机系统要能够自动获得外部设备本身的信息,只有知道是什么样的外部设备,才能为这个设备构造与之相匹配的硬件结构,而要想自动获得这个信息,却并不容易,在设备能够给出自身信息的基础上,还有如何给和从哪里给的问题,这都涉及设备探测的标准化问题,并不好解决。

(3)嵌入式计算机系统要在物理上连接外部设备,而这些外部设备可能种类不同,也可能接口不同,如何能以标准的嵌入式计算机所获知的方式连接,这也是必须解决的问题。在此基础上,嵌入式计算机系统才能配置出正确的与外部设备相匹配的硬件连接。

2.2　嵌入式计算机系统总线

嵌入式计算机系统的应用五花八门,这也决定了系统中总是包括各式各样的总线,有芯片内置的各种常用外设总线,有适用工业现场、仪表甚至航空航天等领域使用的标准总线,有基于工业计算机的总线,也有许多自定义的总线。嵌入式总线由于其应用的多样性,因此很难用统一的标准来规范,这也是限制嵌入式计算机系统通用性的重要原因之一。

本书将嵌入式计算机系统总线分成四个部分,即嵌入式处理器芯片内置总线、标准总线、非标准总线及基于共享存储器的总线,后三个部分都配有实例。

2.2.1　嵌入式处理器芯片内置总线

嵌入式处理器内部总是提供一些总线接口,这些总线一般直接连接一些简单外设,以简化嵌入式计算机系统设计。

1. RS-232 总线

RS-232 总线是按位传送数据的串行通信总线,其特点是连线少、接口简单、成本低、传送距离长。RS-232 总线以 9 针和 24 针的形式出现,在嵌入式计算机系统中一般为 9 针。

RS-232 总线可作为 PC 与嵌入式开发环境通信的媒介,具有命令行控制输入,控制台显示输出、文件传送等功能;也可用于与串行外设通信,如智能仪表等。

2. USB 通用串行总线

USB 通用串行总线是 1995 年由 Microsoft、Compaq、IBM 等公司联合制定的一种新的 PC 串行通信协议,是目前应用最广泛的外设接口规范。目前最流行的 USB 通用串行总线主要有三种,即 USB1.1(最高 12 Mb/s)、USB2.0(最高 480 Mb/s)和 USB OTG(对 USB2.0 的补充,主机和设备能自动转换,适应便携式设备要求)。USB 外设的发展速度惊人,当前市面上支持 USB 驱动的外设数不胜数。

USB 通用串行总线具有以下优良特性:①USB 串行总线支持热插拔,省去了只有关闭板卡电源才能插卡、拔卡的缺点;②USB 串行总线的传输速度较以前的串行总线有了较大的提升;③USB 接口简单,并且 USB 串行总线可以方便地扩展到最大支持 127 个外设;④USB 外设轻便,易携带。在嵌入式计算机系统中加入 USB 通用串行总线,从而达到轻松挂载 U 盘、使用 USB 输入的效果,如使用 USB 鼠标、USB 键盘等。

3. I²C 总线

I²C(Inter-Integrated Circuit)总线是一种由飞利浦公司开发的串行总线,只有两根数据线,用于连接微控制器及其外围设备。I²C 总线具有多主和主从两种通信模式,通常在主从模式下工作。

4. I²S 总线

I²S(Inter-IC Sound)总线是飞利浦公司为数字音频设备之间的音频数据传输而制定的一种总线标准,该总线专门负责音频设备之间的数据传输,广泛应用于各种多媒体系统。嵌入式处理器提供对 I²S 总线的支持,一般用于连接相应的音频芯片。

5. SPI 总线

SPI(Serial Peripheral Interface)总线是一种串行外围设备接口总线,是 Motorola 公司推出的一种同步串行接口技术。SPI 总线具有高速、全双工、同步等特性,可以实现与各种外围设备进行高速数据通信。

2.2.2　标准总线

标准总线有多种类型,如现场总线有 CAN、Lonworks、DeviceNet、PROFIBUS,航空数据总线有 ARINC429 和 1553b,工业计算机的总线有 PC104,仪表总线有 M-bus 等,这些总线在嵌入式计算机系统中都有一定的应用份额,由于篇幅所限,本书只对 CAN 总线和 PC104 总线做介绍。

1. CAN 总线

CAN(Controller Area Network)总线也称控制器局域网总线,起初应用于汽车产业中。当时出于对安全性、舒适性、方便性、低公害、低成本的要求,各种各样的电子控制系统被开发出来。由于这些系统之间通信所用的数据类型及对可靠性的要求不尽相同,由多条总线构成的情况很多,线路的数量也随之增加。为适应减少线路数量、进行大量数据高速通信的需要,德国电气商博世公司开发出面向汽车的 CAN 通信协议。

CAN 总线也是现在使用最广泛的现场总线之一。由于 CAN 总线具有通信速率高、容易实现、性价比高、多节点通信等优良特性,CAN 总线已经逐渐成为嵌入式工业控制局域网的标准总线。

图 2.7 给出了 CAN 总线在嵌入式计算机系统中的一个实现的原理图,图中 CAN 控制器和收发器分别采用美国微芯科技有限公司的 MCP2510 控制器和飞利浦公司的 TJA1050 收发器。

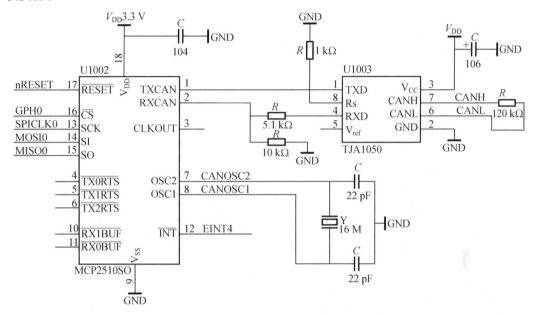

图 2.7　一个实现 CAN 总线的原理图

2. PC104 总线

PC104 总线实际上是微机系统总线在工业计算机上的实现,PC104 的两个版本(8 位和 16 位)分别与 PC/XT 和 PC/AT 相对应,PC/104PLUS 则与 PCI 总线相对应。由于 PC/XT 和 PC/AT 被称为 ISA 总线,因此通常说 PC104 总线与 ISA 总线引脚兼容。

第一块 PC104 总线产生于 1987 年,但严格意义的规范说明在 1992 年才公布,后来对 PC104 感兴趣的人越来越多,众多厂家开始生产 PC104 兼容产品。1992 年 IEEE 开始着手为 PC/XT 和 PC/AT 总线制定一个精简的 IEEEP996 标准(草稿),PC104 作为基本文件被采纳,称作 IEEE P996.1 兼容 PC 嵌入式模块标准。PC104 是一种专门为嵌入式控制而定义的工业控制总线。

PC104 总线的引脚主要为地址线、数据线、读写控制线、DMA、中断等信号线,具体如图 2.8 所示。

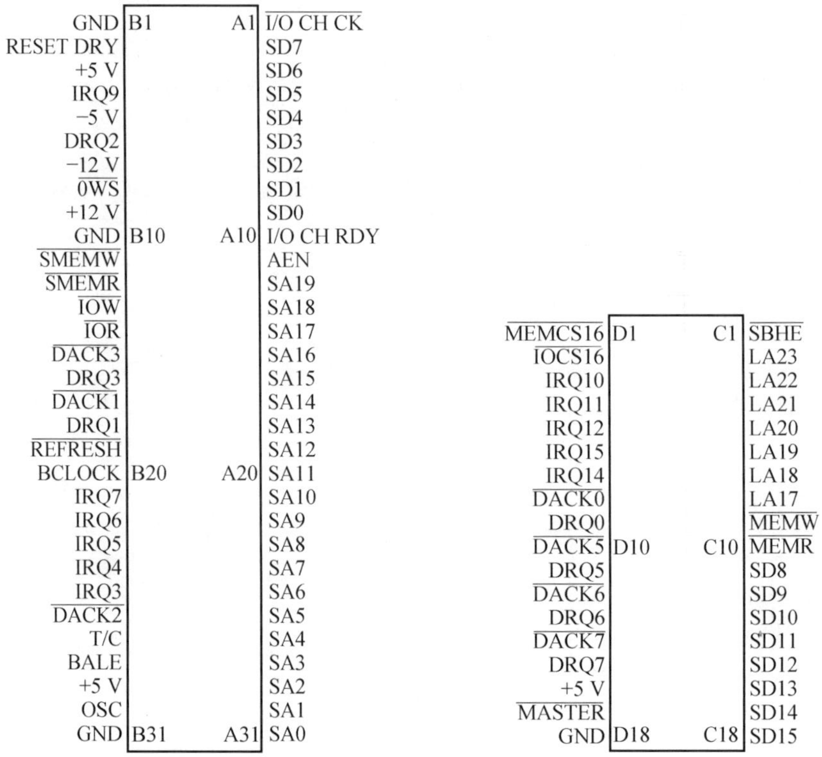

（a）8位PC104引脚图　　　　　　　　（b）16位扩展了的引脚图

图 2.8　PC104 总线的引脚图

2.2.3　非标准总线

除了标准总线,在嵌入式系统领域还存在着大量的面向应用的非标准总线,嵌入式计算机系统中的非标准总线主要为板间总线,如前面在 2.1.2 节针对嵌入式主机板的介绍中,曾给出了"核心板+外围板"这种常用的结构,核心板与外围板之间的总线通常就是一种非标准的板间总线。

这种非标准总线引脚的物理特性、电气特性和时间特性五花八门,但功能特性通常都是参照 PC104 总线的设计思想,即包括地址线、数据线、读写控制线、DMA、中断以及其他处理器特有的信号线,大体上可分为以下两类。

1. 只使用处理器部分功能引脚的总线

图 2.9 给出了一种被广泛使用的基于 S3C2410 的非标准总线,这个总线为 144 线,物理接口为 DIMM144,支持主机板为名片大小。这种总线的特点是精简、尺寸小,主要功能已经能满足大多数应用。

引脚	信号		引脚	信号
A1	GND		B1	LDATA0
A2	LADDR0		B2	LDATA1
A3	LADDR1		B3	LDATA2
A4	LADDR2		B4	LDATA3
A5	LADDR3		B5	LDATA4
A6	LADDR4		B6	LDATA5
A7	LADDR5		B7	LDATA6
A8	LADDR6		B8	LDATA7
A9	LADDR7		B9	LDATA8
A10	LADDR8		B10	LDATA9
A11	LADDR9		B11	LDATA10
A12	LADDR10		B12	LDATA11
A13	LADDR11		B13	LDATA12
A14	LADDR12		B14	LDATA13
A15	LADDR13		B15	LDATA14
A16	LADDR14		B16	LDATA15
A17	LADDR15		B17	LnOE
A18	LADDR16		B18	LnWE
A19	LADDR17		B19	LnWBE0
A20	LADDR18		B20	LnWBE1
A21	LADDR19		B21	nXDACK0
A22	LADDR24		B22	nXDREQ0
A23	nGCS0		B23	nXBREQ
A24	nGCS1		B24	nXBACK
A25	nGCS2		B25	GND
A26	nGCS3		B26	nTRST
A27	nGCS4		B27	TCK
A28	nGCS5		B28	TDI
A29	nWAIT		B29	TDO
A30	GND		B30	TMS
A31	WP_SD		B31	VD3
A32	SDCLK		B32	VD4
A33	SDCMD		B33	VD5
A34	SDDATA0		B34	VD6
A35	SDDATA1		B35	VD7
A36	SDDATA2		B36	VD10
A37	SDDATA3		B37	VD11
A38	nCD_SD		B38	VD12
A39	I²CSCL		B39	VD13
A40	I²CSDA		B40	VD14
A41	SPIMISO		B41	VD15
A42	SPIMOSI		B42	VD19
A43	SPICLK		B43	VD20
A44	nSS_SPI		B44	VD21
A45	GND		B45	VD22
A46	DN0		B46	VD23
A47	DP0		B47	LCD_PWREN
A48	DN1		B48	VM
A49	DP1		B49	VFRAME
A50	GND		B50	VLINE
A51	CLKOUT0		B51	VCLK
A52	OM0		B52	GND
A53	nRESET		B53	XMON
A54	12SLRCK		B54	nXPON
A55	12SSCLK		B55	YMON
A56	CDCLK		B56	nYPON
A57	12SSDI		B57	AIN0
A58	12SSDO		B58	AIN1
A59	L3MODE		B59	AIN2
A60	L3DATA		B60	AIN3
A61	L3CLOCK		B61	AIN5
A62	nCTS0		B62	AIN7
A63	nRTS0		B63	AV_{ref}
A64	TXD0		B64	GND
A65	RXD0		B65	EINT0
A66	TXD1		B66	EINT2
A67	RXD1		B67	EINT11
A68	TXD2		B68	EINT19
A69	RXD2		B69	EINT9
A70	EINT8		B70	$V_{DD}RTC$
A71	$V_{DD}3.3\,V$		B71	$V_{DD}3.3\,V$
A72	$V_{DD}3.3\,V$		B72	$V_{DD}3.3\,V$

图 2.9　一种被广泛使用的基于 S3C2410 的非标准总线

2. 引出处理器全部功能引脚的总线

图2.10 是另一种基于 S3C2410 处理器全部功能的非标准总线,这个总线引出了处理器的全部功能引脚,适合类似于嵌入式处理器教学系统等不能精简相关功能的应用。

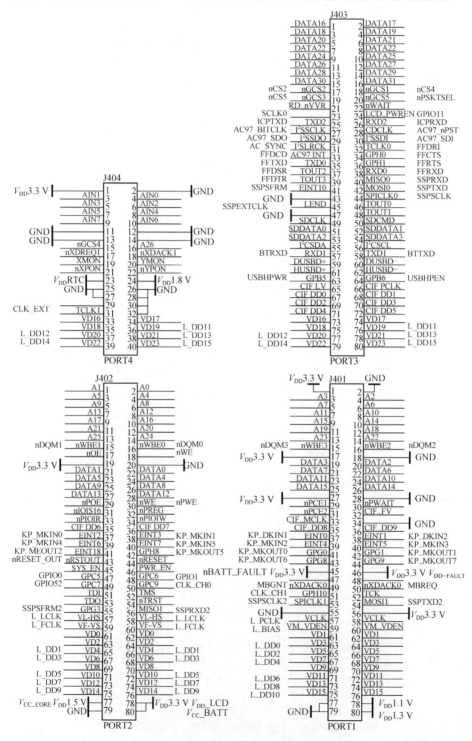

图 2.10 　一种基于 S3C2410 处理器全部功能的非标准总线

2.2.4　基于共享存储器的总线

嵌入式计算机系统中还有一类总线,那就是基于共享存储器的总线。这种总线通过总线形式对外提供本地存储器的访问能力,由于存储器的访问模式比较标准和统一,能够隔离处理器操作的细节,具有良好的通用性,因此对嵌入式计算机系统来说是一种值得推荐的总线,这种总线可以分为以下两类。

1. 基于嵌入式处理器支持的共享存储器总线

一些嵌入式处理器在芯片一级提供共享存储器的访问支持,如 TI 公司的 TMS320DM642 提供的高速数据传输接口 HPI,开发者利用 HPI 可以方便地构建基于共享存储器的总线,如图 2.11 所示。

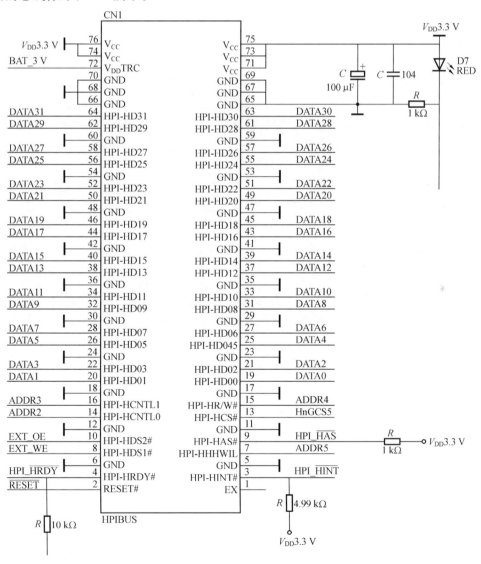

图 2.11　一种基于 HPI 的共享存储器总线

2. 以双端口 RAM 为共享存储器,利用 CPLD 提供局部可重构功能的总线

更多的时候,基于共享存储器的总线是利用双端口 RAM 来实现的。下面介绍一种以双端口 RAM 为共享存储器、利用 CPLD 提供局部可重构功能的总线,该总线可以连接两个嵌入式计算机系统,如图 2.12 所示。

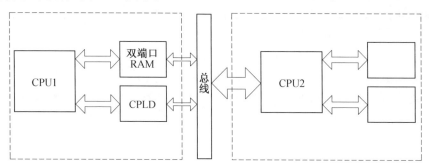

图 2.12　利用共享存储器总线连接两个嵌入式计算机系统

图中双端口 RAM 包含的资源有一定容量的存储空间,有旗语通信和中断通信机制。通过对双端口 RAM 资源的开发,可以通过总线实现左边和右边嵌入式计算机系统之间数据的传输与缓存、同步及中断机制;CPLD(Complex Programmable Logic Device)的引入是为了更加灵活地设计个性化的总线方案,可以根据不同的需求设计不同的 CPLD 设计方案,以解决总线传输不断变化的个性化需求问题。

图 2.13 给出了总线的接口设计以及双端口 RAM 与 CPLD 的选型。图中,总线接口由 40 引脚的接口构成,大部分为访问双端口 RAM 必须使用的连线,其余为利用 CPLD 可重构的功能引脚,为 8 个;双端口 RAM 的型号为 IDT70v07,具有 32 KB×8 的数据存储阵列,带有旗语机制,可以方便实现通信的同步,便于访问临界资源,支持中断机制,总线可以利用双端口 RAM 信箱通信机制方便地实现总线双向中断;选用的 CPLD 是 ALTERA 公司生产的 EPM3032 系列产品,封装格式为 TQFP44。

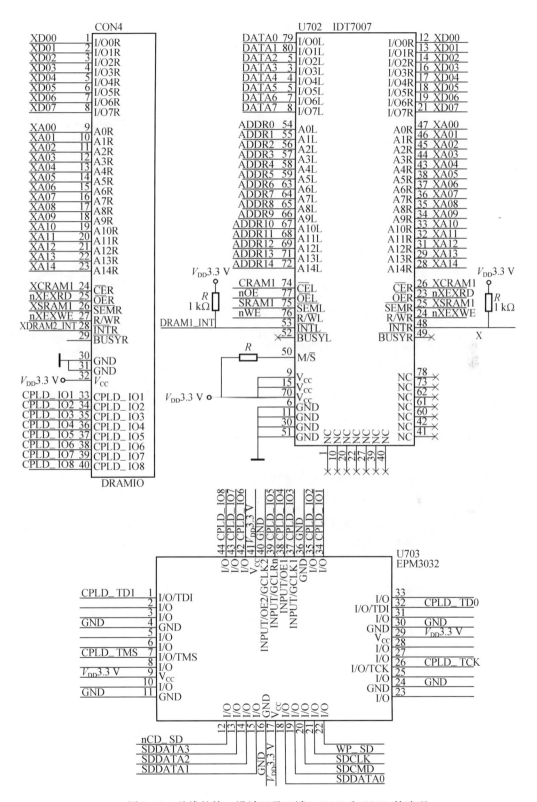

图 2.13　总线的接口设计以及双端口 RAM 和 CPLD 的选型

2.3　基于 S3C2410 处理器的嵌入式计算机系统体系结构

本节主要介绍基于 S3C2410 处理器的嵌入式计算机系统体系结构。S3C2410 是应用最广泛的嵌入式处理器之一,S3C2410 采用三星公司 ARM 系列处理器的典型设计,具有代表意义,无论是三星 ARM7 的 S3C44b0 和 S3C4510,还是同为 ARM9 的 S3C2440、ARM11 的 S3C6410 以及 CORTEX-A8/A9,使用上都很类似。

S3C2410 采用的是 ARM920T 内核,加上丰富的片内外设,为手持设备和其他应用提供了低价格、低功耗、高性能微控制器的解决方案。

2.3.1　整体构架

S3C2410 主要由两大部分构成,即 ARM920T 内核和片内外设。

1. ARM920T 内核

ARM920T 内核主要包括以下三部分。

(1) ARM920T 的核心为 ARM9TDMI,其中 T 代表支持 16 位压缩指令集 Thumb,D 代表支持片上 Debug,M 代表内嵌硬件乘法器(Multiplier),I 代表嵌入式 ICE,支持片上断点和调试点。

(2) 32 KB 的 Cache。

(3) MMU。

2. 片内外设

片内外设分为高速外设和低速外设,分别用 AHB 总线和 APB 总线连接。图 2.14 给出了 S3C2410 处理器的结构图。

S3C2410 共有 272 个引脚,采用 FBGA 封装,其信号可以分成:地址线 27 根,ADDR0 ~ ADDR26;数据线 32 根,DATA0 ~ DATA31;GPIO 的 A 口引脚 23 根,B 口引脚 11 根,C 口引脚 16 根,D 口引脚 16 根,E 口引脚 16 根,F 口引脚 8 根,G 口引脚 16 根,H 口引脚 11 根;外部中断线 24 根;nGC 线 8 根;OM 线 4 根;还有 I^2C 和 SPI 总线的接出引脚,很多引脚都是复用的。

S3C2410 具有以下主要特性。

(1) 具有 16 KB 指令 Cache、16 KB 数据 Cache 和存储器管理单元 MMU。

(2) 外部地址空间 8 组,每组 128 MB,总容量达 1 GB;支持从 Nand Flash 存储器启动。

(3) 55 个中断源,可以设定 1 个为快速中断,有 24 个外部中断,并且触发方式可以设定。

(4) 4 通道的 DMA,并且有外部请求引脚。

(5) 3 通道的 UART,带有 16 字节的 TX/RX FIFO,支持 IrDA1.0 功能。

(6) 具有 2 通道的 SPI、1 个通道的 I^2C 串行总线接口和 1 个通道的 I^2S 音频总线接口。

(7) 有 2 个 USB 主机总线的端口,或 1 个 USB 设备总线的端口。

(8) 有 4 个具有 PWM 功能的 16 位定时器和 1 个 16 位内部定时器。

(9) 8 通道的 10 位 A/D 转换器,最高速率可达 500 KB/s;提供有触摸屏接口。

(10) 具有 117 个通用 I/O 口和 24 通道的外部中断源。

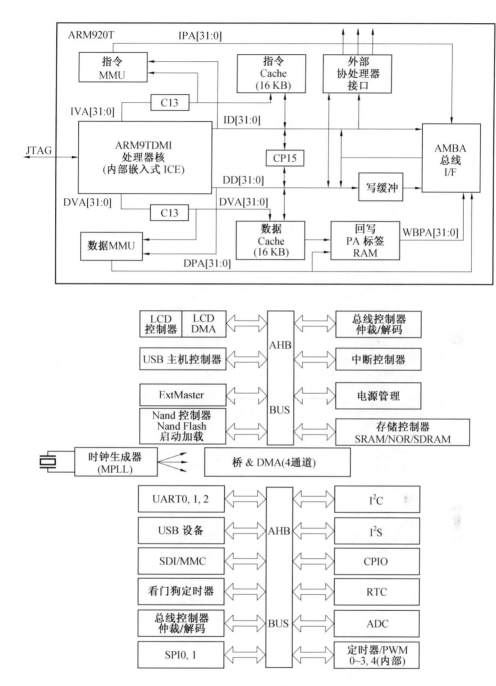

图 2.14　S3C2410 处理器的结构图

(11)兼容 MMC 的 SD 卡接口。

(12)具有电源管理功能,可以使系统以普通方式、慢速方式、空闲方式和掉电方式工作。

(13)看门狗定时器。

(14)具有日历功能的 RTC。

（15）有 LCD 控制器,支持 4 K 色的 STN 和 256 K 色的 TFT,配置有 DMA 通道。

（16）具有 PLL 功能的时钟发生器,时钟频率高达 203 MHz。

（17）双电源系统:1.8/2.0 V 内核供电,3.3 V 存储器和 I/O 供电。

（18）没有内置的网络控制器,如果需要网络功能,则要使用芯片,如 CS8900 和 DM9000。

基于 S3C2410 的嵌入式计算机体系结构如图 2.15 所示。

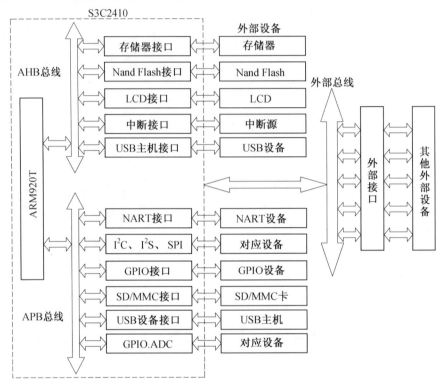

图 2.15　基于 S3C2410 的嵌入式计算机体系结构

S3C2410 的特殊功能寄存器按功能分成 18 组,如图 2.16 所示。

图 2.16　18 组特殊功能寄存器

2.3.2　S3C2410 最小系统

S3C2410 最小系统包括处理器本身、存储器和 Nand Flash 控制器,通常这三部分构成了核心主机板。

1. 存储器

S3C2410X 的存储器提供访问外部存储器的所有控制信号:27 位地址信号、32 位数据信号、八个片选信号 NGCS0-NGCS7 以及读/写控制信号等。NGCS0-NGCS7 的信号可以看作是 A27、A28、A29 通过 138 译码得到的,而 A30、A31 接的是 138 片选 E1 和 E2。S3C2410 只有 27 个地址线,但它的地址空间是 32 位,都可以访问。

S3C2410X 的地址空间通过 NGCS0-NGCS7 被分成八组,总容量是 1 GB,BANK0 ~ BANK5 为固定 128 MB,BANK0 可以作为引导 ROM,其数据线宽只能是 16 位和 32 位,复位时由 OM0、OM1 引脚确定;其他存储器的数据线宽可以是 8 位、16 位和 32 位。S3C2410 的启动方式有三种,由外部引脚 OM0 和 OM1 决定,可以设定为 Nand Flash 启动、由 16 位 ROM

启动或由 32 位 ROM 启动。

　　S3C2410X 的存储器格式可以编程设置为大端格式,也可以设置为小端格式。BANK6 和 BANK7 一般用来放置 RAM,容量可编程改变,可以是 2 MB、4 MB、8 MB、16 MB、32 MB、64 MB、128 MB,并且 BANK7 的开始地址与 BANK6 的结束地址相连接。如果 BANK6、BANK7 都被使用,则必须容量相同。

　　图 2.17 给出了 S3C2410 的存储空间分布图。

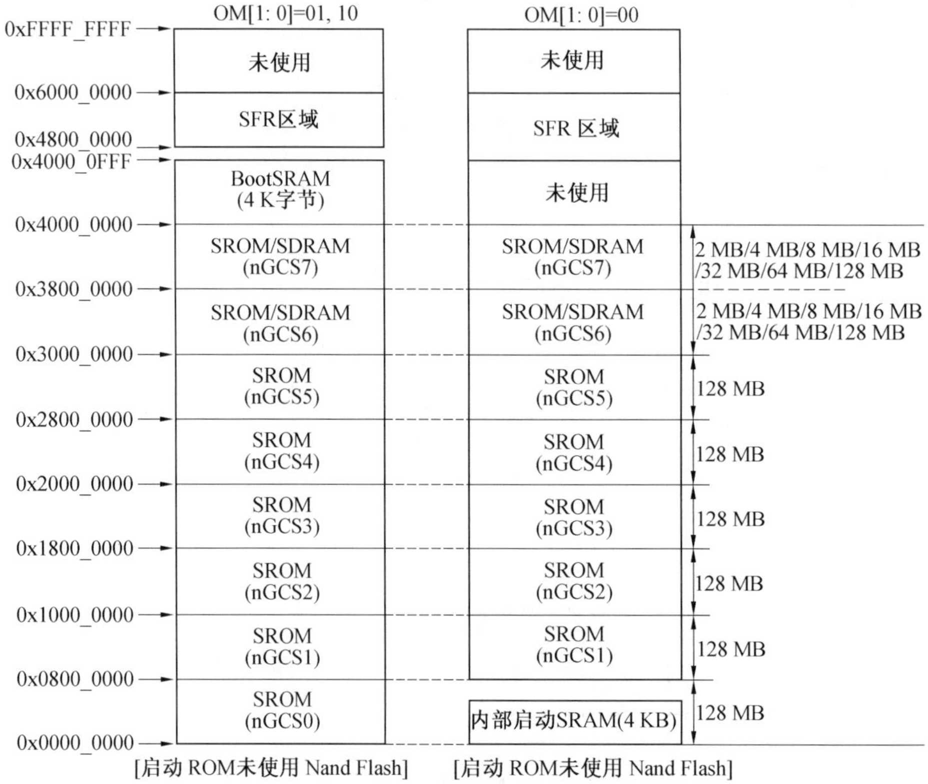

图 2.17　S3C2410 的存储空间分布图

　　存储器可以通过 S3C2410 提供的特殊功能寄存器 SFR 进行配置和操作,其相关信息见表 2.2,具体功能见附录。

表 2.2　特殊功能寄存器 SFR 的相关信息

寄存器	地　址	功　能	操　作	复位值
BWSCON	0x48000000	总线宽度和等待控制	读/写	0x0
BANKCON0	0x48000004	BANK0 控制	读/写	0x0700
BANKCON1	0x48000008	BANK1 控制	读/写	0x0700
BANKCON2	0x4800000C	BANK2 控制	读/写	0x0700
BANKCON3	0x48000010	BANK3 控制	读/写	0x0700
BANKCON4	0x48000014	BANK4 控制	读/写	0x0700
BANKCON5	0x48000018	BANK5 控制	读/写	0x0700
BANKCON6	0x4800001C	BANK6 控制	读/写	0x18008
BANKCON7	0x48000020	BANK7 控制	读/写	0x18008
REFRESH	0x48000024	SDRAM 刷新控制	读/写	0xAC0000
BANKSIZE	0x48000028	可变的组大小设置	读/写	0x0
MRSRB6	0x4800002C	BANK6 模式设置	读/写	xxx

图 2.18 给出了一个实际的处理器与存储芯片的连接图,采用两片 HY57V561620BT-H SDRAM 作为系统的内存,单片容量为 4 BANK×4 M×16 bit,13 位行地址和 9 位列地址为输入,内存总容量为 64 MB。

两片内存采用位扩展方式,数据总线宽度为 32 位,编程为小端模式。通过 ADD24、ADD25 两根地址线作为内存的片内 BANK 片选逻辑;内存占用 S3C2410 的 BANK6 编址空间,两片内存的容量为 64 MB,使用 26 根地址线,所以内存物理地址范围为 0x3000_0000 ~ 0x33ff_ffff。

对存储控制器的操作是通过相关的特殊功能寄存器完成的,而存储控制器连接并控制存储芯片完成存储操作,其操作过程如图 2.19 所示。

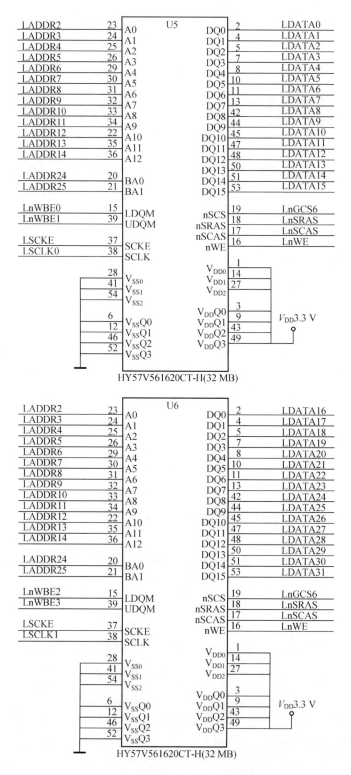

图 2.18　处理器与存储芯片的连接图

编程接口

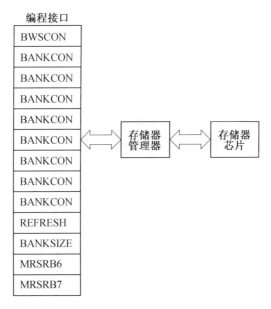

| BWSCON |
| BANKCON |
| BANKCON |
| BANKCON |
| BANKCON |
| BANKCON |
| BANKCON |
| BANKCON |
| BANKCON |
| REFRESH |
| BANKSIZE |
| MRSRB6 |
| MRSRB7 |

存储器管理器 ←→ 存储器芯片

图 2.19　存储控制器的操作过程

2. Nand Flash 控制器

（1）Flash 简介。Flash 和 E^2PROM 都是常用的非易失性存储技术，在使用上二者最主要的区别是什么呢？

从容量上说，随着 Flash 技术的发展，Flash 的容量远远超过 E^2PROM，其最主要的区别还是在读写特性上。Flash 在写入之前，必须要经过擦除（Erase）操作，而且擦除只能以块（Block）为单位，整块擦除，即使要修改一个字节的数据，也需要擦除整个块的内容；而 E^2PROM 是可以逐字节修改的。

（2）Flash 的特点。以 Nand Flash 为例。Nand Flash 的写入操作只能把对应位置的 1 修改为 0，而不能把 0 修改为 1。例如，Nand Flash 中一个地址事先保存的数据为 0x55，再对其写入 0xAA，结果读取到的数据就是 0x00。Nand Flash 的写入其实是按照逻辑"与"特性进行的，其结果是写入的数据和原有数据的逻辑"与"结果。若使数据从 0 恢复成 1，则必须进行擦除操作，擦除必须按块进行，一次擦除整个块的数据都被修改为 0xFF。

按照 Flash 的特性，在某些情况下，不一定要求在写入 Flash 前一定要先擦除。例如，要利用 Flash 存储器记录一个采样的数据，每秒得到 4 字节的采样结果并保存。没有必要每次写入都擦除整个块的数据（这会减少 Flash 的寿命），也不能等攒够一个 Flash 块的数据再写入（这个写入时间太长，有可能因为系统掉电而丢失一段时间的数据）。利用 Flash 的写入特性，只需擦除一个块的数据，然后按照记录顺序写入即可（因为不需要修改原来的数据）。

（3）Nor Flash 和 Nand Flash。Nor（或非）和 Nand（与非）是现在市场上两种主要的非易失闪存技术，Nor Flash 存储器的读速度高，而擦、写速度低，容量小，价格高。

Nand Flash 存储器的读速度不如 Nor Flash，而擦、写速度高，容量大，价格低，有取代磁盘的趋势。因此，现在不少应用从 Nand Flash 启动和引导系统，而在 SDRAM 上执行主程序代码。Nand Flash 采用块擦除、页写入的操作方式，例如 K9F1208：4 096 块，1 块 32 页，1 页

528 B,共 64 MB。

Intel 公司于 1988 年首先开发出 Nor Flash 技术,彻底改变了原先由 EPROM 和 E^2PROM 一统天下的局面。

1989 年,Toshiba 公司开发出 Nand Flash 结构,强调降低每比特的成本,提供更高的性能,并且像磁盘一样可通过接口轻松升级。

Nor 的传输效率较高,在 1 ~ 4 MB 的小容量时有明显的成本优势,但是很低的写入和擦除速度大大影响了其性能。Nand 结构能提供极高的单元密度,可达到高存储密度,并且写入和擦除的速度也很快。应用 Nand 的困难在于 Flash 的管理以及需要特殊的系统接口。

从软件角度来说,对 Flash 设备的写入速度,其实是写入和擦除的综合速度。Nand 器件执行擦除操作是十分简单的,而 Nor 则要求在进行写入前先将目标块内的所有位都擦除为 0,由于擦除 Nor 器件时是以 64 ~ 128 KB 的块进行的,执行一个块写入/擦除操作的典型时间大概为 0.7 s;与此相反,擦除 Nand 器件是以 8 ~ 32 KB 的块进行的,执行相同的操作通常不会超过 4 ms。

Nor Flash 的接口时序与 SRAM 一样,它与支持地址总线的 CPU 很容易连接。只要有足够的地址引脚来寻址,就可以很容易地存取其内部的每个字节。Nand Flash 使用地址和数据通用的 I/O 口,通过多次寻址存取数据。通常,其读和写操作采用 512 B(或者 2 KB)的页(Page),这更类似于硬盘管理的操作,因此,基于 Nand 的存储器就可以取代硬盘或其他块设备,但实际上还要考虑 Flash 均匀磨损的问题。

Nor Flash 常见的容量为 1 ~ 32 MB,主要应用在代码(通常只读就可以了)存储介质中;而 Nand Flash 通常应用在 8 ~ 128 MB 的产品中,更适合于数据(要可读可写)存储。Nand Flash 在 Compact Flash(紧凑式闪存,CF 卡)、Secure Digital(安全数码卡,SD)和 MMC(多媒体存储卡)等存储卡市场上所占份额较大。

在 Nand 闪存中每个块的最大擦写次数是 100 万次甚至千万次;而 Nor 的擦写次数是十万次数量级,所有 Flash 器件都受位交换现象的困扰,即在某些情况下,一个比特位会发生反转。Nand 发生的次数要比 Nor 多,需要使用错误探测/错误更正(EDC/ECC)算法,Nand 器件中的坏块是随机分布的,所有 Nand 器件需要对介质进行初始化扫描,以发现坏块,并将坏块标记为不可用。

基于 Nor 的闪存可以非常直接地使用,它像 SRAM 等存储器那样连接,并能在上面直接运行代码;而 Nand 因为有特殊的时序,访问起来要复杂一些。

(4)Nand Flash 控制器的功能及特性。S3C2410 内部拥有 Nand Flash 控制器,提供引导启动功能和校验功能。

①引导启动功能。S3C2410 内部有一个叫作"起步石(Steppingstone)"的 SRAM 缓冲器,系统启动时,Nand Flash 存储器的前面 4 KB 将被自动载入起步石中,然后系统自动执行这些载入的引导代码。

②校验功能。使用 S3C2410 内部硬件 ECC 功能可以对 Nand Flash 的数据进行有效性的检测。

(5)控制器的主要特性。

如图 2.20 所示,对 Nand Flash 控制器操作支持自动导入模式和 Nand Flash 模式,后者能完成读/擦/编程 Nand Flash 存储器,而自动导入模式则在复位后引导代码被送入起步石,传送后,引导代码在起步石中执行。在 Nand Flash 引导后,内部 4 KB 的 SRAM 缓冲器起步石可以作为其他用途使用。

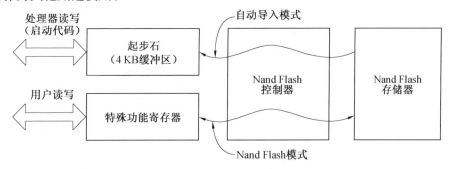

图 2.20 Nand Flash 控制器的两种工作模式

自动导入启动代码的步骤如下。

①完成复位。

②如果自动导入模式使能,Nand Flash 存储器的前面 4 K 字节被自动拷贝到起步石内部的缓冲器中。

③起步石被映射到 nGCS0 对应的 BANK0 存储空间。

④CPU 在起步石的 4 KB 内部缓冲器中开始执行引导代码。

控制器内部具有硬件 ECC(纠错码)功能,能够通过硬件产生纠错代码。在自动导入模式下,不进行 ECC 检测。因此,Nand Flash 的前 4 KB 应确保不能有位错误(一般 Nand Flash 厂家都确保)。S3C2410A 在写/读操作时,每 512 字节数据自动产生 3 字节的 ECC 奇偶代码(24 位):

$$24 位 ECC 奇偶代码=18 位行奇偶代码+6 位列奇偶代码$$

ECC 产生模块执行以下步骤:

①当 MCU 写数据到 Nand 时,ECC 产生模块生成 ECC 代码。

②当 MCU 从 Nand 读数据时,ECC 产生模块生成 ECC 代码,同时用户程序将它与先前写入时产生的 ECC 代码进行比较。

(6)Nand Flash 控制器功能框图,如图 2.21 所示。

(7)引脚信号及实际电路连接。Nand Flash 控制器用于外接的引脚包括命令锁存引脚 CLE、芯片写引脚 nWE、地址锁存引脚 ALE、芯片读引脚 nRE、芯片使能引脚 nCE 和就绪/忙引脚 R/nB。

用于操作 Nand Falsh 的寄存器有六个,见表 2.3。其具体含义可见本书的附录。

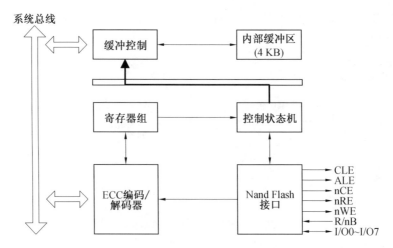

图 2.21　Nand Flash 控制器功能框图

表 2.3　用于操作 Nand Flash 控制器的 SFR

寄存器	地　址	功　能	操作	复位值
NFCON	0x4E000000	Nand Flash 配置	读/写	—
NFCMD	0x4E000004	Nand Flash 命令	读/写	—
NFADDR	0x4E000008	Nand Flash 地址	读/写	—
NFDATA	0x4E00000C	Nand Flash 数据	读/写	—
NFSTAT	0x4E000010	Nand Flash 状态	读/写	—
NFECC	0x4E000014	Nand Flash 纠错	读/写	—

如图 2.22 所示,利用相关寄存器可以操作 Nand Flash 控制器读写 Nand Flash 芯片。

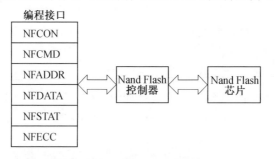

图 2.22　Nand Flash 控制器的操作

利用寄存器执行 Nand Flash 操作的具体过程如下。

①通过 NFCON 寄存器配置 Nand Flash。

②写 Nand Flash 命令到 NFCMD 寄存器。

③写 Nand Flash 地址到 NFADDR 寄存器。

④在读写数据时,通过 NFSTAT 寄存器来获得 Nand Flash 的状态信息。应该在读操作前或写入之后检查 R/nB 信号(准备好/忙信号)。

⑤通过 NFDATA 和 Flash 芯片传递要读写的数据。

⑥在读写操作后要查询校验错误代码,对错误进行纠正。

图 2.23 给出了 S3C2410 通过其片内外设接口连接 Nand Falsh 芯片的连接电路,其中 Nand Flash 芯片型号为 K9F1208,S3C2410 的引脚 NCON 可以选择所连接的 Nand Flash 芯片是 24 位的还是 32 位的地址。要设置 Nand Flash 启动,还需要使 OM[1:0] = 00b,这代表使能 Nand Flash 控制器自动导入模式(OM[1:0] = 01b、10b:BANK0 数据宽度为 16 位、32 位;OM[1:0]=11b:测试模式)。

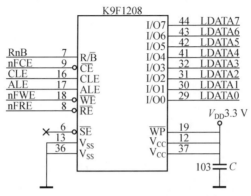

图 2.23　S3C2410 与 Nand Flash 芯片连接电路

2.3.3　时钟和电源管理

1. 时钟与锁相环

S3C2410 可以生成三种时钟信号。

(1)CPU 使用的 FCLK。

(2)AHB 使用的 HCLK。

(3)APB 使用的 PCLK。

S3C2410 有两个锁相环:

(1)MPLL:用于 FCLK、HCLK 及 PCLK。

(2)UPLL:用于 USB 设备。

2. 时钟部分电路

S3C24310 时钟部分电路如图 2.24 所示。

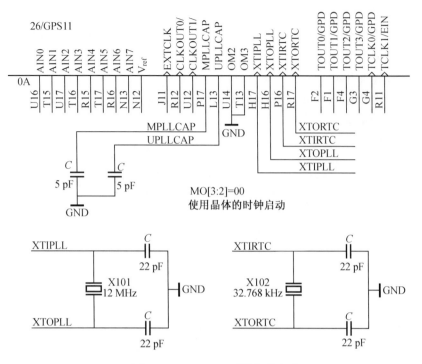

图 2.24　S3C24310 时钟部分电路

3. FCLK、HCLK、PCLK 的频率

S3C2410 支持 FCLK、HCLK、PCLK 的分频选择,其比率通过 HDIVN 和 PDIVN(寄存器 CLKDIVN 中)控制。表 2.4 给出了其分频选择。

表 2.4　FCLK、HCLK、PCLK 的分频选择

HDIVN	PDIVN	FCLK	HCLK	PCLK	比 率
0	0	FCLK	FCLK	FCLK	1∶1∶1(默认值)
0	1	FCLK	FCLK	FCLK/2	1∶1∶2
1	0	FCLK	FCLK/2	FCLK/2	1∶2∶2
1	1	FCLK	FCLK/2	FCLK/4	1∶2∶4(推荐值)

4. 时钟源选择

表 2.5 给出了如何利用引脚 OM2 和 OM3 选择时钟源。

表 2.5　利用引脚 OM2 和 OM3 选择时钟源

OM[3∶2]	MPLL 状态	UPLL 状态	主时钟源	USB 时钟源
00	0n	0n	Crystal	Crystal
01	0n	0n	Crystal	EXTCLK
10	0n	0n	EXTCLK	Crystal
11	0n	0n	EXTCLK	EXTCLK

5. 电源模式

S3C2410 具有以下四种电源模式,可以起到降低功耗的作用。

（1）NORMAL。

（2）SLOW。

（3）IDLE。

（4）POWER-OFF。

图 2.25 给出了 S3C2410 电源管理模式的转换关系。

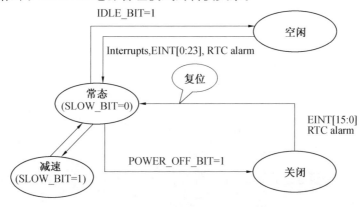

图 2.25　S3C2410 电源管理模式的转换关系

6. 控制寄存器

（1）LOCK 计数寄存器 LOCKTIME:晶振启动 LOCKTIME 时间后 FCLK 开始工作。

（2）锁相环配置寄存器 MPLLCON 和 UPLLCON:MPLLCON 可以设定 S3C2410 的主时钟频率。

（3）时钟信号生成控制寄存器 CLKCON:对片内外设的时钟信号输出进行控制。

（4）慢时钟控制寄存器 CLKSLOW。

（5）时钟分频控制寄存器 CLKDIVN。

具体说明见附录。

2.3.4　DMA

如图 2.26 所示,S3C2410 有四个通道的 DMA 控制器。每个 DMA 通道都有五个 DMA 请求源,通过设置,可以从中挑选一个服务对象,其中包括两个外部请求源,由引脚 nXDREQ0 和 nXDREQ1 接入,应答信号引脚为 nXDACK0 和 nXDACK1。S3C2410 也可直接连接外部 DMA 控制器,总线请求和应答信号引脚为 nXBREQ 和 nXBACK。

S3C2410X 的 DMA 工作过程可以分为三个状态:

（1）状态 1:等待状态。DMA 等待一个 DMA 请求,如果有请求到来,将转到状态 2。在这个状态下,DMA ACK 和 INT REQ 为 0。

（2）状态 2:准备状态。DMA ACK 变为 1,计数器的值(CURR_TC)设置为 DCON[19: 0]。DMA ACK 保持为 1,直至它被清除。

（3）状态 3:传输状态。DMA 控制器从源地址读入数据并将它写到目的地址,每传输一次,CURR_TC 计数器(在 DSTAT 中)减 1,并且可能做以下操作。

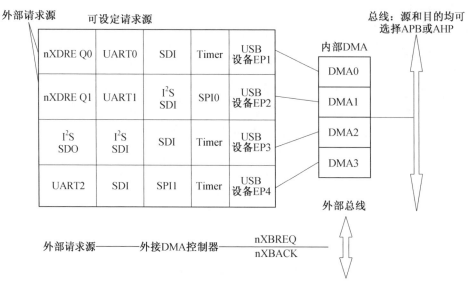

图 2.26　S3C2410 的 DMA 控制器

①重复传输:在全服务模式下,将重复传输,直到计数器 CURR_TC 变为 0;在单服务模式下,仅传输一次。

②设置中断请求信号:当 CURR_TC 变为 0 时,DMAC 发出 INT REQ 信号,而且 DCON[29]即中断设定位被设为 1。

③清除 DMA ACK 信号:当单服务模式单元操作完成,或者全服务模式 CURR_TC 变为 0 时。

在单服务模式下,DMAC 的三个状态被执行一遍,然后停止,等待下一个 DMA REQ 的到来。如果 DMA REQ 到来,则这三个状态都被重复操作;在全服务模式,重复执行的是状态 3,直到 CURR_TC 减为 0。

DMA 传输分为一个单元传输和四个单元突发式传输。

S3C2410 的每个 DMA 通道有九个控制寄存器(四个通道共计 36 个寄存器),六个用来控制 DMA 传输,其他三个监视 DMA 控制器的状态。表 2.6 为用于操作 Nand Falsh 的寄存器,具体细节可见附录。

表 2.6　用于操作 Nand Falsh 的寄存器

寄存器	地址	操作	功能	复位值
DISRCn	0x4B0000x0	R/W	初始源基地址寄存器	0x00000000
DISRCCn	0x4B0000x4	R/W	初始源控制寄存器	0x00000000
DIDSTn	0x4B0000x8	R/W	初始目的基地址寄存器	0x00000000
DIDSTCn	0x4B0000xC	R/W	初始目的控制寄存器	0x00000000
DCONn	0x4B0000y0	R/W	DMA 控制寄存器	0x00000000
DSTATn	0x4B0000y4	R	状态/计数寄存器	0x00000000
DCSRCn	0x4B0000y8	R	当前源地址寄存器	0x00000000
DCDSTn	0x4B0000yC	R	当前目的地址寄存器	0x00000000
SKTRIGn	0x4B0000z0	R/W	DMA 掩码/触发寄存器	0b000

使用 DMA 寄存器可以控制内部 DMA 控制器完成 DMA 操作,如图 2.27 所示。

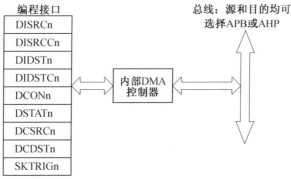

图 2.27　S3C2410 的 DMA 控制器的操作

2.3.5　输入/输出口

S3C2410 有 117 个输入/输出口,分为八组端口,分别是:

A 口(GPA):23 个输出口。

B 口(GPB):11 个输入/输出口。

C 口(GPC):16 个输入/输出口。

D 口(GPD):16 个输入/输出口。

E 口(GPE):16 个输入/输出口。

F 口(GPF):8 个输入/输出口。

G 口(GPG):16 个输入/输出口。

H 口(GPH):11 个输入/输出口。

端口的最大特点是都具有多功能,通过引脚配置寄存器,可以将其设置为所需要的功能,如 I/O 功能、中断功能等。

1. 输入输出口的操作

每组输入输出口通常都包括三个基本的寄存器,若可配置为外设接口,则还有相关的外设接口寄存器,由于篇幅所限,这里仅以 GPC 口的基本寄存器为例,其余端口或相关的外设接口寄存器的进一步说明可见附录。GPC 口的三个基本寄存器为配置寄存器 GPCCON、数据寄存器 GPCDAT 和上拉电阻寄存器 GPCUP。

(1)GPCCON。可对 GPC 口引脚具有的多功能进行配置,可配置为输入、输出或其他功能,当某引脚被设为输入输出功能时,利用 GPCDAT 对该引脚进行控制,当引脚被设置为某个外设接口引脚时,该引脚的操作将由对应的外设接口寄存器进行。

(2)GPCDAT。为准备输出或输入的数据,当 C 口的所有引脚都配置为非输入/输出功能时,GPCDAT 中的值没有意义。

(3)GPCUP。当引脚设置为输入时,可有上拉或没有上拉功能。

表 2.7 给出了 GPCCON 寄存器的使用说明。

表 2.7　GPCCON 寄存器使用说明

位号	位号	位　值				位号	位号	位　值			
		00	01	10	11			00	01	10	11
31,30	GPC15	输入	输出	VD7	保留	15,14	GPC7	输入	输出	LCDVF2	保留
29,28	GPC14	输入	输出	VD6	保留	13,12	GPC6	输入	输出	LCDVF1	保留
27,26	GPC13	输入	输出	VD5	保留	11,10	GPC7	输入	输出	LCDVF0	保留
25,24	GPC12	输入	输出	VD4	保留	9,8	GPC4	输入	输出	VM	保留
23,22	GPC11	输入	输出	VD3	保留	7,6	GPC3	输入	输出	VFRAME	保留
21,20	GPC10	输入	输出	VD2	保留	5,4	GPC2	输入	输出	VLINE	保留
19,18	GPC9	输入	输出	VD1	保留	3,2	GPC1	输入	输出	VCLK	保留
17,16	GPC8	输入	输出	VD0	保留	1,0	GPC0	输入	输出	VEND	保留

根据表 2.7 的说明,使用下列语句,可以利用 GPCCON 将 GPC5、GPC6 和 GPC7 引脚设置为输出引脚,利用 GPCDAT 控制 GPC5 引脚输出低电平,GPC6 引脚输出高电平。

GPCCON = (GPCCON | 0x5400) & 0xffff57ff;

GPCDAT = GPCDAT & 0xffffffdf;

GPCDAT = GPCDAT | 0x40;

输入输出端口的使用流程如图 2.28 所示。

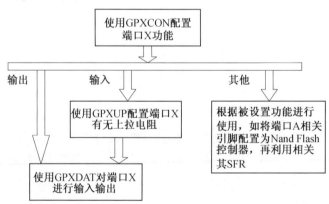

图 2.28　输入输出端口的使用流程

2. 输入输出端口可设置的外设接口

S3C2410 的八组输入输出端口可配置的外设接口有多种,这些外设接口都是嵌入式计算机系统中常用的,下面对这些外设接口进行介绍,并给出一些实例电路。

(1)LCD 控制器。S3C2410 内部带有 LCD 控制器,这就相当于处理器中自带了显卡,对于嵌入式应用系统成本和体积减小有重要意义。LCD 控制器利用端口 C 和端口 D 的引脚配置寄存器进行配置,其对应外部引脚如下:

VFRAME/VSYNC/STV:帧同步信号(STN)/垂直同步信号(TFT)/SEC TFT 信号。

VLINE/HSYNC/CPV:行同步脉冲信号/水平同步信号/SEC TFT 信号。

VCLK/LCD_HCLK:像素时钟信号(STN/TFT)/SEC TFT 信号。

VD[23∶0]：LCD 像素数据输出端口。

VM/VDEN/TP：LCD 驱动器交流信号/数据使能信号/SEC TFT 信号。

LEND/STH：行结束信号（TFT）/SEC TFT 信号。

LCD_PWREN：LCD 屏电源控制信号。

LCDVF0：SEC TFT 信号 OE。

LCDVF1：SEC TFT 信号 REV。

LCDVF2：SEC TFT 信号 REVB。

图 2.29 给出了一种连接 LCD 控制器的接口设计,采用 40 针接口,一些引脚没有被引出,感兴趣的读者可以找找哪些引脚没被引出? 影响严重吗?

V_{DD}3.3 V	1	2	V_{DD}3.3 V
V_{DD}3.3 V	3	4	GND
nRESET	5	6	
	7	8	
VD3	9	10	VD4
VD5	11	12	VD6
VD7	13	14	
	15	16	VD10
VD11	17	18	GND
VD12	19	20	VD13
VD14	21	22	VD15
	23	24	
	25	26	VD19
VD20	27	28	VD21
VD22	29	30	VD23
GND	31	32	LCD_PWREM
	33	34	
	35	36	VM
VFRAME	37	38	VLINE
VCLK	39	40	LEND
	41	42	GND
XMON	43	44	xXPON
AIN7	45	46	GND
YMON	47	48	nYPON
AIN5	49	50	GND

图 2.29　连接 LCD 控制器的接口设计

（2）I^{2}C 总线控制器。I^{2}C 总线控制器有两个外接引脚,I^{2}CSDA 为串行数据线,I^{2}CSCL 为串行时钟线,有四个接口寄存器,为 I^{2}CCON、I^{2}CSTAT、I^{2}CADD 和 I^{2}CDS。

图 2.30 给出了一个利用 I^{2}C 寄存器操作 I^{2}C 外设的图示。图 2.31 给出了一个具体 I^{2}C 温度芯片被接入的电路。

图 2.30　利用 I^{2}C 寄存器操作 I^{2}C 外设的图示

（3）SPI 总线控制器。S3C2410 有两个 SPI 控制器,引脚定义在 E 口和 G 口,每个 SPI 控制器有四个引脚。

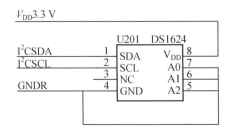

图 2.31   一个具体 I^2C 温度芯片被接入的电路

①SPICLK 是总线公用时钟。

②SPIMOSI 是主机输出和从机输入。

③SPIMISO 是主机输入和从机输出。

④/SS(nSS)是从机的标志管脚,电平低的是从机,电平高的是主机。SPI 总线可以配置成单主单从、单主多从及互为主从。

图 2.32 给出了一个利用 SPI 寄存器操作 SPI 外设的图示,前面图 2.8 给出的 CAN 总线的实现就可以了 SPI 总线。

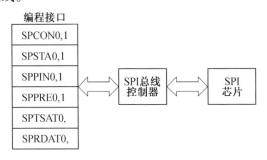

图 2.32   一个利用 SPI 寄存器操作 SPI 外设的图示

(4)SD 主机控制器。SD 主机控制器用于外接 SD 卡,有六个外接引脚,包括时钟引脚 SDCLK、命令引脚 SDCMD 和数据引脚 SDDAT0、SDDAT1、SDDAT2、SDDAT3。图 2.33 给出了一个基于 SD 卡主机控制器的一个电路实现。

SD 主机控制器有 17 个控制寄存器,其操作如图 2.34 所示。

(5)I^2S 总线控制器。I^2S 总线控制器有五个外接引脚,用于连接声音芯片。

①CDCLK:CODEC 系统时钟。

②I^2SSCLK:串行时钟。

③I^2SLRCK:通道选择时钟。

④I^2SSDO:串行数据输出。

⑤I^2SSDI:串行数据输入。

图 2.35 给出了一个利用 I^2S 寄存器操作声音的图示。图 2.36 给出了一个具体的 I^2S 声音芯片被接入的电路。

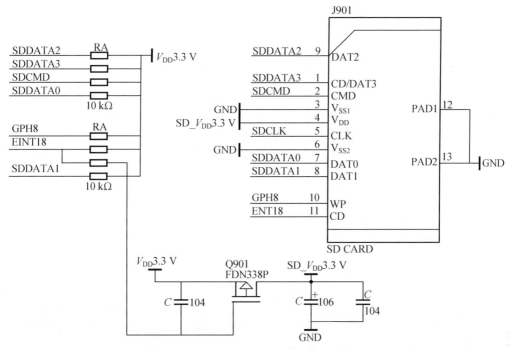

图 2.33　一个基于 SD 卡主机控制器的一个电路实现

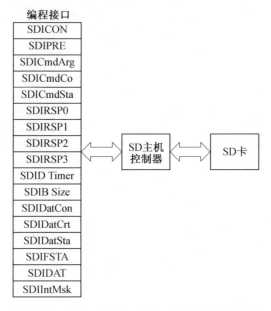

图 2.34　基于 S3C2410 的 SD 主机控制器的操作

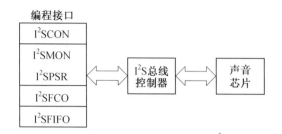

图 2.35　一个利用 I^2S 寄存器操作声音的图示

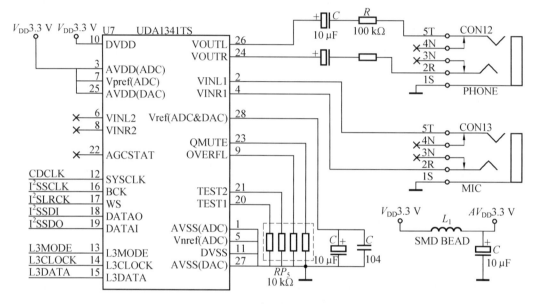

图 2.36　一个具体的 I^2S 声音芯片被接入的电路

2.3.6　定时器

1. 概述

S3C2410X 定时器的主要特性如下。

（1）五个 16 位定时器。

（2）两个 8 位预分频器和两个 4 位分频器。

（3）可编程 PWM 输出占空比。

（4）具有初值自动重装连续输出模式和单脉冲输出模式。

（5）具有死区生成器。

定时器 0~3 具有 PWM（脉宽调制）功能。定时器 4 是一个内部定时器，没有输出引脚，供内部使用。定时器 0 有死区产生器，通常用于大电流设备控制。S3C2410 内部五个定时器结构，如图 2.37 所示。

定时器 0 和定时器 1 分享同一个预分频器和分频器，定时器 2、3、4 分享另一个预分频器和分频器，分频器有 1/2、1/4、1/8、1/16 这四种分频值。定时器从分频器接收自己的时钟信号，时钟分频器从相应的预分频器接收时钟信号。

PWM（脉宽调制）是指对一方波序列信号的占空比按照要求进行调制，而不改变方波信号的其他参数,即不改变幅度和周期,因此脉宽调制信号的产生和传输,都是数字式的。

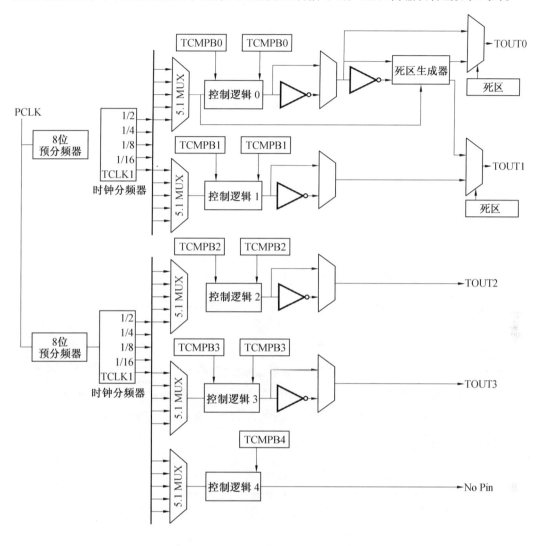

图 2.37　S3C2410 内部五个定时器结构

用脉宽调制技术可以实现模拟信号。如果调制信号的频率远远大于信号接收者的分辨率,则接收者获得的是信号的平均效果,不能感知数字信号的 0 和 1。其信号大小的平均值与信号的占空比有关,信号的占空比越大,平均信号越强,其平均值与占空比成正比。只要带宽足够(频率足够高或周期足够短),任何模拟信号都可以使用 PWM 来实现。

PWM 技术的应用。借助于微处理器,使用脉宽调制方法实现模拟信号是一种非常有效的技术,广泛应用在从测量、通信到功率控制与变换的许多领域中。

2. 定时器的结构

(1)时钟控制。系统为每个定时器设置有预分频器和分频器。

(2)定时器的组成。定时器由减法计数器、初值寄存器、比较寄存器、观察寄存器、控制逻辑等部分构成,如图 2.38 所示。

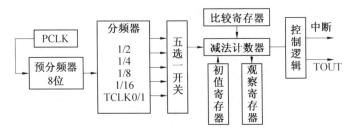

图 2.38　定时器的基本组成

3. 定时器的基本原理

（1）定时器的工作过程。装入初值、启动计数，计数结束后产生中断请求，并且可以重装初值连续计数，如图 2.39 所示。

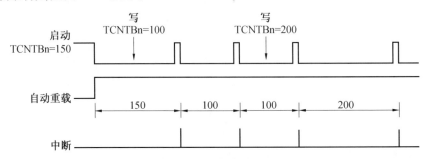

图 2.39　定时器的工作过程

（2）PWM 输出。寄存器 TCMPB 的作用是当计数器 TCNT 中的值减到与 TCMPB 的值相同时，TOUT 的输出值取反。改变 TCMPB 的值，便改变了输出方波的占空比；TOUT 的输出可以设置为反向输出，其过程如 2.40 所示。

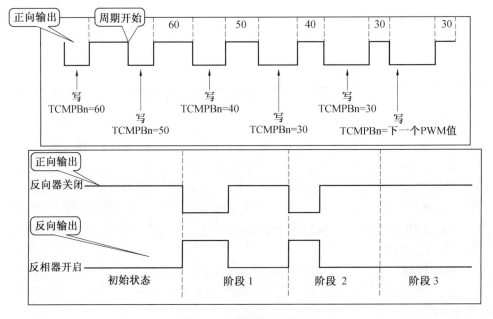

图 2.40　PWM 输出情况

（3）死区产生器。死区是指在一小段时间间隔内,禁止两个开关同时处于开启状态。死区是在功率设备控制中常采用的一种技术,防止两个开关同时打开起反作用。S3C2410 的 timer0 具有死区发生器功能,可用于控制大功率设备,如图 2.41 所示。

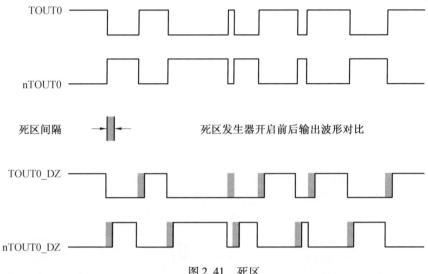

图 2.41　死区

（4）DMA 请求。S3C2410 中定时器的 DMA 功能:系统中的五个定时器都有 DMA 请求功能,但是在同一时刻只能设置一个使用 DMA 功能,通过设置其 DMA 模式位来实现。

①DMA 请求过程。定时器可以在任意时间产生 DMA 请求,并且保持 DMA 请求信号（nDMA_REQ）为低直到定时器收到 ACK 信号。当定时器收到 ACK 信号时,它使请求信号变得无效。

②DMA 请求与中断的关系。如果一个定时器被配置为 DMA 模式,该定时器就不会产生中断请求,只会产生 DMA 请求。其他时候定时器会正常产生中断。

（5）计数时钟和输出计算。定时器输入时钟频率 f_{Tclk}（即计数时钟频率）为

$$f_{\text{Tclk}} = \frac{f_{\text{pclk}}}{\text{Prescaler}+1} \times 分频值$$

式中,Prescaler 为预分频值,为 0~255;分频值为 1/2、1/4、1/8、1/16。

$$PWM\ 输出时钟频率 = \frac{f_{\text{Tclk}}}{\text{TCNTBn}}$$

$$PWM\ 输出信号占空比（正向输出） = \frac{\text{TCMPBn}}{\text{TCNTBn}}$$

设 PCLK 的频率为 50 MHz,经过预分频和分频器后,送给定时器的可能计数时钟频率由表 2.8 给出。

表 2.8　定时器最大、最小输出周期

分频值	输出周期 （预分频器＝0， TCNTBn＝1）	输出周期 （预分频器＝255， TCNTBn＝65 535）	输出周期 （预分频器＝0， TCNTBn＝65 535）	输出周期 （预分频器＝0， TCNTBn＝255）
1/2	25.00 MHz(0.04 μs)	0.671 0 s	381 Hz	97 656 Hz
1/4	12.50 MHz(0.08 μs)	1.342 1 s	191 Hz	48 828 Hz
1/8	6.250 MHz(0.16 μs)	2.684 3 s	95 Hz	24 414 Hz
1/16	3.125 MHz(0.32 μs)	5.368 6 s	48 Hz	12 207 Hz

（6）寄存器。寄存器共有 6 种,17 个,图 2.42 给出了定时器的基本操作模式,近一步的说明详见附录。

寄存器	地　址	读/写	说　明	复位值
G0	0x51000000	R/W	配置寄存器 0	0x00000000
G1	0x51000004	R/W	配置寄存器 1	0x00000000
0N	0x51000008	R/W	控制寄存器	0x00000000
Bn	0x510000xx	R/W	配置寄存器(5 个)	0x00000000
Bn	0x510000xx	R/W	比较寄存器(4 个)	0x0000
0n	0x510000xx	R	观察寄存器(5 个)	0x0000

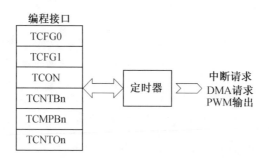

图 2.42　基于 S3C2410 的定时器的基本操作模式

4.定时器的使用

定时器初始化方法:

（1）写 TCFG0,设置计数时钟的预分频值和 Timer0 死区宽度。

（2）写 TCFG1,选择各个定时器的分频值和 DMA、中断服务。

（3）对 TCNTBn 和 TCMPBn 分别写入计数初值和比较初值。

（4）写 TCON,设置计数初值自动重装、手动装载初值。

（5）再写 TCON,清除手动装载初值位、设置正向输出、启动计数。

定时器停止运行方法:写 TCON,禁止计数初值自动重装。（一般不使用运行控制位停止运行。）

下面给出一个定时器的操作例子,图 2.43 是该例中定时器的输出波形。

（1）按照前面初始化定时器；设置 TCNTBn=160（50+110），TCMPBn=110；手动装入初值后，又重设 TCNTBn=80，TCMPBn=40。

（2）启动定时器，按第 1 个初值计数。

（3）与第 1 个比较值相同，输出取反。

（4）第 1 次计数结束，自动重装初值 80、40。

（5）第 1 次中断处理程序又重设 TCMPBn=60。

（6）第 2 次中断处理程序禁止自动重装，准备结束计数。

（7）第 3 次计数结束，不再计数。

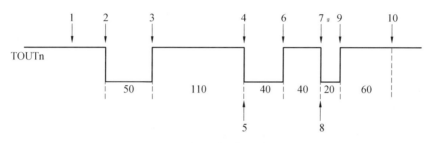

图 2.43　定时器的输出波形

2.3.7　UART

1. 概述

S3C2410 的 UART（通用异步串行口）有三个独立的异步串行 I/O 端口：UART0、1、2，每个串口都可以在中断和 DMA 两种模式下进行收发，支持的最高波特率达 230.4 kbps。每个 UART 包含波特率发生器、接收器、发送器和控制单元。波特率发生器以 PCLK 或 UCLK 为时钟源。发送器和接收器各包含一个 16 字节的 FIFO 寄存器和移位寄存器。三个 UART 都有遵从 1.0 规范的红外传输功能，0、1 有完整的握手信号，可以连接 MODEM。

发送数据时，数据先写到 FIFO，然后拷贝到发送移位寄存器，最后从数据输出端口（TxDn）依次被移位输出。被接收的数据也同样从接收端口（RxDn）移位输入到移位寄存器，然后拷贝到 FIFO 中。

本小节略去 UART 相关寄存器的讲解，读者可自行查阅附录。

2. 串行口结构

如图 2.44 所示，串行口结构主要有四部分，即接收器、发送器、波特率发生器和控制逻辑。

3. 工作原理

（1）串行口的异步传输。

①数据帧格式。可编程，包含 1 个开始位、5~8 个数据位、1 个可选的奇偶校验位、1 个或 2 个停止位，通过线路控制器（ULCONn）来设置，常设置成 8N1（其中 8 为数据有效位，N 为无奇偶校验，1 为停止位）。

②接收器具有错误检测功能。可以检测出溢出错误、奇偶校验错误、帧错误和中止状况，每种情况下都会将一个错误标志在接收状态寄存器置位。

（2）波特率发生器。每个 UART 的波特率发生器为传输提供了串行移位时钟。波特率

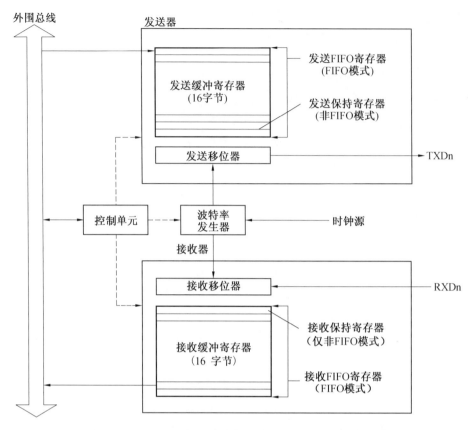

图 2.44　S3C2410 的串行口结构

发生器的时钟源可以从 S3C2410 的内部系统时钟 PCLK 或 UCLK 中来选择。波特率数值决定于波特率除数寄存器(UBRDIVn)的值,波特率数与 UBRDIVn 的关系为

$$UBRDIVn = (int)(CLK/(bps×16)) - 1$$

其中,CLK 为所选择的时钟频率;bps 为波特率。

例如,如果波特率为 115 200 bps,且 PCLK 或 UCLK 为 40 MHz,则 UBRDIVn 为

$$UBRDIVn = (int)(40\ 000\ 000×115\ 200×16) - 1$$
$$= (int)(21.7) - 1 = 21 - 1 = 20$$

(3)波特率误差极限。在应用中,实际波特率往往与理想波特率有差别,其误差不能超过一定的范围,其极限为:UART 传输 10 bit 数据的时间误差应该小于 1.87%(3/160)。

实际的传输 10 bit 所需时间为

$$t\_true = (UBRDIVn + 1)×16×10/PCLK$$

在理想情况下传输 10 位需要的时间。

$$t\_ideal = 10/baud\text{-}rate$$

$$误差极限 = [(t\_true - t\_ideal)/t\_ideal]×100\%$$

(4)自动流控制功能。UART0、1 不仅有完整的握手信号,而且有自动流控制功能,在寄存器 UMCONn 中设置实现。自动流控制是利用信号 nRTS(请求对方发送)和 nCTS(清除请求发送)来实现的。在接收数据时,只要接收 FIFO 中有两个空字节就会使 nRTS 有效,使对方发送数据;在发送数据时,只要 nCTS 有效,就会发送数据。图 2.45 所示为串口收发模式

及电路图。

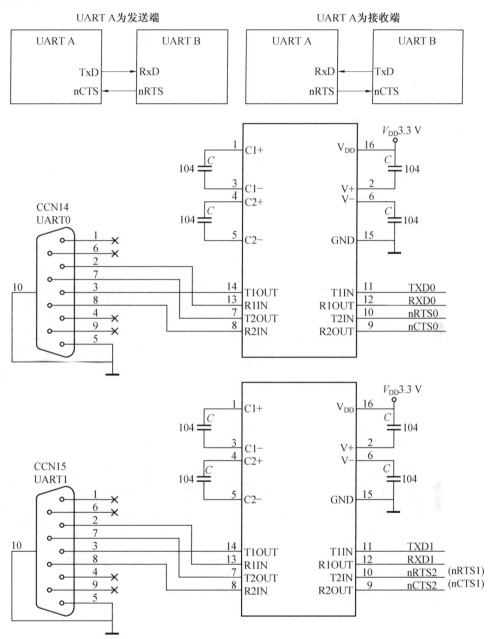

图 2.45　串口收发模式及电路

2.3.8　USB

USB 是应用最广泛的外设接口规范,目前流行的主要有三种,即 USB1.1(最高 12 MB/s)、USB2.0(最高 480 MB/s)和 USB OTG(对2.0的补充,主机和设备能自动转换,适应便携式设备要求)。USB 定义了四种传输(TRANSFER)方式,即控制传输、中断传输、批量(BULK)传输和等时(ISOCHRONOUS)传输。按照物理接口,USB 分为 HOST、DEVICE 和 HUB,一个完整的 USB 拓扑只有一个 HOST。

S3C2410 支持 USB1.1,可配置成两个 HOST 或一个 HOST 和一个 DEVICE,USB1.1 的主机规范包括 UHCI 和 OHCI 两种,S3C2410 使用 OHCI。USB 硬件需要和协议软件配合,一般不从底层开始做起。图 2.46 所示为基于 S3C2410 的 USB 电路。本节略去 USB 相关寄存器的讲解,读者可自行查阅附录。

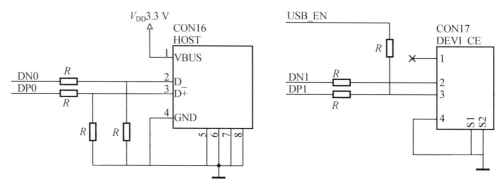

图 2.46　基于 S3C2410 的 USB 电路

2.3.9　中断

1. 概述

S3C2410 中断控制器有 56 个中断源,对外提供 24 个外中断输入引脚,内部所有设备都有中断请求信号,如 DMA 控制器、UART、IIC 等。S3C2410 的 ARM920T 内核有两个中断,即 IRQ 中断和快速中断 FIQ。

中断仲裁:当中断控制器接收到多个中断请求时,其内的优先级仲裁器裁决后向 CPU 发出优先级最高的中断请求信号或快速中断请求信号。

如图 2.47 所示,S3C2410 的中断系统结构主要由中断源和控制寄存器两大部分构成,其寄存器主要有四种,即模式、屏蔽、优先级和挂起(标志)寄存器。

2. 中断优先级仲裁器及工作原理

如图 2.48 所示,中断系统有一个总仲裁器和六个分仲裁器,每个仲裁器可以处理六路中断。

3. 中断控制器专用寄存器

中断控制器专用寄存器共八个,图 2.49 给出了基于 S3C2410 的中断控制器的操作模式,进一步的说明见附录。

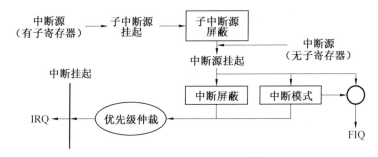

图 2.47　S3C2410 的中断系统结构

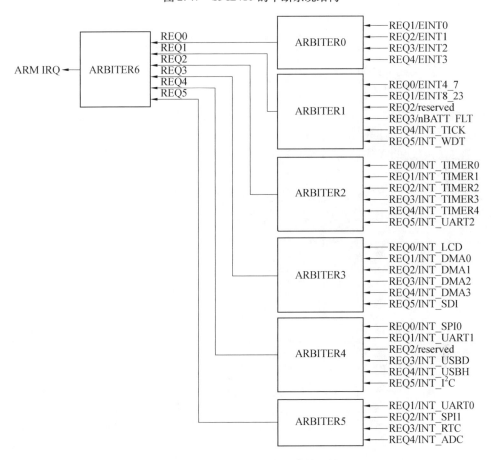

图 2.48　S3C2410 的中断仲裁机构

2.3.10　A/D 转换与触摸屏

1. 概述

S3C2410 中集成了一个八通道 10 位 A/D 转换器,A/D 转换器自身具有采样保持功能,并且 S3C2410 的 A/D 转换器支持触摸屏接口。

2. A/D 转换器的主要特性

(1)分辨率:10 位;精度:±1 LSB。

(2)线性度误差:±1.5 ~ 2.0 LSB。

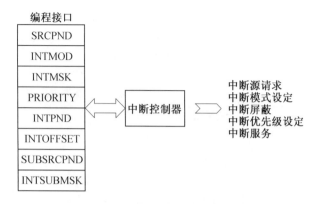

图 2.49　基于 S3C2410 的中断控制器的操作模式

（3）最大转换速率：500 kSPS。

（4）输入电压范围：0 ~ 3.3 V。

（5）系统具有采样保持功能。

（6）常规转换和低能源消耗功能。

（7）独立/自动的 X/Y 坐标转换模式。

3. 结构

如图 2.50 所示，S3C2410 的 A/D 及触摸屏部分主要由六部分构成，即信号输入通道、8 ∶ 1 切换开关、A/D 转换器、控制逻辑、中断信号发生器及触摸屏接口。

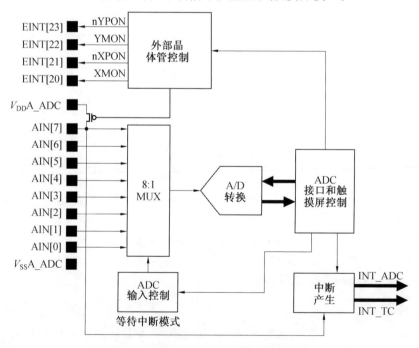

图 2.50　S3C2410 的 A/D 转换及触摸屏结构

4. 工作原理

当 PCLK 频率为 50 MHz 时，预分频值是 49，10 位数字量的转换时间如下：

$$\text{A/D 转换频率} = \frac{50 \text{ MHz}}{49+1} = 1 \text{ MHz}$$

$$\text{转换时间} = \frac{1}{(1 \text{ MHz}/5 \text{ 个周期})} = \frac{1}{200 \text{ kHz}} = 5 \text{ } \mu\text{s}$$

A/D 转换器最大可以工作在 2.5 MHz 时钟下,所以转换速率可以达到 500 kSPS。

电阻式触摸屏由三层透明薄膜构成,一层是电阻层,还有一层是导电层,它们中间有一隔离层。当某一点被按压时,在按压点电阻层与导电层接触,如果在电阻层的一边接电源,另一边接地,便可测量出按压点的电压,从而可算出其坐标。电阻式触摸屏的工作原理如图 2.51 所示,X、Y 坐标的测量与控制信号如图 2.52 所示。

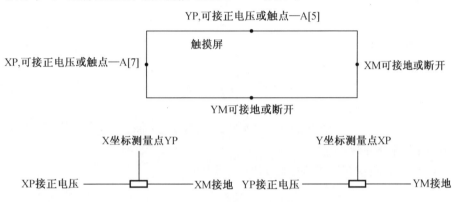

图 2.51　电阻触摸屏的工作原理示意

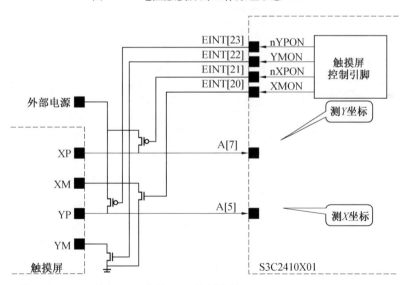

测量 X 坐标:XP 接正电压,XM 接地,YP 脚输入　控制信号:nYPON = 1;YMON = 0
　　　　　按压点电压,YM 被断开。　　　　　　　　　　　nXPON = 0;XMON = 1。

测量 Y 坐标:YP 接正电压,YM 接地,从 XP 脚输　控制信号:nYPON = 0;YMON = 1
　　　　　入按压点电压,XM 被断开。　　　　　　　　　nXPON = 1;XMON = 0。

图 2.52　触摸屏 X、Y 坐标的测量与控制信号

5. A/D 转换器的工作模式

A/D 转换器的工作模式有五种。

(1)普通转换模式。普通转换模式用于一般 A/D 转换,而不是用于触摸屏。转换结束后,其数据在寄存器 ADCDAT0 中的 XPDATA 域。

(2)分离的 X/Y 坐标转换模式。分两步进行 X/Y 坐标转换,其转换结果分别存于 AD-CDAT0 中的 XPDATA 域中和 ADCDAT1 中的 YPDATA 域中,并且均会产生 INT_ADC 中断请求。

(3)自动(连续)的 X/Y 坐标转换模式。X 坐标转换结束后,启动 Y 坐标转换,其转换结果分别存于 ADCDAT0 中的 XPDATA 域中和 ADCDAT1 中的 YPDATA 域中,然后产生 INT_ADC 中断请求。

(4)等待中断转换模式。在该模式下,转换器等待使用者按压触摸屏,一旦触摸屏被按压,则产生 INT_TC 触摸屏中断请求。

中断后,在中断处理程序中再将转换器设置为分离的 X/Y 坐标转换模式或者连续的 X/Y 坐标转换模式进行处理。

(5)静态模式。当 ADCCON 中的 STDBM 设为 1 时,转换器进入静态模式,停止 A/D 转换。其数据域的数据保持不变。

S3C2410 的 A/D 转换与触摸屏电路如图 2.53 所示。

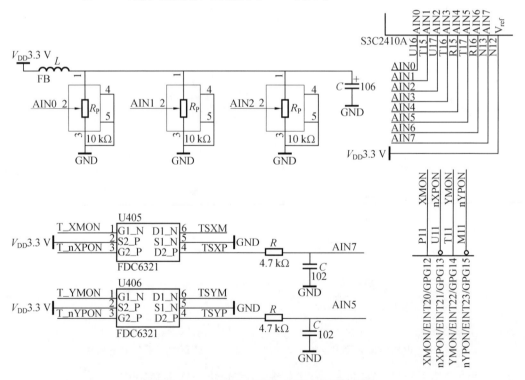

图 2.53　S3C2410 的 A/D 转换与触摸屏电路

6. ADC 和触摸屏专用寄存器

ADC 和触摸屏专用寄存器共五个,其操作模式如图 2.54 所示,参见附录。

实际使用时,针对 A/D 转换的编程和按键输入一样,要注意去抖的问题。

寄存器	地　址	操　作	说　明	复位值
ADCCON	0x58000000	R/W	ADC控制寄存器	0x3FC4
ADCTSC	0x58000004	R/W	触摸屏控制寄存器	0x058
ADCDLY	0x58000008	R/W	ADC起始延迟寄存器	0x00FF
ADCDAT0	0x5800000C	R	ADC转换数据0寄存器	
ADCDAT1	0x58000010	R	ADC转换数据1寄存器	

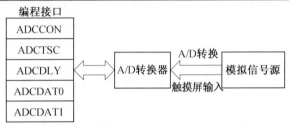

图 2.54　基于 S3C2410 的 A/D 转换与触摸屏的操作

第3章 嵌入式操作系统的初始化与启动

3.1 嵌入式操作系统的初始化模式

3.1.1 概　述

在 PC 上开发单机软件,是利用本机操作系统的开发程序完成的,如编码、编译、运行和调试,一切均在本机上进行,硬件支持上只需要一台 PC,PC 的始化代码被固化到 BIOS 中,在它的引导下能完成 PC 操作系统的初始化,而其他工作则在有了操作系统之后进行。

嵌入式操作系统的硬件开发环境一般分成主机端(Host)和目标板(Target)。主机端是开发平台,用于运行开发过程中的各种工具,编码和编译在主机上完成。目标板是运行和测试平台,是嵌入式操作系统的最终驻留环境,在主机上开发的程序被下载到目标板,在目标板的操作系统环境下运行和调试。主机端通常是 X86 平台,目标板则是嵌入式系统硬件,如 ARM S3C2410 开发板。同 PC 类似,嵌入式计算机初始化的目标也是初始化一个嵌入式操作系统环境,一般通过烧写一个最初代码(通常为 BootLoader,即操作系统的启动加载程序)完成,有了操作系统,嵌入式计算机就可以独立于主机运行了。

单片机上的程序开发也同样需要主机和目标机,不同的是,单片机上没有操作系统,程序调试是将代码直接下载到目标板内存,并在主机控制下进行的。单片机系统其实并不存在初始化问题,而是通常最后将一个调试好的单片机软件烧写到目标系统后,才开始独立运行。图 3.1 所示概要地描述了三者的差异。需要特别注意的是,对于前面提到的操作系统和应用程序一体的情况,因操作系统并没有独立运行,也没有用户使用接口(Shell),故采用的开发方式和单片机相同。

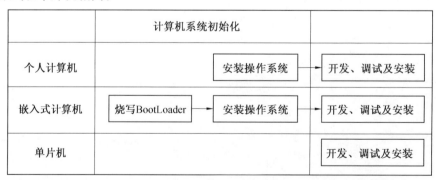

图 3.1　个人计算机、嵌入式计算机和单片机程序开发差异

这里所说的嵌入式计算机系统的初始化模式指采用类似单片机的方式,通过 JTAG 接口(前面提到过的嵌入式 ICE,一般嵌入式处理器都提供)连接仿真器来初始化目标板。

　　既然嵌入式系统的软件调试运行环境是基于操作系统的,而嵌入式系统又包含操作系统(如嵌入式 Linux),那么是不是就不需要仿真器,就能进行所谓的嵌入式计算机系统的初始化了呢? 回答是否定的,因为嵌入式系统中的操作系统不是凭空而来的,最初的嵌入式系统硬件只是一个裸机,又因其专用特性,也不可能像 PC 那样都由本机提供标准的软硬件安装操作系统。

　　嵌入式的最初代码(通常为 BootLoader,即操作系统的启动加载程序)通常只能通过嵌入式处理器提供的仿真仿真调试口写入,无论如何,嵌入式系统调试无法避免。

　　图 3.2 所示给出了嵌入式计算机的仿真开发平台情况描述,目标机提供 JTAG 接口,连接仿真器或自制 JTAG 小板,再通过并行口或 USB 口与 PC 相连。

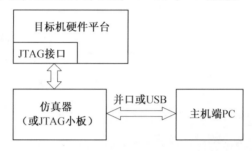

图 3.2　嵌入式计算机的仿真开发平台情况描述

3.1.2　JTAG

1. JTAG 简介

　　在图 1.6 所示单片机开发模式中采用了仿真头的方式,仿真头中包含了要仿真的单片机芯片,利用该芯片仿真单片机芯片的实际运行,以此来使整个单片机系统运行起来,完成调试和开发。

　　要使单片机系统在主机的控制和管理下运行,单片机中必须有一个与主机配合的用于监控和管理的小程序,在这种情况下,无论这个小程序做得多么精巧和完善,它一定会占据一定的单片机资源来运行它,所以仿真头本身对单片机芯片的仿真是存在死角的,即无法实现真正的全功能仿真。

　　JTAG 技术提供的是一种全功能仿真。

　　JTAG(Joint Test Action Group,联合测试行动小组)是一种国际标准测试协议,主要用于芯片内部测试及对系统进行仿真、调试。JTAG 技术是一种嵌入式调试技术,它在芯片内部封装了专门的测试电路 TAP(Test Access Port,测试访问口),通过专用的 JTAG 测试工具对内部节点进行测试。目前,大多数比较复杂的器件都支持 JTAG 协议,如 ARM、DSP、FPGA器件等。

　　通过 JTAG 接口,可对芯片内部的所有部件进行访问,因而是开发调试嵌入式系统的一种简洁、高效的手段。JTAG 的建立使得集成电路固定在 PCB 上,只通过边界扫描便可以完成测试。在 ARM 处理器中,可以通过 JTAG 直接控制 ARM 的内部总线、I/O 口等信息,从而达到调试的目的。

　　既然通过 JTAG 可以在线控制处理器,那么基于 JTAG 的仿真硬件中就不像早期的仿真器那样,必须在其内部设置一个同类型处理器来完成仿真了,自然而然就实现了全功能的仿真。

2. 边界扫描

边界扫描（Boundary-Scan）技术的基本思想是在靠近芯片的输入/输出引脚上增加一个移位寄存器单元，也就是边界扫描寄存器（Boundary-Scan Register）。

当芯片处于调试状态时，边界扫描寄存器可以将芯片和外围的输入/输出隔离开来。通过边界扫描寄存器单元，可以实现对芯片输入/输出信号的观察和控制。对于芯片的输出引脚，可以通过与之相连的边界扫描寄存器单元把信号（数据）加载到该引脚中去；对于芯片的输入引脚，也可以通过与之相连的边界扫描寄存器"捕获"该引脚上的输入信号。

在正常的运行状态下，边界扫描寄存器对芯片来说是透明的，所以正常的运行不会受到任何影响。

边界扫描寄存器提供了一种便捷的方式用于观测和控制所需调试的芯片。芯片输入/输出引脚上的边界扫描（移位）寄存器单元相互连接起来，在芯片的周围形成一个边界扫描链（Boundary-Scan Chain）。边界扫描链可以串行地输入和输出，再通过相应的时钟信号和控制信号，就可以方便地观察和控制处在调试状态下的芯片。

S3C2410 处理器的边界扫描链的长度为 426。处理器的每个引脚（272 个引脚）都对应一个边界扫描单元，可视为边界扫描单元的索引。

3. 测试访问口 TAP

TAP（Test Access Port）是一个通用的端口，通过 TAP 可以访问芯片提供的所有数据寄存器（DR）和指令寄存器（IR），如图 3.3 所示。对整个 TAP 的控制是通过 TAP 控制器（TAP Controller）来完成的。主机对目标板的调试就是通过 TAP 接口完成对相关数据寄存器和指令寄存器的访问。

（1）TAP 控制器的接口信号。信号如下（前四个为 IEEE 1149.1 强制要求）：

①TCK：时钟信号，输入。

②TMS：模式选择信号，输入，控制状态机的转换。

③TDI：数据输入信号。

④TDO：数据输出信号。

⑤TRST：复位信号，输入，对 TAP 控制器进行复位，IEEE 1149.1 非强制要求，通过 TMS 也可以进行这种复位。

⑥STCK：时钟返回信号，IEEE 1149.1 非强制要求。

⑦DBGRQ：目标板工作状态的控制信号，IEEE 1149.1 非强制要求。

JTAG 的外部接口有两个标准，分别为 14 引脚和 20 引脚标准。

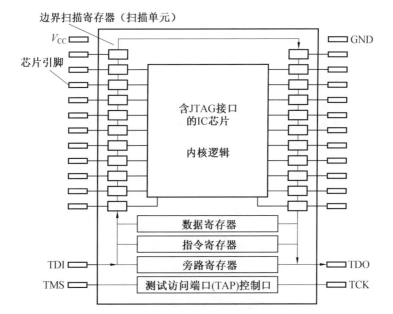

图 3.3　TAP 端口

表 3.1　JTAG 引脚说明

引脚	名称	描述
1,13	V_{CC}	接电源
2,4,6,8,10,14	GND	接地
3	nTRST	测试系统复位信号
5	TDI	测试数据串行输入
7	TMS	测试模式选择
9	TCK	测试时钟
11	TDO	测试数据串行输出
12	NC	未连接
1	VTref	目标板参考电压,接电源
2	V_{CC}	接电源
3	nTRST	测试系统复位信号
4,6,8,10,12,14,16,18,20	GND	接地
5	TDI	测试数据串行输入
7	TMS	测试模式选择
9	TCK	测试时钟
11	RTCK	测试时钟返回信号
13	TDO	测试数据串行输出
15	nRESET	目标系统复位信号
17,19	NC	未连接

图 3.4 是一个基于 S3C2410 的 JTAG 接口电路设计图示。

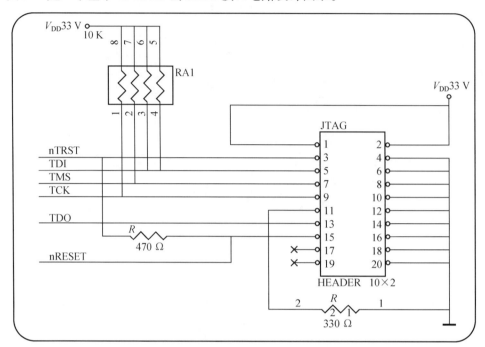

图 3.4　基于 S3C2410 的 JTAG 接口电路设计图示

（2）TAP 控制器的状态机。TAP 控制器有 16 个同步状态，状态转换由 TMS 信号决定，TMS 信号在 TCK 的上升被采样生效。首先进入测试逻辑复位（Test-LogicReset）状态，然后进入测试等待（Run-Test/Idle）状态。

如果操作数据寄存器，则依次进入选择数据寄存器（Selcct-DR-Scan）、抓取数据寄存器（Capture-DR）、移位数据寄存器（Shift-DR）、暂停数据寄存器（Pause-DR）、退出数据寄存器（Exit1-DR 和 Exit2-DR）及更新数据寄存器（Update-DR）状态，最后回到测试等待状态。

如果操作指令寄存器，则依次进入选择指令寄存器（Selcct-IR-Scan）、抓取指令寄存器（Capture-IR）、移位指令寄存器（Shift-IR）、暂停指令寄存器（Pause-IR）、退出指令寄存器（Exit1-IR 和 Exit2-IR）及更新指令寄存器（Update-IR）状态，最后回到测试等待状态。TAP 控制器的状态机如图 3.5 所示。

系统上电后，TAP 控制器自动进入测试逻辑复位状态。在该状态下，测试部分的逻辑电路全部被禁用，以保证芯片核心逻辑电路的正常工作。通过 TRST 信号（JTAG 可选信号）也可以使 TAP 控制器进入该状态，在 TMS 上连续加五个 TCK 脉冲宽度的"1"信号也能达到复位效果。在该状态下，如果 TMS 一直保持为"1"，则状态不变；如果 TMS 由"1"变为"0"，将使 TAP 控制器进入测试/等待状态。

当 TAP 控制器在抓取数据寄存器状态中，在 TCK 的上升沿，芯片输出管脚上的信号将被"捕获"到与之对应的数据寄存器的各个单元中去。如果 TMS 为"0"，TAP 控制器进入移位数据寄存器状态；如果 TMS 为"1"，TAP 控制器进入退出数据寄存器状态。

如果处于移位寄存器状态中，由 TCK 驱动，每个时钟周期，被连接在 TDI 和 TDO 之间的数据寄存器将从 TDI 接收一位数据，同时通过 TDO 输出一位数据。如果 TMS 为"0"，TAP

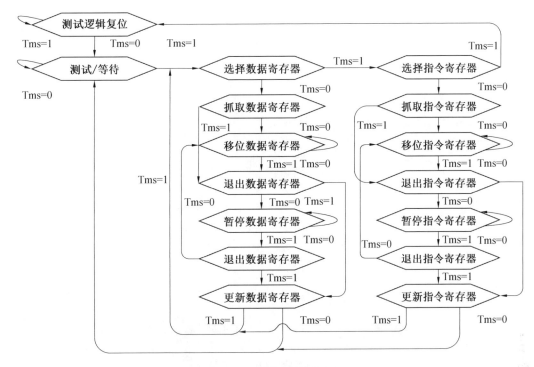

图 3.5　TAP 控制器的状态机

控制器保持在移位数据寄存器状态;如果 TMS 为"1",TAP 控制器进入到退出数据寄存器状态。假设当前的数据寄存器的长度为 4。如果 TMS 保持为 0,那么在 4 个 TCK 时钟周期后,该数据寄存器中原来的 4 位数据(一般是在 Capture-DR 状态中捕获的数据)将从 TDO 输出;同时,该数据寄存器中的每个寄存器单元中将分别获得从 TDI 输入的 4 位新数据。

　　在更新数据寄存器状态下,由 TCK 上升沿驱动,数据寄存器当中的数据将被加载到相应的芯片管脚上去,用以驱动芯片。在该状态下,如果 TMS 为"0",TAP 控制器将回到测试/等待状态;如果 TMS 为"1",TAP 控制器将进入选择数据寄存器状态。

　　通过 TDI 和 TDO,就可以将新的数据加载到数据寄存器中。经过一个周期后,就可以捕获数据寄存器中的数据,完成对与数据寄存器的每个寄存器单元相连的芯片引脚的数据更新,也完成了对数据寄存器的访问。

　　图 3.6 ~ 3.10 分别描述了 TAP 控制器的几个工作状态情况。

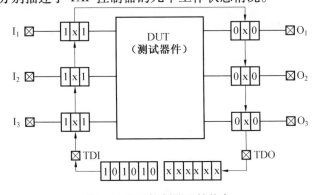

图 3.6　TAP 控制器开始状态

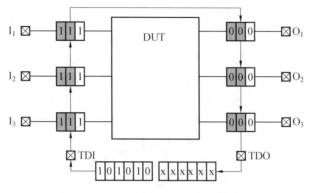

图 3.7　TAP 控制器捕获 JTAG 状态

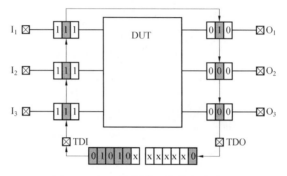

图 3.8　TAP 控制器移位数据状态

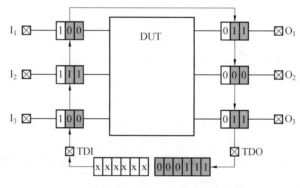

图 3.9　TAP 控制器数据更新状态

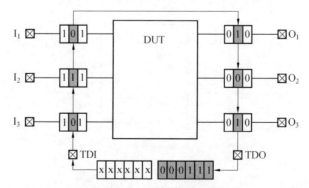

图 3.10　TAP 控制器移位结束状态

(3)指令和数据寄存器。IEEE 1149.1 标准规定了一些指令寄存器、公共指令和相关的一些数据寄存器。对于特定的芯片而言,芯片厂商一般都会在 IEEE 1149.1 标准的基础上扩充一些私有的指令和数据寄存器,以帮助在开发过程中进行方便的测试和调试。

指令寄存器允许特定的指令被装载到指令寄存器当中,用来选择需要执行的测试,或者选择需要访问的测试数据寄存器。每个支持 JTAG 调试的芯片必须包含一个指令寄存器。

S3C2410 使用的是 ARM920T 支持的 JTAG 指令,有 10 条,其对应的命令码如下:

- EXTEST　　　0000
- SAN_N　　　0010
- INTEST　　　1100
- IDCODE　　　1110
- BYPASS　　　1111
- CLAMP　　　0101
- HIGHZ　　　0111
- CLAMPZ　　　1001
- SAMPLE/PRELOAD　　0011
- RESTART　　0100

Bypass 寄存器是一个一位的移位寄存器,通过 BYPASS 指令,可以将 Bypass 寄存器连接到 TDI 和 TDO 之间。在不需要进行任何测试时,将 Bypass 寄存器连接在 TDI 和 TDO 之间,在 TDI 和 TDO 之间提供一条长度最短的串行路径。这样允许测试数据可以快速地通过当前的芯片送到开发板上的其他芯片上。

设备标识寄存器中可以包括生产厂商的信息、部件号码和器件的版本信息等。使用 IDCODE 指令,就可以通过 TAP 来确定器件的这些相关信息。例如,软件可以自动识别当前调试的是什么芯片,其实就是通过 IDCODE 指令访问设备标识寄存器来获取的。

边界扫描寄存器就是前面例子中的边界扫描链。通过边界扫描链可以进行部件间的连通性测试。当然,更重要的是可以对测试器件的输入输出进行观测和控制,以达到测试器件的内部逻辑的目的。INTEST 指令是在 IEEE 1149.1 标准里面定义的一条很重要的指令:结合边界扫描链,该指令允许对开发板上器件的系统逻辑进行内部测试。在 JTAG 调试中,这是一条频繁使用的测试指令。

综上,寄存器分为两大类,即指令寄存器和数据寄存器。在上面提到的 Bypass 寄存器、设备标识寄存器和边界扫描寄存器,都属于数据寄存器。在调试中,边界扫描寄存器最重要,使用也最为频繁。

4. 通过 JTAG 烧写 Flash

不使用仿真器,通过简易 JTAG 接口板就可以直接烧写 Flash。

常见的 JTAG cable 结构都比较简单,一端是 DB25,接到计算机的并行口上,中间经过 74HC244(或 245)和一些电阻实现电平转换,另一端的 JTAG header 接到目标板的 JTAG interface。

图 3.11 给出了一个 JTAG 小板的电路设计。

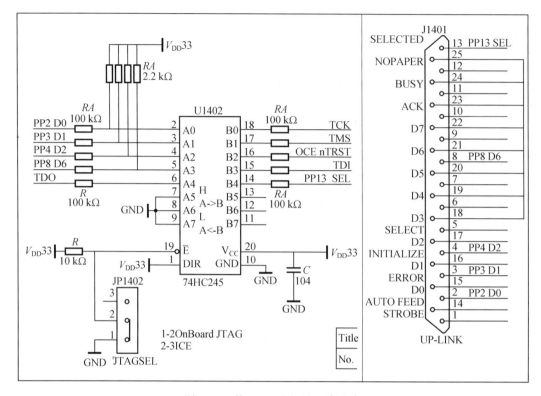

图 3.11　某 JTAG 小板的电路设计

比较仿真器和 JTAG 小板,有如下不同:

(1)仿真器具有性能优势,JTAG 小板下载文件所需的时间是仿真器的 6 倍以上。

(2)仿真器内部拥有存储器等资源,调试时不再利用系统除了边界扫描寄存器外的任何其他资源(尤其是目标机 CPU),JTAG 小板内部无资源。

(3)仿真器的价格一般在千元左右,JTAG 小板的价格一般在百元左右。

(4)在与目标板的兼容方面,简易 JTAG 小板能够与多个调试软件兼容,而仿真器只能使用专门的调试软件,具有一定的局限性。

(5)通常 JTAG 小板用于烧写 Flash,仿真器则用于单片机式的(无操作系统)计算机系统调试。

开发主机可以通过并口操作 JTAG 小板,发出 JTAG 指令来完成对 Flash 的烧写,这也是常用的 BootLoader 写入方法。利用 JTAG 命令可以控制和 Flash 连接的引脚来操作 Flash。对于 ARM S3C2410,Mizi 公司提供了在 Windows 和 Linux 下的烧写程序。下面是一个实际烧写的基本过程:

(1)连接好 JTAG 小板。

(2)安装 giveio(Windows 下无法直接操作硬件),通常是把 giveio.sys 文件拷贝到 c:/windows/system32/drivers 下。

(3)在"我的电脑"里打开"控制面板",然后点击"添加硬件"。

(4)拷贝烧写程序 sjf2410-s.exe 和要烧写的文件(例如 u-boot.bin),在命令提示符下运行 sjf2410-s 进行烧写。

3.1.3　仿真集成开发环境

使用 ARM 仿真器开发目标机软件与单片机开发类似,主要有三种情况会使用仿真器:

①不需要操作系统的简单应用程序。

②有操作系统但其下无开发环境,通常是应用程序和操作系统为一体的情况。

③无法安装操作系统时调试硬件。

(1)ARM 仿真开发工具。ARM 仿真开发工具通常包括以下两部分。

1. 编辑编译工具

编辑编译工具像一个 C 语言的编辑编译器,不同的是要包含一些底层支持,如查看寄存器,设定放置目标程序的内存起始地址等,常用的有:

(1) ADS1.2。ADS 是 ARM 公司的集成开发环境软件,它的功能非常强大。它的前身是 SDT,SDT 是 ARM 公司过去的开发环境软件,目前 SDT 早已经不再升级。ADS 包括四个模块,即仿真模块、C 编译器、实时调试器及应用函数库。ADS 的特点如下:

- ADS1.2 提供完整的 Windows 界面开发环境。
- C 编译器效率极高,支持 C 语言及 C++语言。
- 提供软件模拟仿真功能(无仿真器)。
- 支持的硬件仿真器为 Multi-ICE 及兼容产品(不支持 JTAG 小板),在底层硬件支持下提供强大的实时调试跟踪功能。
- ADS1.2 软件的大小为 130 M,下载地址为 http://www.mcu123.com/down。

(2) ARM Real View Developer Suite。Real View Developer Suite 工具是 ARM 公司推出的新一代 ARM 集成开发工具,支持所有 ARM 系列核,并与众多第三方实时操作系统及工具商合作简化开发流程,开发工具包含以下组件:

- 完全优化的 ISO C/C++编译器。
- C++标准模板库。
- 强大的宏编译器。
- 支持代码和数据复杂存储器布局的链接器。
- 可选 GUI 调试器。
- 基于命令行的符号调试器(armsd)。
- 指令集仿真器。
- 生成无格式二进制工具、Intel 32 位和 Motorola 32 位 ROM 映象代码的指令集模拟工具。
- 库创建工具。
- 内容丰富的在线文档。

其版本为 2.2,软件的大小为 500 M,下载地址为 http://www.mcu123.com/down。

(3) IAR EWARM。Embedded Workbench for ARM 是 IAR Systems 公司为 ARM 微处理器开发的一个集成开发环境(简称 IAR EWARM)。比较其他的 ARM 开发环境,IAR EWARM 具有入门容易、使用方便和代码紧凑等特点。IAR Systems 公司目前推出的最新版本是 IAR Embedded Workbench for ARM Version 4.30。EWARM 中包含一个全软件的模拟程序,用户不需要任何硬件支持就可以模拟各种 ARM 内核、外部设备甚至中断的软件运行环境。IAR EWARM 的主要特点如下：

- 高度优化的 IAR ARM C/C++ Compiler。
- IAR ARM Assembler。
- 一个通用的 IAR XLINK Linker。
- IAR XAR 和 XLIB 建库程序和 IAR DLIB C/C++运行库。
- 功能强大的编辑器。
- 项目管理器。
- 命令行实用程序。
- IAR C-SPY 调试器（先进的高级语言调试器）。

其版本为 4.40a，软件的大为 93 M，下载地址为 http://www.mcu123.com/down。

（4）KEIL ARM-MDK。Keil uVision 调试器可以帮助用户准确地调试 ARM 器件的片内外围功能。ULINK USB-JTAG 转换器将 PC 的 USB 端口与用户的目标硬件相连，使用户可以在目标硬件上调试代码。通过使用 Keil uVision IDE/调试器和 ULINK USB-JTAG 转换器，用户可以很方便地编辑、下载和在实际的目标硬件上测试嵌入的程序。支持 Philips、Samsung、Atmel、Analog Devices、Sharp、ST 等众多厂商 ARM7 内核的 ARM 微控制器。其主要特点如下：

- 高效工程管理的 uVision3 集成开发环境。
- Project/Target/Group/File 的重叠管理模式，并可逐级设置。
- 高度智能彩色语法显示。
- 支持编辑状态的断点设置，并在仿真状态下有效。
- 高速 ARM 指令/外设模拟器。
- 高效模拟算法缩短大型软件的模拟时间。
- 软件模拟进程中允许建立外部输入信号。
- 独特的工具窗口，可快速查看寄存器和方便配置外设。
- 支持 C 调试描述语言，可建立与实际硬件高度吻合的仿真平台。
- 支持简单/条件/逻辑表达式/存储区读写/地址范围等断点。
- 可选择多种流行编译工具，包括 Keil 高效率 C 编译器、ARM 公司的 ADS/RealView 编译器、GNU GCC 编译器及厂商的编译器。

官方网址：www.keil.com，版本为 V3.10A，软件的大小为 53 M，下载地址为 http://www.mcu123.com/down。

ADS 运行在仿真器驱动程序上，Muiti-ICE 驱动程序是最常用的仿真驱动程序之一，2.2 版本要求并行口设定为 EPP 模式。

（5）WINARM（GCCARM）。WINARM 是一个免费的开发工具，里面除了包含 C/C++ 编译器 GCC、汇编、连接器等 Binutils 以及调试器 GDB 等工具，还包括通过 GDB 使用 Wiggler JTAG 的软件 OCDRemote。

官方发布网址为 http://www.siwawi.arubi.uni-kl.de/avr_projects/arm_projects/，下载地址为 http://www.siwawi.arubi.uni-kl.de/avr_projects/arm_projects/ WinARM-20060606.zip，软件的大小为 90 M，WINARM 简易使用说明的网址为 http://www.mcu123.com/product/lpc214x/winarm_user_cn.pdf。

2. 调试开发工具

调试开发工具指的是仿真器以及仿真器的硬件驱动程序,编译编辑工具要运行在它之上。仿真器的种类比较多,很多公司都有自己的产品,下面介绍其中的两种。

(1) Multi-ICE 仿真器。Multi-ICE 仿真器是美国 ARM 公司生产的 ARM 系列仿真工具,与 PC 之间通过并口连接,驱动程序在 Windows 上运行,由目标板供电。Multi-ICE 仿真器可支持多处理器设备、新结构内核、混合处理器和 DSP 设备、慢速或可变时钟频率设备、低电压内核。

由于使用 PC 的并行口,因此下载程序和单步执行速度快,用户可编程 JTAG 传输比特率。Multi-ICE 仿真器通过连接一个适配器可兼容 Embedded ICE 连接器,而且开放了一个软件接口允许用户为非 ARM 内核写驱动程序。该仿真器通过软件允许内部处理器停止或开始同步,允许自动和手动内核设置,能够在不终止处理器运行的情况下支持控制台 I/O 服务。

(2) J-LINK 仿真器。IAR 公司的 J-LINK 是一款小巧的 ARM JTAG 硬件调试器,它是通过 USB 口与 PC 相连接。IAR 的 J-LINK 与该公司的嵌入式开发平台紧密结合,且完全支持即插即用。其主要特征如下:

- 支持所有 ARM7 和 ARM9。
- 下载速度高达 600 KB/s。
- 无须电源供电,可直接通过 USB 取电。
- JTAG 速度是 8 MHz。
- 自动调速。
- 监控所有的 JTAG 管脚信号,测量电压。
- 20 引脚标准 JTAG 连接器。
- 配带 USB 口和 20 引脚插槽。
- 支持 Windows。
- 更强的几点:支持 ADS、KEIL、IAR、WINARM、RV 等几乎所有开发环境,并且可以和 IAR 无缝连接;支持 FLASH 软件断点,可以设置两个以上断点(无限个断点),极大地提高调试效率;带 J-Link TCP/IP Server,允许通过 TCP/IP 网络使用 J-Link;支持除 XSCALE 外几乎所有 ARM7、ARM9。

3.2　BootLoader

3.2.1　计算机系统的引导加载

任何一种计算机系统的运行都是从引导加载程序开始的,通常引导加载程序包括固化在固件(Firmware)中的 Boot 引导代码和操作系统的启动加载程序 BootLoader 两大部分,是系统加电后运行的第一段软件代码,相对于操作系统内核来说,它是一个硬件抽象层。

1. PC 中的引导加载程序

PC 中的引导加载程序包括 BIOS(其本质就是一段固件程序)和位于硬盘 MBR(Main Boot Record,主引导记录)中的操作系统 BootLoader(如 LILO 和 GRUB 等)。

　　BIOS 在完成硬件检测和资源分配后,将硬盘 MBR 中的 BootLoader 读到系统的 RAM 中,然后将控制权交给操作系统 BootLoader。BootLoader 的主要运行任务就是将操作系统内核映象从硬盘上读到 RAM 中,然后跳转到内核的入口点去运行,即开始启动操作系统。

2. 嵌入式系统中引导加载程序

　　除了少数嵌入式处理器会内嵌一段短小的启动程序外,大多数嵌入式计算机系统中都没有 BIOS 那样的固件程序,系统的加载启动任务就完全由 BootLoader 来完成。

　　例如,在 ARM7TDMI 中,系统在上电或复位时从地址 0x00000000 处开始执行,这个地址就会存放 BootLoader 程序中。

　　典型的嵌入式系统 BootLoader 包括:

　　(1)Blob。Blob 是 BootLoader Object 的缩写,开源,遵循 GPL,很好的 Linux Loader,主要针对 ARM。

　　(2)U–Boot。U–Boot 是 Universal BootLoader 的缩写,开源,遵循 GPL,支持 ARM、MIPS、X86、Nios 等处理器,可启动 VxWorks、QNX、Linux 等多种操作系统。

　　(3)vivi。vivi 最初是为 S3C2410 编写的,用于启动 Linux,目前版本是 0.1.4。

3.2.2　操作系统的启动加载程序 BootLoader

　　操作系统的启动加载是由 BootLoader 完成的,BootLoader 在操作系统内核运行之前运行的一段小程序,主要功能是初始化硬件设备和内存空间,调整系统的软硬件环境,以便操作系统内核启动。

　　BootLoader 并不是通用的,它依赖于硬件及具体的板级配置。

　　不同的处理器和不同的处理器板卡对应不同的 BootLoader,有些 BootLoader 经过简单移植可以支持多种 CPU,如 U–Boot 支持 ARM 和 MIPS 等。

　　图 3.12 给出了 BootLoader 在非易失固态存储器中的位置所处的层次位置。可以看到 BootLoader 位于操作系统内核之下,而在 BootLoader 和内核之间放置了操作系统内核的启动参数,BootLoader 可以为操作系统内核的启动设置不同的启动参数,引导操作系统内核的启动,在操作系统内核之上通常是根文件系统,即操作系统启动时使用的文件系统。

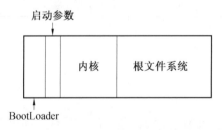

图 3.12　BootLoader 在非易失固态存储器中的位置

3.2.3　嵌入式操作系统的启动加载

　　嵌入式操作系统中通常通过处理器执行的第一条指令进入 BootLoader,任何一种处理器上电时,第一条执行的指令都会有固定的存放地址,如 51 系列单片机的启动地址为 100h,8086 处理器的启动地址为 FFFF:0000,ARM 处理器的启动地址为 0x00000000。

　　嵌入式操作系统通常把固态存储设备(如 ROM、EEPROM 或 FLASH 等)映射到这个预先安排的处理器启动地址上,而把 BootLoader 放在这里,这样,系统上电后,CPU 将首先执行 BootLoader 程序。

　　图 3.13 给出了一个基于 ARM 处理器的嵌入式计算机系统中 Flash 和 RAM 空间的分配图,地址 0x00000000 处被映射到 Flash 地址空间,放置了 BootLoader 的 stage1 阶段代码,在上面是 BootLoader 的 stage2 阶段代码、内核和 ramdisk 根文件系统镜像,在 RAM 地址空间的上部,BootLoader 的 stage1 为 stage2 阶段代码和堆栈准备了 1 MB 的空间。

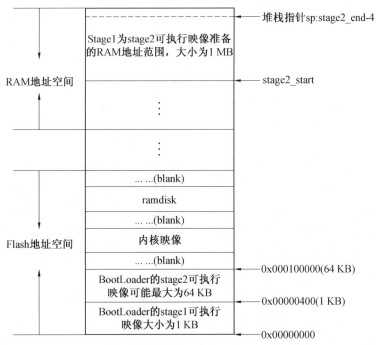

图 3.13　BootLoader 在非易失固态存储器中的位置

　　图中 stage2_end 为 stage2 结束地址,stage2_start 为 stage2 开始地址,堆栈为递增满堆栈,故 sp:stage2_end−4。

3.2.4　BootLoader 的生命周期

　　BootLoader 运行过程如下:

　　(1)初始化硬件,如设置 CPU 主频,设置 RAM 刷新频率并检测,设置 UART(至少设置一个)等。

　　(2)设置启动参数,告诉内核硬件的信息,如用哪个启动界面,使用的缺省串口控制台及其波特率。

　　(3)跳转到操作系统的首地址。

　　(4)消亡。

　　可以看到,BootLoader 程序的运行目标是启动操作系统,但若操作系统启动,则 Boot-Loader 不复存在了。

3.2.5　BootLoader 与主机

主机和目标机之间一般可通过串口建立连接,没有串口的机器需要通过一条 USB 转串口的电缆才能完成连接,BootLoader 执行时通常会通过串口进行 I/O,即将串口作为其标准输入输出设备,输出打印信息到串口,从串口读取用户控制字符等,串口的参数要事先约定,如 115 200、n、8、1 及无流控。

在主机一方,需要运行一个基于串口的终端软件,运行时通常会为嵌入式计算机系统提供一个文本窗口,作为嵌入式计算机的文本显示器(没有像 PC 那样的 VGA 输出),并利用主机键盘作为输入设备,将输入通过串口传给嵌入式计算机,串口终端通常作为调试手段被使用。

主机 PC 中的串口终端有多种,如 Linux 下的 minicom、Windows 下的超级终端以及第三方的终端软件 Xshell 等,使用它们登录嵌入式 Linux 系统的效果是相同的。

如果串口终端显示乱码或根本没有显示,那么可能是设置方面的原因。

(1)BootLoader 对串口的初始化设置不正确。

(2)运行在 Host 端的终端仿真程序对串口的设置不正确,包括波特率、奇偶校验、数据位和停止位等方面的设置。

目标机上的 BootLoader 还可以通过串口与主机之间进行文件传输(vivi 的常用方式,U-Boot也支持),串口传输协议通常是 xmodem/ymodem/zmodem 协议中的一种,串口传输文件速度有限,一般传输文件不能太大。

主机和目标机还可通过以太网连接并借助 TFTP 协议来下载文件(U-Boot 的常用方式),这解决了串口传输速度有限的问题,要求主机提供 TFTP 服务。

3.2.6　BootLoader 的操作模式

BootLoader 的操作模式分为以下两种:

1.启动加载模式

启动加载模式又称自主(Autonomous)模式,在该模式下,BootLoader 从目标机上的某个固态存储设备上将操作系统加载到 RAM 中运行,然后消亡。它是 BootLoader 的正常工作模式,没有外界输入时的缺省模式。

2.下载模式

在下载模式下,能够通过串口连接或网络连接等通信手段连接主机(Host),能下载文件,如下载内核映象和根文件系统映象等。通常,从主机下载的文件先被 BootLoader 保存到目标机的 RAM 中,然后再被 BootLoader 写到目标机上的 FLASH 类固态存储设备中。

下载模式通常用于第一次安装内核与根文件系统时,当然系统更新也会使用这种工作模式。在下载模式下,通常都会向它的终端用户提供一个简单的命令行接口。

vivi、Blob 或 U-Boot 等功能强大的 BootLoader 通常同时支持这两种工作模式,允许用户在这两种工作模式之间进行切换,如 Blob、U-Boot、vivi 在启动时都处于正常的启动加载模式,但是会延时(通常为 10 s 左右)等待终端用户按下任意键以切换到下载模式,若在这段时间内没有用户按键,则继续启动操作系统,如 Linux。

3.3　BootLoader 的设计

BootLoader 的设计一般根据启动过程分为多阶段,分阶段的设计能提供更为复杂的功能及更好的可移植性。嵌入式计算机系统中的 BootLoader 一般被存放在固态存储设备上,大多数都是 2 阶段的启动过程,即按启动过程分为 stage1 和 stage2 两部分,其设计也按这两个阶段进行。

3.3.1　整体设计

stage1 的代码通常用汇编语言来实现,执行简单的硬件初始化,stage2 的代码通常用 C 语言来实现,具有负责复制 OS 数据、设置 OS 启动参数、通过串口通信显示信息等功能。

图 3.14 给出了具有两阶段的 BootLoader 的整体设计。

编写 BootLoader 时要注意代码的可读性和可移植性,并且不能使用 glibc 库中的任何支持函数。

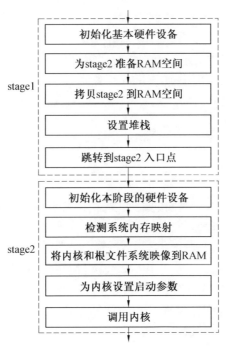

图 3.14　具有两阶段的 BootLoader 的整体设计

3.3.2　stage1

1. 基本的硬件初始化

这部分代码的目的是为 stage2 的执行以及随后的内核的执行准备好一些基本的硬件环境。它包括:

(1)屏蔽所有的中断。为中断提供服务通常是操作系统设备驱动程序的责任,在 Boot-Loader 的执行全过程中可以不必响应任何中断,中断屏蔽可以通过写 CPU 的中断屏蔽寄存器或状态寄存器(如 ARM 的 CPSR 寄存器)来完成。

（2）设置处理器的速度和时钟频率。嵌入式处理器的速度和时钟频率通常是可以设置的，如 S3C2410 可以设置不同的工作频率，还可以运行慢速模式。

（3）RAM 初始化。RAM 初始化包括正确地设置系统的内存控制器的功能寄存器以及各内存控制寄存器等，主要是刷新频率等参数的设置。

（4）初始化 LED。一般嵌入式主机板上都有 LED，通过 GPIO 来驱动 LED。其目的是表明系统的工作状态是正确还是出错，如果板子上没有 LED，那么可以通过初始化 UART 向串口打印 BootLoader 的 Logo 字符信息。

（5）关闭 CPU 内部指令/数据 cache。在启动加载操作系统阶段一般不需要使用 Cache。

2. 为加载 stage2 准备 RAM 空间

stage2 的代码通常需要加载到 RAM 空间中来执行，stage2 为 C 语言执行代码，除了代码本身，还要考虑堆栈空间，空间大小最好是存储器页大小（通常是 4 KB）的倍数。

一般 1MB RAM 空间已经足够，地址范围可以任意安排，如 blob 就将 stage2 可执行映象从系统 RAM 起始地址开始的 1 MB 空间内执行，将 stage2 安排到 RAM 空间的最顶 1MB 也是一种值得推荐的方法。

这部分代码还要对所安排的地址范围进行测试，必须确保所安排的地址范围为可读写的 RAM 空间，测试方法可以采用类似于 blob 的方法，以存储器的页为被测试单位，测试每个页开始的两个字是否是可读写的。

3. 拷贝 stage2 到 RAM 中

拷贝时需要用 stage2 的可执行映象在固态存储设备的存放起始地址和终止地址，以及 RAM 空间的起始地址。

4. 设置堆栈指针 sp

通常把 sp 的值设置为 RAM 空间的最顶端，在设置堆栈指针 sp 之前，也可以关闭 LED 灯，以提示用户准备跳转到 stage2。

5. 跳转到 stage2 的 C 入口点

stage1 最后要跳转到 BootLoader 的 stage2 去执行，在 ARM 系统中，这可以通过修改 PC 寄存器为合适的地址来实现，这部分代码并没有直接把 main 地址直接作为 stage2 的入口点，而是采用 trampoline（弹簧床）编程方式，原因是无法传递函数参数，也无法处理函数返回。

（1）blob 的 trampoline 程序示例。

```
. text
. globl _trampoline
_trampoline：
bl main
/ *  if main ever returns we just call it again  */
b _trampoline
```

（2）vivi 的 trampoline 程序示例。

```
@  get read to call C functions
```

```
ldrsp ,DW_STACK_START@  setup stack pointer
mov fp ,#0@  no previous frame ,so fp = 0
mov a2 ,#0@  set argv to NULL
bl main@  call main ;
mov pc ,#FLASH_BASE@  otherwise ,reboot
```

3.3.3　stage2

1. 初始化本阶段要使用到的硬件设备

初始化至少一个串口，以便终端用户进行 I/O 输出信息，还要初始化定时器等。在初始化这些设备之前，可以重新把 LED 灯点亮，以表明已经进入 main( )函数执行，设备初始化完成后，可以输出一些打印信息、程序名字字符串、版本号等。

2. 检测系统的内存映射

首先要确定在物理地址空间中哪些地址范围被分配用来寻址系统的 RAM 单元，这通常处理器相关：

（1）在 SA–1100 中，从 0xC0000000 开始的 512 M 空间被用作系统的 RAM 空间。

（2）在 S3C44B0 中，从 0x0c000000 到 0x10000000 之间的 64 M 地址空间被用作系统的 RAM 地址空间。

（3）在 S3C2410 中，从 0x30000000 到 0x40000000 之间的 256 M 地址空间被用作系统的 RAM 地址空间。

嵌入式系统往往只把 CPU 预留的全部 RAM 地址空间中的一部分映射到 RAM 单元上（与实际内存大小相对应），而让剩下的那部分预留 RAM 地址空间处于未使用状态。

BootLoader 的 stage2 必须检测整个系统的内存映射情况，并知道 CPU 预留的全部 RAM 地址空间中的哪些被真正映射到 RAM 地址单元，哪些处于"unused"状态。

3. 加载内核映象和根文件系统映象

规划内存占用的布局，规划好内核映象所占用的内存范围和根文件系统所占用的内存范围，再从 Flash 上拷贝内核。

4. 设置内核的启动参数

以嵌入式 Linux 为例，Linux 2.4. x 以后的内核都以标记列表（Tagged List）的形式来传递启动参数，启动参数标记列表以标记 ATAG_CORE 开始，以标记 ATAG_NONE 结束，标记由标识被传递参数的 tag_header 结构以及随后的参数值数据结构组成（include/asm–arm/setup. h）。

在嵌入式 Linux 系统中，通常需要由 BootLoader 设置的常见启动参数，如 ATAG_MEM、ATAG_CMDLINE、ATAG_RAMDISK、ATAG_INITRD 等，再传递给内核。

5. 调用内核

在直接跳转到内核的第一条指令处，在跳转时，内核需要满足一些条件，下面是使用 Linux 内核和 S3C2410 时要满足的条件：

（1）CPU 寄存器的设置。

R0 = 0, @ R1 = 机器类型 ID, @ R2 = 启动参数标记列表在 RAM 中起始基地址。

（2）CPU 模式。

必须禁止中断(IRQs 和 FIQs),PU 必须为 SVC 模式(超级用户模式)。

(3)Cache 和 MMU 的设置。

MMU 必须关闭,指令 Cache 可以打开也可以关闭,数据 Cache 必须关。

3.4 几种 BootLoader 介绍

3.4.1 Windows CE 的 BootLoader

1. ROM BootLoader

ROM BootLoader 又称 Rom Boot,存放在 Flash/E²PROM 中,即原来 BIOS 的位置。上电后,CPU 到固定地址执行 Rom Boot 的代码;对整个硬件系统进行初始化和检测;支持通过网卡从远程机器上下载或者从本地 IDE/ATA 硬盘的活动分区中寻找 nk. bin 文件加载。

优点:引导并且加载速度快,不需要 BIOS、MSDOS 和 Loadcepc。

缺点:需要 CE 开发者读懂它的源码并修改。

CE 提供了 Rom Boot 的所有源码。

2. BIOS BootLoader

BIOS BootLoader 不需要 MSDOS 操作系统,但需要 BIOS 和 FAT 文件系统。

系统上电后,BIOS 执行完硬件初始化和配置,BIOS 检查引导设备的启动顺序,如果引导设备是硬盘、CF 卡这类的存储设备,那么就加载这些存储器上的主引导扇区(Master Boot Sector)中的实模式代码(MBR)到内存,然后执行这些代码。

MBR 首先在分区表(同样位于主引导扇区)中寻找活动分区,如果存在,就加载位于活动分区的第一个扇区(引导扇区)上的代码到内存,然后执行。

引导扇区上的代码的功能是找到并且加载 BIOS BootLoader,BIOS BootLoader 再加载 nk. bin。

对于 BIOS BootLoader,CE 提供了 Setupdisk. 144 和 Bootdisk. 144 两个文件。

3. MSDOS+Loadcepc

BIOS BootLoader 和 MSDOS+Loadcepc 两种方式差不多。在 MSDOS 启动后再执行 loadcepc. exe,让 loadcepc 加载 nk. bin 到内存后再把 CPU 控制权交给 CE 内核程序。

3.4.2 U-Boot

1.简介

U-Boot 的全称为 Universal BootLoader,由德国 DENX 软件工程中心的 Wolfgang Denk 开发,遵循 GPL 条款的开放源码项目,从 FADSROM、8xxROM、PPCBOOT 发展而来,其源码目录、编译形式与 Linux 内核很相似。源码就是相应 Linux 内核源程序的简化,尤其是设备驱动程序。

U-Boot 支持多种嵌入式操作系统,如嵌入式 Linux/NetBSD/VxWorks/QNX/LynxOS 等;还支持多种嵌入式 CPU,如 PowerPC、MIPS、X86、ARM、XScale 等。其对 PowerPC 系列处理器及 Linux 的支持最完善。

2. 主要功能

表 3.2 为 U-Boot 的主要功能。

表 3.2　U-Boot 的主要功能

系统引导	支持 NFS 挂载、RAMDISK 系统引导(压缩或非压缩)形式的根文件系统
	支持 NFS 挂载,从 Flash 中引导压缩或非压缩系统内核
基本辅助	强大的操作系统接口功能,可灵活设置,传递多个关键参数给操作系统,适合系统在不同开发阶段的调试要求与产品发布,尤其对 Linux 功能最为强劲
	支持目标板环境参数的多种存储方式,如 Flash、NVRAM、E^2PROM
	CRC32 校验,可校验 Flash 中内核、RAMDISK 镜像文件是否完好
设备驱动	串口、SDRAM、Flash、以太网、LCD、NVRAM、E^2PROM、键盘、USB、PCMCIA、PCI、RTC 等驱动支持
上电自栓功能	SDRAM、Flash 大小自动检测;SDRAM 故障检测;CPU 型号
特殊功能	XIP 内核引导(WINCE XIP KERNEL)

3. 特点

①开放源码。

②支持多种嵌入式操作系统内核。

③支持多个处理器系列。

④较高的可靠性和稳定性。

⑤高度灵活的功能设置,适合 U-Boot 调试、操作系统不同引导要求、产品发布等。

⑥丰富的设备驱动源码。

⑦较丰富的开发调试文档与强大的网络支持。

4. 主要目录结构

Board:目标板相关文件,主要包含 SDRAM、FLASH 驱动。

Common:独立于处理器体系结构的通用代码,如内存大小探测与故障检测。

Cpu:与处理器相关的文件,如 mpc8xx 子目录下含串口、网口、LCD 驱动及中断初始化等文件。

Driver:通用设备驱动,如 CFI FLASH 驱动(目前对 INTEL FLASH 支持较好)。

Doc:U-Boot 的说明文档。

Include:U-Boot 的头文件,尤其 configs 子目录下与目标板相关的配置头文件是移植过程中经常要修改的文件。

lib_xxx:处理器体系相关的文件,如 lib_ppc、lib_arm 目录分别包含与 PowerPC、ARM 体系结构相关的文件。

net:与网络功能相关的文件目录,如 bootp、nfs、tftp 等。

Post:上电自检文件目录。尚有待于进一步完善。

Tools:用于创建 U-Boot S-RECORD 和 BIN 镜像文件的工具。

Rtc：RTC 驱动程序。

5. 调试方法

调试方法有以下两种：

（1）先用仿真器创建目标板初始运行环境，将 U-Boot 镜像文件 U-Boot. bin 下载到目标板 RAM 中的指定位置，然后进行跟踪调试。

优点：不用将 U-boot 镜像文件烧写到 Flash 中去。

缺点：对移植开发人员的移植调试技能要求较高，调试器的配置文件较为复杂。

（2）用调试器先将 U-Boot 镜像文件烧写到 Flash 中去，然后用 GDB 调试器调试。

所用的调试器配置文件较为简单，调试过程与 U-Boot 移植后运行过程相吻合；U-Boot 先从 Flash 中运行，再重载至 RAM 中相应的位置，并从那里正式投入运行；需要不断烧写 Flash。

6. 移植的主要步骤

以 S3C2410 为例，说明 U-Boot 的主要移植步骤。

（1）修改 Makefile 文件。

```
whhit2410_config：unconfig
@ . /mkconfig  $ ( @ ：_config = )  arm arm920t whhit2410 NULL s3c24x0
```

具体含义如下：

arm：CPU 的架构（ARCH）。

arm920t：CPU 的类型（CPU），对应于 cpu/arm920t 子目录。

whhit2410：开发板的型号（BOARD），对应于 board/whhit2410 目录。

NULL：开发者/或经销商（Vender）。

S3C24x0：片上系统（SOC）。

（2）建立 board/whhit2410 目录，拷贝 board/smdk2410 下的文件到 board/whhit2410 目录，将 smdk2410. c 更名为 whhit2410. c。

（3）新建头号文件 Whhit2410. h。cp include/configs/smdk2410. h include/configs/whhit2410. h。

（4）将 arm-Linux-gcc 的目录加入到 PATH 环境变量中。

（5）测试编译能否成功：

```
Make whhit2410_config
Make all ARCH = arm
```

最后生成 U-Boot. bin。

（6）依照开发板的内存地址分配情况修改 board/whhit2410/memsetup. S 文件。

（7）在 board/whhit2410 中加入 NAND Flash 读函数，建立 nand_read. c。

（8）修改 board/whhit2410/Makefile。

（9）修改 cpu/arm920t/start. S 文件。

（10）修改 include/configs/whhit2410. h 文件。

（11）重新编译 U-Boot。

```
Make all ARCH = arm
```

（12）通过 jtag 将 U-Boot 烧写到 flash。

7. 主要命令

打印环境变量列表：printenv。

设置 tftp 服务器的 IP 地址：setenv serverip 192.168.0.66。

设置本机（开发板）的 IP 地址：setenv ipaddr 192.168.0.11。

保存前面对环境变量所做的修改：saveenv。

通过 tftp 下载内核（串口下载命令为 loady）：

```
tftp 0x30008000 uImage
nand erase 0x80000 0x200000
nand write 0x30008000 0x80000 0x200000
```

3.4.3　Redboot

Redhot 是 Redhat 公司随 eCos 一起发布的一个开源 BOOT，支持 ARM、MIPS、MN10300、PowerPC、Renesas SHx、v850 及 X86。

使用 X-modem 或 Y-modem 协议经由串口下载，也可以经由以太网口通过 BOOTP/DH-CP 服务获得 IP 参数，使用 TFTP 方式下载程序映象文件，常用于调试支持和系统初始化。

Redboot 可以通过串口和以太网口与 GDB 进行通信、调试程序，能中断被 GDB 运行的应用程序。

Redboot 提供了一个交互式命令行接口，用来从 TFTP 服务器或者从 Flash 下载映象文件、加载系统的引导脚本文件，把它保存在 Flash 上。

3.4.4　vivi

vivi 是由韩国 Mizi 公司为 ARM 处理器系列设计的一个 BootLoader，支持使用串口和主机进行通信。

vivi 与其他 BootLoader 相比，增加了对分区的命令支持。vivi 程序流程图如图 3.15 所示。

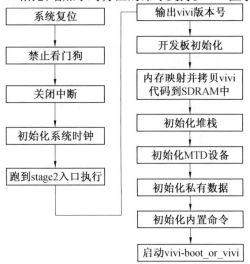

图 3.15　vivi 程序流程图

1. 编译 vivi

首先进入 vivi 源代码目录：#cd /vivi。

然后配置和编译它，执行：#Make menuconfig。实际上，它已经配置好了，只需装载一个缺省的配置文件即可，使用这个配置文件生成的 vivi 正好适合于目标板，这个配置文件在 vivi/arch/def-configs 目录中，该目录包含了一些适合于各种板的配置文件。

装载"arch/def-configs/smdk2410"后保存该设置，并执行#Make 命令编译 vivi：

```
#cd /vivi
#Make menuconfig
```

将出现配置窗口，完成配置后，保存，再执行以下命令：

```
#Make
```

如果编译过程顺利，那么在当前目录下生成 vivi 二进制映象文件。

2. vivi 的使用

Vivi 的使用可以查看 Mizi 公司的 vivi 使用手册，下面将介绍其中几个经常使用的命令。

3. 使用 JTAG 接口下载 vivi

使用 JTAG 接口下载程序需要 JTAG 小板、连接电缆和烧写程序。把 JTAG 小板和电缆连接 S3C2410 开发板和主机的并口，然后打开目标板电源开关。烧写程序有以下两种：

（1）PC 端 Windows 环境下的烧写程序。

（2）PC 端 Linux 环境下的烧写程序。

Mizi 公司提供了下载软件，Jflash 是 Linux 的下载程序。

4. vivi 的 load 命令

命令格式如下：

load flash kernel x

其中：

load：vivi 的下载命令。

flash：把文件下载到 Flash 中。

kernel：要下载的文件是 kernel 类型，和分区参数同名，还可以是 vivi、root。

x：使用超级终端的 xmdoem 协议下载。

使用 mincom 时，先按"Ctrl+A"键，然后同时松开，再按"S"键，进入下载模式，选择 xmodem 协议方式下载，再输入要下载的文件。注意，最好把要下载的文件复制到/root 目录中。

发送文件结束，vivi 将自动保存所下载的文件到 Flash 中。此时，如果输入"boot"命令，vivi 将会启动刚刚下载的内核。

5. 参数设定命令

```
param setLinux command line is："noinitrd root=/dev/mtdblock/0 init=/Linuxrc console=ttyS0"
param setLinux command line is："noinitrd root=/dev/bon/2 init=/Linuxrc console=ttyS0"
param setLinux_cmd_line "console=ttyS0 root=/dev/nfs nfsroot=192.168.0.1:/hit/root ip=192.
168.0.69:192.168.0.1:192.168.0.1:255.255.255.0:localhost:eth0:off"
param show
param save
```

第4章 嵌入式操作系统开发环境

完整的操作系统都带有自己的开发环境,排除了应用程序和操作系统一体化的情况外,嵌入式计算机系统开发环境就变成了基于嵌入式操作系统的开发环境。

4.1 嵌入式操作系统开发环境概述

4.1.1 主机–目标机开发模式

图 4.1 给出了一般嵌入式计算机系统开发环境模型,开发环境从硬件载体上分为主机和目标机两个部分,主机是开发者的开发调试环境,使用的是交叉开发工具;目标机是运行环境,分为三层,即引导启动层、操作系统层和应用层。图中主机上的开发工具为 GNU 的交叉开发工具链为开发工具,目标机使用了基于 ARM 的嵌入式 Linux 操作系统。

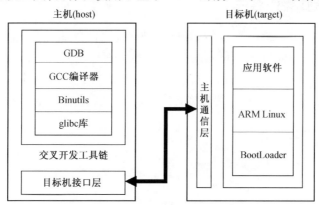

图 4.1 嵌入式计算机系统开发环境模型

很明显,开发者是在主机上进行开发的,而主机通常为 PC,有着通用的标准用户界面,而交叉开发工具和本机开发工具通常也是一脉相承,开发者并不需要适应新的开发环境就能迅速进入开发阶段,这是该开发模式的一大特点。

当然,运行环境的改变也增加了一些额外的开发任务,例如,对运行在 PC 的 BootLoader 和 Linux,在开发基于 PC Linux 的应用软件时,开发几乎不需要做任何改变,而针对目标机,开发者经常需要对这两个部分进行移植,以匹配目标机硬件,有时还要从头开发针对目标机个性化硬件的设备驱动程序,对于应用程序,因为运行在嵌入式操作系统环境,所以通常也要做一些针对性的调整,例如,不同版本的 shell、精简的嵌入式 GUI 等。

4.1.2 交叉编译概述

本书中的嵌入式计算机系统使用了拥有完整功能的操作系统,尽管为了适应嵌入式环境,它可能被精简和改造过,但操作系统拥有的开发环境,还是可以为嵌入式系统所用,那么通用操作系统的开发环境与嵌入式操作系统的开发环境是不是就没有任何区别了呢? 当然不是,这个不同就是交叉编译。

我们为 PC 编写程序,编译之后是直接运行在 PC 上的,而为嵌入式计算机系统编写程序时,则是在 PC 上编写编译,在目标机上运行的,即在一个平台上生成另一个平台上的可执行代码,这就是交叉编译。

同一个体系结构可以运行不同的操作系统;同样,同一个操作系统也可以在不同的体系结构上运行,对嵌入式计算机系统来说,就是在主机的体系结构的平台下生成目标机体系结构平台的可执行代码。

那么,为什么不在目标机上直接生成可执行代码,而一定要通过交叉编译的方式呢? 这其实是一个必然的选择。

首先,嵌入式计算机系统本身就是非标准的,不能提供统一的通用开发环境,要求开发者每次都要适应新的开发环境并不现实。

其次,嵌入式操作系统虽然具有完整的功能,但并不是无所不能。通常嵌入式计算机系统的显示设备和输入设备都很简单,人机接口一般都是文本的,而不是图形的,它是为使用者提供的,而不是为开发者提供的,甚至无法支持开发者进行完成开发工作。

4.1.3　嵌入式操作系统

根据华清远见 2013—2014 年度的调查统计数据显示,在嵌入式产品研发的软件开发平台的选择上,嵌入式 Linux 以 55% 的市场份额遥遥领先于其他嵌入式开发软件平台。

而作为移动互联网的重要切入点,智能手机操作系统平台也吸引了越来越多的开发者加入,安卓智能手机操作系统平台以绝对的优势(19%)成为手机操作系统平台首选,如图4.2 所示。

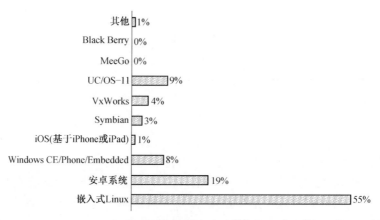

图 4.2　嵌入式操作系统市场份额占比

对于这两大类型的嵌入式操作系统,本章将依托嵌入式 Linux 对其运行环境进行介绍,对于安卓系统,将在第 9 章进行讲述。

4.1.4　交叉编译工具

让我们针对上面排在前 5 位的嵌入式操作系统,看看它们都使用什么样的交叉编译工具:

(1)Linux 使用的是 GNU 的交叉编译工具链。

(2)Android 虽然使用了改造后的 Linux 内核,但其应用软件是运行在 Java 虚拟机上的,应用软件的开发只需要 Java 开发环境即可。

(3)UC/OS-II 采用一个操作系统和应用程序一体化的开发方式,目标机独立的操作系统,与单片机开发类似,有单独支持软件。

(4)Windows CE 可以看作是精简的 Windows,微软为其提供了 EVC 开发工具。

(5)VxWorks 使用的也是 GNU 的交叉编译工具链。

可以看到,Linux 和 VxWorks 两种操作系统采用了 GNU 的交叉编译工具,安卓主要用于个人移动设备,UC/OS-I 不在本书讨论范围之内,只有 Windows CE 虽然沿袭了微软的开发环境,但不开源和收费的特点也被继承下来。

综上所述,本章将基于 GNU 的开发工具链展开讨论。

4.1.5　Linux 与 GNU

Linux 和 GNU 都与 Unix 有着关系,下面先介绍 Unix。

UNIX 操作系统是美国贝尔实验室的 Ken. Thompson 和 Dennis Ritchie 于 1969 年夏在 PDP-7 上开发的一个操作系统。Thompson 在 1969 年利用一个月的时间开发了 Unix 操作系统的原型。后经 Ritchie 于 1972 年用 C 语言进行了改写,使得 Unix 系统在各大专院校得到了推广。

GNU 计划和自由软件基金会 FSF(the Free Software Foundation)是由 Richard M. Stallman 于 1984 年创办的,旨在创造一套完全自由免费、兼容于 UNIX 的操作系统 GNU(GNU's Not Unix!),Stallman 于 1989 年与律师起草了广为使用的 GNU 通用公共协议证书(GNU General Public License, GNU GPL)

Linux 前身是 MINIX 系统,是由 Andrew S. Tanenbaum 于 1987 年开发的,主要用于学生学习操作系统原理。MINIX 操作系统是 Unix 的一种克隆系统,由于 MINIX 系统提供源代码(免费用于大学内),因此全世界的很多大学的学生都开始学习 Unix 系统。1991 年芬兰大学生李纳斯(Linus Torvalds)在 GPL 条例下发布自己创作的 Linux 操作系统内核,至此 GNU 计划正式完成,操作系统被命名为 GNU/Linux(或简称 Linux)。

GNU 项目有许多高质量的免费软件,如 emacs 编辑系统、bash shell 程序、gcc 系列编译程序、gdb 调试程序等。Linux 只是一个内核,GNU 软件为 Linux 操作系统的开发创造了一个合适的环境,因此 Linux 操作系统被称为"GNU/Linux"。

4.2　GNU 编译工具链

4.2.1　GNU 编译工具链概述

1. 编译工具链的基本工作流程

图 4.3 所示为 GNU 的编译工具链的基本工作流程图。

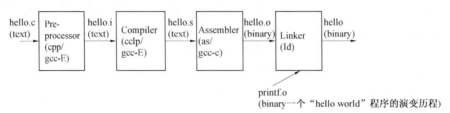

图 4.3　GNU 的编译工具链的基本工作流程图

2. 扩展名的默认含义

(1)需要预处理的源代码:. c、. cc 等。

(2)不需预处理的源代码:. i、. ii 等。

(3)需要预处理的汇编代码:. S。

(4)不需预处理的汇编代码:. s。

(5)目标文件:. o。

(6)静态库:. a。

(7)动态库:. so。

图 4.4 所示为编译工具链能处理的文件类型以及相应的工作流程图。

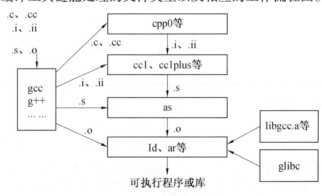

图 4.4　编译工具链能处理的文件类型以及相应的工作流程图

3. GNU 工具链的基本组成

(1)GCC(GNU Compiler Collection)。GCC 是 GNU 的 C 和 C++编译器,可以配置编译为多种体系结构目标的交叉编译器,如 gcc-2. 95. 3. tar. gz。

GCC 支持多种语言和目标机,其功能是将高级语言(. c、. cpp、. F)程序转换成汇编语言(. s)程序,并驱动各工具的执行,由一组可执行程序和一组库构成。

①cpp、gcc、g++、g77 等。

②cpp0、cc1、cc1plus、f771 等。

③libgcc. a、crtbegin. o、crtend. o 等。

（2）Binutils（GNU Binary Utilities）。Binutils 是二进制文件的处理工具，其中包括 GNU 的链接器 ld、汇编代码编译器 as、用来将文件打包重组的 ar 以及为 ar 打包的文件建立符号表的 ranlib 等工具，常用的有 binutils-2.11.2. tar. gz。

Binutils 支持多种目标机，由一组可执行程序构成，其功能包括将汇编语言（. s）转换成目标文件、将目标文件链接成可执行程序、查看二进制文件信息等。

①as、ld。

②objdump 和 readelf（用于查看目标代码）、ar 等。

（3）Glibc（GNU C Library）。Glibc 是 GCC 使用的 C 函数库和针对 Linux 的线程库。常用的有 glibc-2.2.3. tar. gz 和 glibc-Linuxthreads-2.2.3. tar. gz。

Glibc 的绝大部分与目标机无关，它提供了语言和操作系统的标准库函数，包括若干可执行程序和大量库。

①Ldd（用来查看程序运行所需的共享库）、iconv（可以将一种已知的字符集文件转换成另一种已知的字符集文件）、locale（将有关当前语言环境或全部公共语言环境的信息写到标准输出上）等。

②ISO C、POSIX、Unix、GNU。

4.2.2　C/C++交叉编译器 GCC

1. 概述

GCC 是编译的前端程序，它通过调用其他程序来实现将程序源文件编译成目标文件。编译时首先调用预处理程序（cpp）对输入的源程序进行处理；然后调用 cc1 将预处理后的程序编译成汇编代码；最后由 as 将汇编代码编译成目标代码。

gcc 具有丰富的命令选项，控制编译的各个阶段，满足用户的各种编译需求。其命令格式如下：

```
gcc［options］file…
```

在命令 gcc 后面跟一个或多个选项，选项间用空格隔开，然后跟一个或多个目标文件。例如，将 test. c 编译成目标文件 test. o 并且生成调试信息：

```
gcc － g － c － o test. o test. c
```

2. 常用命令选项列表

（1）输出控制选项。

-c：将输入的源文件编译成目标文件。

-S：将 C/C++文件生成汇编文件。

-o file：将输出内容存于文件 file。

-pipe：在编译的不同阶段采用管道通信方式。

-v：打印出编译过程中执行的命令。

-x language：说明文件的输入类型为 language。

（2）C 语言选项。

-ansi：支持所有 ANSI C 程序。

（3）警告选项。

-w：关闭所有警告。

-Wall：打开所有警告。

-Wimplicit：如果有隐含申明，则显示警告信息。

-Wno-implicit：不显示对隐含申明的警告。

（4）调试选项。

-g：在文件中产生调试信息（调试信息的文件格式有 stabs、COFF、XCOFF、DWARF）。

（5）优化选项。

-O0：不优化。

-O1：一级优化。

-O2：二级优化。

-O3：三级优化。

（6）预处理选项。

-E：运行 C 的预处理器。

-C：在运用-E 进行预处理时不去掉注释。

-D macro：定义宏 macro 为 1。

-D macro=defn：定义宏 macro 为 defn 。

（7）汇编选项。

-Wa,option：将选项 option 传递给汇编器。

（8）搜索路径选项。

-I dir：设置搜索路径为 dir。

-I-：指定只对 #include "file" 的有效头文件搜索目录。

3. 源文件类型的识别

gcc 能够自动根据文件名后缀识别文件类型，文件名后缀和文件类型的对应关系如下：

＊.c：C 源文件。

＊.i：经过预处理后的 C 源文件。

＊.h：C 头文件。

＊.ii：经过预处理后的 C++源文件。

＊.cc：C++源文件。

＊.cxx：C++源文件。

＊.cpp：C++源文件。

＊.C：C++源文件。

＊.s：不需要预处理的汇编文件。

＊.S：需要预处理的汇编文件。

此外，用户可通过-x language 说明文件的输入类型，此时可以不用以上的后缀规则。-x language其中的 language 可为：

①c：C 源文件。

②c++：C++源文件。

③c-header：C 头文件。

④cpp-output：经过预处理后的 C 源文件。

⑤c++-cpp-output：经过预处理后的 C++源文件。

⑥assembler：不需要预处理的汇编文件。

⑦assembler-with-cpp：需要预处理的汇编文件。

例如，编译一个不需要预处理的 C 程序：

```
gcc - c - g - x cpp-output test. c -x none
```

如果-x 后面未跟任何参数，则按照文件的后缀名做相应处理。

4. 命令使用

（1）输出文件名的指定。

-o file 将输出内容存于文件 file，仅适用于只有一个输出文件时。例如，将 test. c 编译成汇编程序并存放于文件 test. txt：

```
gcc - S - o test. txt   test. c
```

（2）目标文件的生成。

-c 将输入的源文件编译成目标文件。例如，将 test. c 编译成 test. o：

```
gcc - c - o test. o test. c
```

（3）将 C/C++文件生成汇编文件。

-S 将 C/C++文件生成汇编文件。例如，将 test. c 编译生成汇编文件 test. s：

```
gcc - S - o test. s test. c
```

（4）预处理文件的生成。

-E 只对源文件进行预处理并且缺省输出到标准输出。例如，对 test. c 进行预处理并将结果输出到屏幕。

```
gcc - E test. c
```

例如，对 test. c 进行预处理并将结果输出到文件 test. txt：

```
gcc - E - o test. txt test. c
```

（5）设置头文件搜索路径。

头文件的引用有两种形式：一种是# include "filename"，另一种是# include <filename>。前一种形式的路径搜索顺序是：当前目录、指定的搜索路径；后一种形式只搜索指定路径。

-I dir 将目录 dir 添加到头文件搜索目录列表的第一项。可以使用户头文件先于系统头文件被搜索到。如果同时用-I 选项添加几个目录，目录被搜索时的优先级顺序为从左到右。下例为在当前目录和/include 中搜索 test. c 头文件：

```
gcc - I ./ - I/include - c test. c
```

-I-以前用-I 指定的头文件搜索目录只对#include" file" 有效，对 # include<file> 无效；-I-以后指定的头文件搜索目录对以上两种形式的头文件都有效。此外，-I-会禁止对当前目录的隐含搜索，不过用户可以通过使用"-I. "使能对当前目录的搜索。例如，在需要编译的 test. c 文件对头文件的引用有：

```
# include <file1. h>
# include "file2. h"
# include "file3. h"
```

其中,file1. h 在目录/include/test 下,file2. h 在/include 下,file3. h 在当前目录下。在以下命令行中,只能搜索到 file2. h,而不能搜索到 file1. h 和 file3. h:

```
gcc - I. /include/test - I - - I. /include - c test. c
```

而在以下命令行中,可以搜索到需要的两个头文件 file1. h 和 file2. h:

```
gcc - I - - I. /include - I. /include/test - c test. c
```

如果要搜索到 file3. h,则必须添加对当前目录的搜索:

```
gcc - I - - I. - I. /include - I. /include/test - c test. c
```

实质上,上述编译命令等价于:

```
gcc - I. - I. /include - I. /include/test - c test. c
```

(6)控制警告产生。

用户可以使用以"-W"开头的不同选项对特定警告进行设定。对于每种警告类型都有相应的以-Wno-开始的选项关闭警告。例如,如果有隐含申明,则显示警告信息:

```
gcc - c - Wimplicit test. c
```

不显示对隐含申明的警告:

```
gcc - c - Wno - implicit test. c
```

常用的警告选项有:

①-w:关闭所有警告信息。

②-Wall:打开所有警告信息。

(7)实现优化。

优化能使编译生成的代码尺寸更小、速度更快。但是在编译过程中,随着优化级别的升高,编译器会相应消耗更多的时间和内存,而且优化生成代码的执行顺序和源代码有一定出入,因此优化选项多用于生成固化代码,而不是生成调试代码。gcc 支持多种优化选项,总体上划分为三级优化:

①-O1:部分减小代码尺寸,对速度有一定的提高。如果使用寄存器变量,可提高指令并行度。

②-O2:除了解循环、函数插装和静态变量优化,几乎包含所有优化。一般在生成固化代码时使用。

③-O3:包含-O2 的所有优化,还包含解循环、函数插装和静态变量优化。该级优化生成的代码执行速度最快,但是代码尺寸比-O2 大一些。

(8)在命令行定义宏。

-D macro:定义宏 macro 为1。

-D macro=defn:定义宏 macro 为 defn。

例如:编译 test. c 并且预定义宏 RUN_CACHE 值为1:

```
gcc － c － D RUN_CACHE test. c
```

编译 test. c 并且预定义宏 RUN_CACHE 值为 0：

```
gcc － c － D RUN_CACHE＝0 test. c
```

4.2.3　交叉汇编器 as

1. 概述

as 将汇编语言程序转换为 ELF(Executable and Linking Format，执行时链接文件格式)格式的可重定位目标代码，这些目标代码同其他目标模块或库易于定位和链接。as 产生一个交叉参考表和一个标准的符号表，产生的代码和数据能够放在多个段(Section)中。

as 的命令格式如下：

```
as [option…] [asmfile…]
```

在命令 as 后面跟一个或多个选项以及该选项的子选项，选项间用空格隔开，然后跟汇编源文件名。例如，将 demo. s 编译成目标文件，并且设置头文件的搜索目录为 \demo \include：

```
as － I/demo/include demo. s
```

2. 常用命令选项列表

－a[dhlns]：显示 as 信息。

－f：不进行预处理。

－I：path 设置头文件搜索路径。

－o：设定输出文件名。

－v：显示版本信息。

－W：不显示警告提示。

－Z：不显示错误提示。

3. 命令使用

(1)生成目标文件。

每次运行 as 只输出一个目标文件，默认状态下名字为 a. out。例如，编译 demo. s 文件：

```
as demo. s
```

(2)设置头文件搜索路径。

－I path 添加路径 path 到 as 的搜索路径，搜索#include "file" 指示的文件。－I 可以被使用多次以添加多个目录，当前工作目录将最先被搜索，然后从左到右依次搜索－I 指定的目录。例如，编译 demo. s 时指定两个搜索目录，即当前目录和 \demo \include：

```
as － I. / － I/demo/include demo. s
```

(3)显示 as 信息内容。

－a[dhlns]打开 as 信息显示。dhlns 为其子选项，分别表示：

d：不显示调试信息。

h：显示源码信息。

l:显示汇编列表。

n:不进行格式处理。

s:显示符号列表。

在不添加子选项时,-a 表示显示源码信息、汇编列表及符号列表。添加子选项时将选项直接加在-a 以后可以添加一个或多个。缺省时显示的信息输出到屏幕,也可用重定向输出到文件。例如,编译 demo.s 生成不进行格式处理的汇编列表,输出到文件 a.txt:

```
as - aln - o demo.o demo.s>a.txt
```

(4)设置目标文件名字。

-o filename 可以通过-o 选项指定输出文件名字,通常都以.o 为后缀。如果指定输出文件的名字和现有某个文件重名,则生成的文件将直接覆盖已有的文件。例如,编译 demo.s 输出目标文件 demo.o:

```
as - I/include - o demo.o demo.s
```

(5)如何取消警告信息。

-W 选项,加选项-W 以后,运行 as 就不输出警告信息。例如,编译 demo.s 输出目标文件 demo.o,不输出警告信息:

```
as - W - o demo.o demo.s
```

(6)设置是否进行预处理。

as 内部的预处理程序,完成以下工作:调整并删除多余空格,删除注释,将字符常量改成对应的数值。gcc 可以对后缀为.s 汇编程序进行其他形式的预处理。as 不执行 gcc 预处理程序能完成的部分,如宏预处理和包含文件预处理。

可以通过#include "file" 对指定文件进行预处理。如果源文件第一行是#NO_APP 或者编译时使用选项-f,则不进行预处理。如果要保留空格或注释,可以在需要保留部分开始加入#NO_APP,结束的地方加#APP。例如,编译 demo.s 输出目标文件 demo.o,并且编译时不进行预处理,则命令如下:

```
as - f - o demo.o demo.s
```

4.2.4　交叉连接器 ld

1.概述

ld 根据链接脚本文件 Linkcmds 中代码段、数据段、BSS 段和堆栈段等定位信息,将可重定位的目标模块链接成一个单一的、绝对定位的目标程序,该目标程序是 ELF 格式,并且可以包含调试信息。

ld 可以输出一个内存映象文件,该文件标明所有目标模块、段和符号的绝对定位地址,它也产生目标模块对全局符号引用的交叉参考列表。ld 支持将多个目标模块链接成一个单一的、绝对定位的目标程序,也能够依次对目标模块进行链接,这个特性称为增量链接。ld 会自动从库中装载被调用函数所在的模块。

Ld 命令格式如下:

```
ld [ option ] file…
```

命令行后跟选项和可重定位的目标文件名。例如,链接的输入文件为 demo. o,输出文件为 demo. elf,链接的库为/lib 下的 libxxx. a,生成内存映象文件为 map. txt,链接定位文件为 linkcmds,则命令如下:

```
ld -Map map. txt -T linkcmds -L./lib - o demo. elf demo. o - lxxx
```

2. 常用命令选项列表

-e entry:指定程序入口。

-M:输出链接信息。

-lar:指定链接库。

-L dir:添加搜索路径。

-o:设置输出文件名。

-T commandfile:指定链接命令文件。

-v:显示版本信息。

-Map:指定输出映象文件。

3. 命令使用

(1)程序入口地址。

-e entry 以符号 entry 作为程序执行的入口地址,而不从默认的入口地址开始。例如,链接的输入文件为 demo. o,输出文件为 demo. elf,链接定位文件为 linkcmds,将入口地址设为 _start,命令如下:

```
ld - T linkcmds - e _start - o demo. elf demo. o
```

(2)输出链接信息。

-M 在标准端口打印出符号映象表和内存分布信息。例如,链接的输入文件为 demo. o,输出文件为 demo. elf,在标准端口打印出符号映象表和内存分布信息,命令如下:

```
ld - M - o demo. elf demo. o
```

如果标准输出设置为显示器,运行命令后将在显示器上显示内存映象信息和符号映象表。

-Map mapfile 将链接的符号映象表和内存分布信息输出到文件 mapfile 里。例如,链接的输入文件为 demo. o,输出文件为 demo. elf,将链接的符号映象表和内存分布信息输出到文件 map. txt 里,命令如下:

```
ld - Map map. txt - o demo. elf demo. o
```

(3)指定链接的库。

-lar 指定库文件 libar. a 为链接的库。可以重复使用-l 来指定多个链接的库。例如,链接的输入文件为 demo. o,指定 libxxx. a 为链接的库,输出文件为 demo. elf,命令如下:

```
ld - o demo. elf demo. o - lxxx
```

注意,库的命名规则为 libxxx. a,在-l 指定库名时使用的格式为-lxxx。

(4)添加库和脚本文件的搜索路径。

-Ldir 将 dir 添加到搜索路径。搜索顺序按照命令行中输入的顺序,并且优先于默认的搜索路径。所有在-L 添加的目录中找到的-l 指定的库都有效。例如,链接的输入文件为 demo. o,输出文件为 demo. elf,将/lib 添加到库的搜索路径,命令如下:

```
ld -L. /lib - o demo. elf demo. o
```

(5)设置输出文件的名字。

-o output 将输出文件名字设定为 output。如果不指定输出文件名,则 ld 生成文件名默认为 a. out。例如,链接的输入文件为 demo. o,输出文件为 demo. elf,命令如下:

```
ld - o demo. elf demo. o
```

(6)linkcmds 连接脚本文件。

linkcmds 连接脚本文件是用 ld 的命令语言写成的文件,ld 的命令语言是一种描述性的脚本语言,它主要应用于控制:

①有哪些输入文件,文件的格式是什么。

②输出文件中的模块如何布局。

③分段的地址空间如何分布。

④未初始化的数据段如何处理等。

linkcmds 文件具有可重用性,不必每次在命令行输入一大堆命令选项,对于不同的应用,只需对 linkcmds 进行简单的修改就可以使用。

使用 linkcmds,首先写一个链接脚本文件 linkcmds,然后在 ld 的命令中使用-T linkcmds 参数,就能在链接时自动调用 linkcmds 文件。例如,链接的输入文件为 demo. o,输出文件为 demo. elf,链接定位文件为 linkcmds,则命令如下:

```
ld - T linkcmds - o demo. elf demo. o
```

每次一次链接行为都是被链接脚本文件控制,如果没有提供自定义链接脚本,链接器则会使用默认脚本编译可执行文件。默认链接器脚本可以使用命令行选项“-verbose”查看。一些链接脚本文件可能并没有被注意,但它是一直存在的,如 arm 处理器的 Linux 内核的链接脚本文件通常被放在 arch/arm/kernel 目录下,文件名为 vmLinux. lds. s。

4.2.5　库管理器 ar

1. Linux 下的函数库

一个“程序函数库”就是一个文件包含了一些编译好的代码和数据,这些编译好的代码和数据可以在事后供其他程序使用。程序函数库可以使整个程序更加模块化,更容易重新编译,而且更方便升级。程序函数库可分为两种类型,即静态函数库和共享函数库。

(1)静态函数库(Static Libraries)。静态函数库是一个普通的目标文件的集合,一般用“. a”作为文件的后缀。

静态函数库和共享函数库相比有很多缺点,占用内存空间多。但使用静态库函数生成的代码比使用共享函数库的程序在运行速度上快一些。

(2)共享函数库(Shared Libraries)。共享函数库是当一个可执行程序在运行时才会被加载的函数。

每个共享函数库都有个特殊的名字,称作“soname”。soname 名字命名必须以“lib”作为前缀,然后是函数库的名字,其次是".so",最后是版本号信息。其优点为多进程使用同一函数库;修改函数库不需重新编译链接。

2. 概述

ar 将多个可重定位的目标模块归档为一个函数库文件,ar 支持 ELF 格式的函数库文件,基本格式为:

```
ar [-dmpqrtx][cfosSuvV][a<成员文件>][b<成员文件>][i<成员文件>][库文件][成员文件]
```

指令参数包括:

-d:删除库文件中的成员文件。

-m:变更成员文件在库文件中的次序。

-p:显示库文件中的成员文件内容。

-q:将成员文件附加在库文件末端。

-r:将文件插入库文件中。

-t:显示库文件中所包含的文件。

-x:自库文件中取出成员文件。

选项参数包括:

c:建立库文件。

f:为避免过长的文件名不兼容于其他系统的 ar 指令,因此可利用此参数,截掉要放入库文件中过长的成员文件名称。

o:保留库文件中文件的日期。

s:利用此参数建立库文件的符号表。

S:不产生符号表。

u:只将日期较新文件插入库文件中。

v:程序执行时显示详细的信息。

V:显示版本信息。

3. 命令使用

(1)创建库文件。

```
ar cu liba. a a. o
```

(2)加入新成员。

```
ar -r liba. a b. o
```

默认的加入方式为加在库的末尾。"a"表示将新成员加在指定成员之后。

```
ar -ra a. o liba. a b. o
```

"b"表示将新成员加在指定成员之前,"i"跟"b"的作用相同。

```
ar -rb a. o liba. a b. o
```

(3)列出库中已有成员。

```
ar -t liba. a
```

加上"v"修饰符则会一并列出成员的日期等属性。

（4）删除库中成员。

```
ar -d liba. a a. o
```

库中没有这个成员 ar 也不会给出提示，需要列出被删除的成员或者成员不存在的信息，可加上"v"修饰符。

（5）从库中解出成员。

```
ar -x liba. a b. o
```

（6）调整库中成员的顺序，使用"m"关键字和"a""b""i"。如果要将 b. o 移动到 a. o 之前，则：

```
ar -mb a. o liba. a b. o
```

4.2.6　Gdb 调试器

Gdb 是一款 GNU 开发组织并发布的 Unix/Linux 下的程序调试工具，能在程序运行时观察程序的内部结构和内存的使用情况。Gdb 所提供的功能如下：

①监视程序中变量的值。

②设置断点以使程序在指定的代码行上停止执行。

③能一行行地执行代码。

1. 格式

```
Gdb [option] [executable-file|core-file or process-id]
```

2. 基本命令

（1）File：装入想要调试的可执行文件。

（2）kill：终止正在调试的程序。

（3）list：列出产生执行文件的源代码的一部分。

（4）next：执行一行源代码但不进入函数内部。

（5）step：执行一行源代码而且进入函数内部。

（6）run：执行当前被调试的程序。

（7）quit：终止。

（8）gdbwatch：监视一个变量的值而不管它何时被改变。

（9）break：在代码里设置断点，这将使程序执行到这里时被挂起。

（10）Make：不退出 gdb 就可以重新产生可执行文件。

（11）shell：不离开 gdb 就可以执行 Linux shell 命令。

4.2.7　工程管理器 Make

1. 概述

Make 是用于自动编译、链接程序的实用工具。使用 Make 后就不需要手工编译每个程序文件。要使用 Make，首先要编写 Makefile，Makefile 描述程序文件之间的依赖关系以及提供更新文件的命令。在一个程序中，可执行文件依赖于目标文件，而目标文件依赖于源文件。

如果 Makefile 文件存在,每次修改完源程序后,用户通常所需要做的事情就是在命令行输入"Make",而后所有的事情都由 Make 来完成。

make 命令格式如下:

Make［-f Makefile］［option］［target］…

①Make 命令后跟-f 选项,指定 Makefile 的名字为 Makefile。

②option 表示 Make 的一些选项。

③target 是 Make 指定的目标。

例如:Makefile 的名字是 my_hello_Make:

Make - f my_hello_Make

2. 常用命令选项列表

-f:指定 Makefile。

-e:使环境变量优先于 Makefile 的变量。

-I dir:设定搜索目录。

-i:忽略 Make 过程中所有错误。

-n:只显示执行过程,而不真正执行。

-r:使隐含规则无效。

-w:显示工作目录。

-C dir:读取 Makefile 文件前设置工作目录。

-s:不显示执行的命令。

3. 命令使用

Makefile 文件用来告诉 Make 需要做的事情,通常指怎样编译、怎样链接一个程序。以 C 语言程序为例:用 Make 重新编译时,如果一个头文件已被修改,则包含这个头文件的所有 C 源代码文件都必须被重新编译。每个目标文件都与 C 的源代码文件有关,如果有源代码文件被修改过,则所有目标文件都必须被重新链接生成最后的结果。

(1)指定 Makefile 的命令选项。

①-f Makefile:用该选项指定 Makefile 文件的名字为 Makefile。如果 Make 中多次使用-f 指定多个 Makefile,则所有 Makefile 将链接起来作为最后的 Makefile。如果不指定 Makefile,Make 默认的 Makefile 文件依次为"Makefile""Makefile"。

例如:Make - f my_hello_Make

②-e:使环境变量优先于 Makefile 文件中的变量。

例如:Make - e

③-I dir:指定包含文件的搜索路径,指定在解析 Makefile 文件中的. include 时的搜索路径为 dir。如果有多个路径,则将按输入顺序依次查找。

例如:Make - I/include/mk

④-i:忽略 Make 执行过程中的所有错误。

例如:Make - i

⑤-n:只显示命令的执行过程而不真正执行。

例如:Make - n

⑥-r:使 Make 的隐含规则无效。

例如:Make - r

⑦-w：显示 Make 执行过程中的工作目录。

例如：Make － w

⑧-C dir：读取 Makefile 文件前设置工作目录，在读取 Makefile 文件以前将工作目录改变为 dir，完成 Make 后改回原来的目录。如果在一次 Make 中使用多个-C 选项，每个选项都和前面一个有关系。"-C dir0　-C dir1"与"-C dir0／dir1"等价。

例如：Make － C bsp

⑨-s：不显示所执行的命令，运行 Make 时用选项-s 可以不显示执行的命令，只显示生成的结果文件。

例如：Make － s

4. 编写一个 Makefile

（1）Makefile 的结构。Makefile 文件包含显式规则、隐含规则、变量定义、指令及注释。

（2）编写 Makefile 时的规则。Makefile 的格式如下：

```
targets：dependencies
command
…
```

或者

```
targets：dependencies ；command
command
…
```

①targets 指定目标名，通常是一个程序产生的目标文件名，也可能是执行一个动作的名字，多个目标名字要用空格隔开。

②dependency 描述产生 target 所需的文件，一个 target 通常依赖于多个 dependency ，它们之间用空格隔开。

③command 用于指定该规则的命令，必须以 TAB 键开头。如果某一行过长，则可以分成两行，用"\"连接。

例如：

```
smcinit：smc. o config. o
ar － ruvs － o smcinit. a smc. o config. o
smc. o：smc. c include. h
gcc － c － o smc. o smc. c
config. o：config. c include. h
gcc － c － o config. o config. c
clean：
rm ＊. o
```

表示目标名的有 smcinit、smc. o、config. o；smcinit 依赖于 smc. o 和 config. o，而 smc. o 又依赖于 smc. c 和 include. h，config. o 依赖于 config. o 和 include. h。

各目标分别由命令 ar － ruvs － o smcinit. a smc. o config. o、gcc － c － o smc. o smc. c 及 gcc － c － o config. o config. c 来生成。

clean 为一动作名，删除所有后缀为. o 的文件。

（3）Make 调用 Makefile 中的规则。在默认情况下，Make 运行不是以"."开头的第一条规则。在上面的例子中，Make 默认执行的是规则 smcinit，此时只需要输入命令 Make 就相当于执行 Make smcinit 了。

　　Make 将读入 Makefile,然后执行第一条规则,例子中该规则是链接目标文件生成库,因此必须执行规则 smcinit 依赖的规则 smc.o 和 config.o。在执行过程中将自动更新它们所依赖的文件。

　　有些规则不是被依赖的规则,需要 Make 指定才能被运行,如上面例子中的 clean 规则可以这样执行:

Make clean

　　这两种方式的结果一样。只是第一种方式没显式地指明目标名,第二种方式则相反。

　　(4)设置 Makefile 中文件的搜索路径。在 Makefile 中,可以通过给 VPATH 赋值来设置规则中目标文件和依赖文件的搜索目录。Make 首先搜索当前目录,如果未找到依赖的文件,Make 将按照 VPATH 中给的目录依次搜索。

　　VPATH 对 Makefile 中所有文件都有效。

　　例如:demo.o:demo.c demo.h

　　demo.c 在目录 src/demo/中,demo.h 在目录 src/demo/head/中,则可以给 VPATH 变量赋值:

```
VPATH:= src/demo src/demo/head
或者
VPATH:= src/demo:src/demo/head
```

　　也可以使用指令 vpath,与 VAPTH 在使用上的区别是 vpath 可以给不同类文件指定不同的搜索目录。%.o 表示所有以.o 结尾的子串。

　　vpath %.c src/demo

　　vpath %.h src/demo/head

　　其中:

　　vpath %.c:表示清除所有 vpath 对%.c 设置的搜索目录。

　　vpath:表示清除所有以前用 vpath 设置的搜索目录。

　　这两种方式的效果是一样的,但是后一种要明确一些。这样 Make 就会根据 VPATH 或者 vpath 来搜索相应的依赖文件。

　　(5)如何定义变量。可以用变量的形式来代表目标文件名或字符串,在需要使用时直接调用变量。在 Makefile 中变量可以被定义为:

```
CC = gcc
AS := as
AR = ar
LIBPATH := ./lib
```

　　有两种定义变量的形式:

　　①变量名 = 值

　　②变量名:= 值

　　前者定义的变量是在被用到时才取它的值,后者是在定义变量或者给它赋值时就确定了它的值。

```
var1 = hello first
var2 = ${var1}
var1 = hello second
test_echo:
echo ${var2}
```

　　执行的结果是显示 hello second。

```
var1  =  hello first
var2  : =  ${var1}
var1  =  hello second
test_echo:
    echo  ${var2}
```

执行的结果是显示 hello first。

```
    var1  =  hello first
    var1  =  ${var1}  and second
    echo_test:
        echo  ${var1}
```

会出错,陷入死循环中。

```
    var1 : =  hello first
    var1 : =  ${var1}  and second
    echo_test:
        echo  ${var1}
```

会显示 hello first and second。

(6)引用变量。使用方式有两种,即 ${VarName} 和 $(VarName),两种方式的效果相同。

VarName 表示变量名。

Make 提供的常用变量。

$@ 表示目标名。

$^表示所有的依赖文件。

$<表示第一个依赖文件。

例如:

```
    demo. o : demo. c demo. h
        ${CC}  ${CFLAGS}  $< -o $@
```

$<的值为 demo. c。

$@ 的值为 demo. o。

$^的值为 demo. c demo. h。

(7)Make 里的常用函数。函数的使用方式有两种,即 $(function arguments) 和 ${function arguments}。常用的函数有:

① $(subst from, to, text):将字 text 中的 from 子串替换为 to 子串。例如,STR : = $(subst I am, He is, I am an engneer) 与 STR: = He is an engneer 相同。

② $(patsubst pattern, replacement, text):按模式 pattern 替换 text 中的字串。例如:

```
    OBJS = init. o main. o string. o
    STR : =  $(patsubst %. o,%. c, ${OBJS})
```

STR 的值为 init. c main. c string. c。

%. o 表示所有以 . o 结尾的子串。

③ $(wildcard pattern...) 表示与 pattern 相匹配的所有文件。例如,在当前目录中有 init. c、main. c 和 string. c:

```
    SRCS : =  $(wildcard *. c)
```

则 SRCS 的值为 init. c main. c string. c。

（8）隐含规则。隐含规则是指由 Make 自定义的规则,常用的有:

①由 *.c 的文件生成 *.o 的文件。

②由 *.s 的文件生成 *.o 的文件。

```
CC= gcc
AS= as
LD= ld
CFLAGS=-c -ansi -nostdinc -I- -I. /
ASFLAGS=
LDFLAGS=-Map map. txt -N -T linkcmds -L. /lib
OBJS=i386ex-start. o i386ex-get-put-char. o i386ex-io. o
OBJCOPY= elf-objcopy
OBJCOPYFLAG=-O ihex
All:monitor. elf
    ${OBJCOPY}  ${OBJCOPYFLAG}  monitor. elf monitor. hex
monitor. elf:${OBJS}
    ${LD}  ${LDFLAGS}  -o monitor. elf  ${OBJS}  -lmonitor
clean:
    rm -rf *. o *. elf
```

在该 Makefile 中的 i386ex-start. o、i386ex-get-put-char. o、i386ex-io. o 都是由隐含规则生成的。实际上使用的隐含规则如下所示。

①对 *.c—> *.o 的隐含规则为:

```
%. o:%. c
  ${CC}  ${CFLAGS}  $< -o $@
```

②对于 *.s—> *.o 的隐含规则为:

```
%. o:%. s
  ${AS}  ${ASFLAGS}  $< -o $@
```

（9）一个例子。一个有三个头文件和八个 C 文件的 Makefile 实例。

①第一种采用显式规则的 Makefile。

```
edit : main. o kbd. o command. o display. o \
insert. o search. o files. o utils. o
  cc -o edit main. o kbd. o command. o display. o \
insert. o search. o files. o utils. o
main. o : main. c defs. h
  cc -c main. c
kbd. o : kbd. c defs. h command. h
  cc -c kbd. c
command. o : command. c defs. h command. h
  cc -c command. c
display. o : display. c defs. h buffer. h
  cc -c display. c
insert. o : insert. c defs. h buffer. h
  cc -c insert. c
```

```
search. o : search. c defs. h buffer. h
    cc -c search. c
files. o : files. c defs. h buffer. h command. h
    cc -c files. c
utils. o : utils. c defs. h
    cc -c utils. c
clean :
    rm edit main. o kbd. o command. o display. o \
    insert. o search. o files. o utils. o
```

②第二种采用显式规则的 Makefile。

```
objects = main. o kbd. o command. o display. o \
insert. o search. o files. o utils. o
edit : $ ( objects )
    cc -o edit $ ( objects )
main. o : main. c defs. h
    cc -c main. c
kbd. o : kbd. c defs. h command. h
    cc -c kbd. c
command. o : command. c defs. h command. h
    cc -c command. c
display. o : display. c defs. h buffer. h
    cc -c display. c
insert. o : insert. c defs. h buffer. h
    cc -c insert. c
search. o : search. c defs. h buffer. h
    cc -c search. c
files. o : files. c defs. h buffer. h command. h
    cc -c files. c
utils. o : utils. c defs. h
    cc -c utils. c
clean :
    rm edit $ ( objects )
```

③第三种采用隐含规则的 Makefile。

```
objects = main. o kbd. o command. o display. o \
insert. o search. o files. o utils. o
edit : $ ( objects )
    cc -o edit $ ( objects )
main. o : defs. h
kbd. o : defs. h command. h
```

```
command. o : defs. h command. h
display. o : defs. h buffer. h
insert. o : defs. h buffer. h
search. o : defs. h buffer. h
files. o : defs. h buffer. h command. h
utils. o : defs. h
clean :
  rm edit $ ( objects)
```

（10）使用 Gnu Autotools。Gnu 提供了一系列的工具用于帮助开发人员收集系统配置信息并自动生成 Makefile 文件。这套工具包括 aclocal、autoscan、autoconf、autoheader 及 auto-Make。

4.3　嵌入式 Linux 运行环境

4.3.1　Linux 概述

1. Linux 的发展及应用

1991 年 10 月 5 日,Linus Torvalds 在 comp. os. minix 发布了大约有 1 万行代码的 Linux V0.01 版本。

1992 年,大约有 1 000 人在使用 Linux,基本上都属于真正意义上的黑客。

1993 年,100 余名程序员参与 Linux 内核代码编写/修改工作,其中核心组由 5 人组成,此时 Linux 0.99 的代码大约有 10 万行,大约有 10 万用户。

1994 年 3 月,Linux 1.0 发布,代码量为 17 万行,正式采用 GPL 协议。Linux 的代码中充实了对不同硬件系统的支持,大大提高了跨平台移植性。

1995 年,Linux 可在 Intel、DEC 以及 Sun SPARC 处理器上运行,用户超过 50 万,介绍 Linux 的 Linux Journal 杂志的发行也超过 10 万册。

1996 年 6 月,Linux 2.0 内核发布,此内核大约有 40 万行代码,可以支持多个处理器。Linux 进入了实用阶段,全球大约有 350 万人使用。

1997 年,影片《泰坦尼克号》在制作特效中使用的 160 台 Alpha 图形工作站,有 105 台采用了 Linux 操作系统。

1998 年是 Linux 迅猛发展的一年。RedHat 5.0 获得了 InfoWorld 的操作系统奖项。4 月,Mozilla 发布,成为 Linux 图形界面上的浏览器。Google 采用了 Linux 服务器。12 月,IBM 发布适用于 Linux 的文件系统 AFS 3.5、Jikes Java 编辑器和 Secure Mailer 及 DB2 测试版。Sun 开放了 Java 协议,并在 UltraSparc 上支持 Linux。1998 年可以说是 Linux 与商业接触的一年。

1999 年,IBM 与 Redhat 公司建立合作伙伴关系。3 月,第一届 Linux World 大会召开。IBM、Compaq 和 Novell 宣布投资 Redhat 公司,Oracle 公司也宣布投资 Redhat 公司。5 月,SGI 公司宣布向 Linux 移植其先进的 XFS 文件系统。7 月,IBM 启动对 Linux 的支持服务,并发布了 Linux DB2。

2000 年初始,Sun 公司在 Linux 的压力下宣布 Solaris 8 降低售价。2 月,RedHat 发布了嵌入式 Linux 的开发环境。

2001 年,Oracle 宣布在 OTN 上的所有会员都可免费索取 Oracle 9i 的 Linux 版本。IBM 则决定投入 10 亿美元扩大 Linux 系统的应用。5 月,微软公开反对"GPL"。8 月,红色代码爆发,许多站点从 Windows 转向 Linux。12 月,RedHat 为 IBM s/390 大型计算机提供了 Linux 解决方案。

2002 年是 Linux 企业化的一年。2 月,微软公司迫于各州政府的压力,宣布扩大公开代码行动,这是 Linux 开源带来的深刻影响的结果。3 月,内核开发者宣布新的 Linux 系统支持 64 位的计算机。

2003 年 1 月,NEC 宣布将在其手机中使用 Linux 操作系统,代表着 Linux 成功进军手机领域。

2004 年 6 月的统计报告显示,在世界 500 强超级计算机系统中,使用 Linux 操作系统的已经占到了 280 席,抢占了原本属于各种 Unix 的份额。9 月 HP 开始网罗 Linux 内核代码人员,以影响新版本的内核朝对 HP 有利的方式发展,而 IBM 则准备推出 OpenPower 服务器,仅运行 Linux 系统。

2. Linux 的特点

(1)Linux 采用 GPL 授权,源代码公开,任何人都可以自由使用、修改、散布。

(2)Linux 核心采用模块化设计,很容易增减功能,高的可伸缩性,可适应各种不同的硬件平台。

(3)Linux 和 Unix 一样,具有多用户的特性,是多任务操作系统,调度每个进程平等地访问微处理器。

(4)Linux 稳定性强,它虽然不属于任何公司,却有着全世界的自由软件开发人员改去进、调试与测试,具有高稳定度。它不是商业的产物,质量却不逊商业产品。

2000 年有一个针对 OS 的统计,Unix 最长运行时间为 1 411 天,Linux 为 575 天,Windows 为 76 天。

(5)设备独立性指操作系统把所有外部设备统一当作文件来看待,只要安装它们的驱动程序,任何用户就可以像使用文件一样,操纵、使用这些设备,而不必知道它们的具体存在形式。另外,由于用户可以免费得到 Linux 的内核源码,因此可以修改内核源代码,以适应新增加的外部设备。

(6)丰富的完善的网络功能。Linux 在通信和网络功能方面优于其他操作系统,支持 Internet、文件传输和远程访问等。

(7)可靠的系统安全。Linux 采取了许多安全技术措施,包括对读、写进行权限控制、带保护的子系统、审计跟踪、核心授权等,这些措施为网络多用户环境中的用户提供了必要的安全保障。

(8)良好的可移植性。可移植性是指将操作系统从一个平台转移到另一个平台,并使它仍然能按其自身的方式运行的能力。Linux 一开始是基于 X86 机器设计的,现在也可以在 MIPS、ARM、PowerPC、Motorola 68K 等平台上运行,几乎覆盖了所有嵌入式系统的 CPU 种类,在硬件平台设计时,有更多的 CPU 种类可供选择。

(9)应用软件多。自由软件最大的特点就是数量多,授权几乎都是采用 GPL 方式,用户可以自由参考与使用,但是因为这些软件多半是由设计者利用空余时间开发的,不以赢利为目的,所以并不能担保这些软件完全没有问题。尽管如此,仍有许多优秀软件出现,例如人们熟知的 KDE 与 GNOME。

4.3.2　Linux 运行环境

Linux 的运行环境分为两个部分,即命令运行环境 Shell 和图形运行环境。

(1)对于命令运行环境 Shell,Linux 有很多的版本。Shell 也有多种不同的版本。

①Sh:GNU Bourne Shell。

②bash:GNU Bourne Again Shell,PC 默认。

③Korn Shell:大部分与 Bourne Shell 兼容。

④C Shell:是 SUN 公司 Shell 的 BSD 版本。

⑤Z Shell:集成了 bash、ksh 的重要特性。

虽然各版本的基本功能基本一致,但要注意,通常嵌入式 Linux 使用 shell 版本是 sh,而 PC Linux 使用的是 bash,而 bash 相比 sh 是扩展了一些功能,对 shell 脚本也有一些不同的约定,涉及 shell 编程或移植时要注意两者的区别。

(2)PC 上的 Linux 图形接口与嵌入式 Linux 有更大的区别,这部分在第 8 章做一些讨论。

4.3.3　shell 命令概述

shell 是 Linux 的用户接口,提供了用户与内核进行交互操作的命令解释,它接收用户输入的命令并把它送入内核去执行。

1. 常用命令

(1)关机命令 shutdown。

(2)广播命令 wall,发送通知信息。

(3)退出服务器或当前用户命令 exit。

(4)修改用户口令命令 passwd。

(5)查看当前用户命令 who。

(6)在终端显示字符串命令 echo。

(7)显示或设置日期或时间命令 date。

(8)清除当前屏幕显示内容命令 clear。

2. 文件与目录命令

(1)查看当前目录下的文件命令 ls。

(2)查看文件内容命令 cat。

(3)分页查看文件内容命令 more。

(4)改变工作目录命令 cd。

(5)复制文件命令 cp。

(6)移动或更改文件、目录名称命令 mv。

(7)建立新目录命令 mkdir。

(8)删除目录命令 rmdir。

（9）删除文件命令 rm。

（10）列出当前所在的目录位置命令 pwd。

（11）查看目录所占磁盘容量命令 du。

（12）文件权限的设定命令 chmod。例如：

chmod ［−R］ mode name

其中：

①−R 将指定目录及其子目录下面的所有文件。

②name 为文件名或目录名。

③mode：三个（文件拥有者用户 u、组 g 和其他用户 o）八进制数字或 r w x 的组合。

```
chmod 755 dir1、chmod u+x file2
chmod o−r file3、chmod a+x file4（所有用户）
```

（13）改变文件或目录的所有权命令 chown。

（14）检查自己所属的工作组名称命令 groups。

（15）改变文件或目录工作组所有权命令 chgrp。

（16）文件中字符串的查寻命令 grep。

（17）查寻文件或命令的路径命令 whereis。

（18）比较文件或目录的内容命令 diff。

（19）查看文件属性命令 file。

3. 帮助命令

（1）help 帮助。

（2）帮助命令 man。

（3）给出命令功能信息的命令 whatis。

4. 嵌入式系统常用命令（主机）

（1）mount 和 umount 命令。

```
# mount /dev/sda1 /mnt
# umount /mnt
# mount /dev/cdrom /mnt/cdrom（一般在主机上使用）
# umount /mnt/cdrom（一般在主机上使用）
```

（2）telnet 命令。

```
# telnet 192.168.0.1
```

（3）ftp 命令。

```
# ftp 192.168.0.80
```

（4）tftp 命令。

```
# tftp start（一般在主机上使用）
```

（5）ifconfig 命令。

```
# ifconfig eth0 192.168.0.230 netmask 255.255.255.0
```

（6）route 命令。

```
# route add default gw 192.168.0.1
# route del default
```

5. 其他命令

（1）压缩/解压缩命令 gzip。能解压以 . gz 为后缀的文件,格式如下:

```
gzip － d 文件名
```

（2）压缩/解压缩命令 tar。能解压 . tar、tgz 和 . tar. gz 为后缀的文件。

```
tar xzf Linux-2.4. x. tgz
tar czf Linux-2.4. x. tgz Linux-2.4. x
```

其中,x 为解压;c 为压缩。

4.3.4　Shell 编程

Shell 有自己的编程语言,允许用户编写由 shell 命令组成的程序,强大的 shell 是 Linux 的特点。

实际上,和 Unix 一样,Linux 期望用户能书写小的模块化的程序,并把它们作为构件去构建复杂的程序。

在 shell 程序中,程序相当于能被执行的命令,它们之间通过 I/O 重定向("＞"等)和管道("|")之类的方式传递参数。

通常在 shell 程序开始声明 shell 的类型,如#! /bin/sh。

（1）变量。

①用户变量。与所有的编程语言一样,shell 也允许把值存在变量中,shell 变量名以字母或下划线字符开始,由字母、数字或下划线组成,要把值存入变量,只要写出变量名,或紧跟一个"＝",再加变量值即可。例如:

variable＝value

　　count＝1

在程序中使用变量的值时,要在变量名前面加上一个符号"＄"。这个符号告诉 shell,要读取该变量的值。例如:

　　echo　＄variable

②环境变量。环境变量是一种特殊的变量。其特点如下:它们可以由其他程序传递给脚本;在脚本中被调用的任何程序都将继承环境变量。

可以像定义一个变量一样来设置环境变量,在标记它为环境变量时需要使用" export " 命令。应用示例:

```
$  export MYENV＝1
$  echo  $ MYENV
```

使用 set 命令可以获取当前上下文中全部的环境变量。

③位置变量。执行 Shell 脚本时可以使用参数。由出现命令行上的位置确定的参数称为位置参数。在 sh 中总共有 10 个位置参数,其对应的名称依次是 ＄0,＄1,＄2,…,＄9。

其中 $0 始终表示命令名或 Shell 脚本名,对于一个命令行,必然有命令名,也就必定有 $0;
而其他位置参数依据实际需求,可有可无。应用示例:编辑 ison 文件内容如下:

```
who | grep $1
```

执行:$ chmod +x ison
　　　　$./ison bc
shell 将用 bc 代替 $1,命令行变为
who | grep bc
位置变量涉及一个特殊的命令——shift 命令,其作用是把位置参数左移。
- 原来在 $2 中的内容赋给 $1,$3 中内容赋给 $2,以此类推。
- 原来 $1 中的值就丢失了。
- $#(参数变量的个数)也自动减 1。
编辑 shiftdemo 程序如下:

```
echo $# $ *
shift
echo $# $ *
shift
echo $# $ *
shift
echo $# $ *
```

执行:

```
chmod +x shiftdemo
./ shiftdemo a b c
```

④定义变量。$#变量用于存放命令行中所键入的参数个数,用 shell 程序测试这个变量,确定用户输入的参数个数是否正确。例如,编辑 args 文件内容如下:

```
echo $# arguments passed
echo arg 1 = : $1 arg 2 = : $2 arg 3 = : $3
```

执行:

```
$    args   a   b   c
$    args   a   b
$    args
```

从这个例子可以看到,shell 程序将命令行的参数个数传递给了 $#变量。
　　$ * 变量可以引用传递给程序的所有参数,经常应用在参数不确定或者参数数目可变的程序中。例如,编辑 args2 文件内容如下:

```
echo    $#   arguments   passed
echo    they   are   $ *
```

执行:

```
$  chmod +x args2
$  arg2 a b c
$  arg2 a b
$  arg2
```

$@ 变量和 $ * 变量的功能基本相同。例如,改写 args2 程序如下:

```
echo  $ # arguments passed
echo they are  $ @
```

$? 变量:每当程序执行完成后都会给系统返回一个退出状态。该状态是个数值,通常指示该命令运行是否成功。退出状态为 0 表示运行成功,非零表示运行失败。shell 自动将最后所执行命令的退出状态设置到 shell 变量 $? 中,可以用 echo 命令在终端上显示它的值。例如:

```
$  who | grep bc
$  echo $ ?
$  who | grep 123
$  echo $ ?
```

(2)特殊字符。

①通配符。通配符通常有三种:"*",它匹配任意字符的 0 次或多次出现,应注意文件名前面的圆点(.)和路径名中的斜线(/)必须显式匹配;"?",它匹配任意一个字符;"[ ]",其中有一个字符组,其作用是匹配该字符组所限定的任意一个字符。

注意:字符"*"和"?"在一对方括号外面是通配符,若出现在其内部,它们就失去通配符的能力了。若"!"紧跟在一对方括号的左方括号"["之后,则表示不在一对方括号中所列出的字符。

②引号。

双引号"":由双引号括起来的字符,除 $、倒引号和反斜线(\)仍保留其功能外,其余字符通常作为普通字符对待。

单引号'':由单引号括起来的字符都作为普通字符出现。

倒引号`:反引号用于设置系统命令的输出到变量。shell 能将反引号中的内容作为一个系统命令并执行。

③反斜线。转义字符,若想在字符串中使用反斜线本身,则必须采用(\\)的形式,其中第一个反斜线作为转义字符,而把第二个反斜线变为普通字符。

(3)表达式。逻辑运算包括与(&&)、或(||)、非(!),非需要有空格。

expr 命令:一般用于整数值,但也可用于字符串。一般格式为:

```
expr argument operator argument
```

其中,operator 为算术运算符+、-、*、/、%,但对 * 的使用要用转义符\。

例如,判断输出结果:

```
v1 = 3
v2 = 2
v3 = `expr $ v1 \ *  $ v2`
echo $ v3
```

结果输出 6。

例如,思考下列输出结果:

#适用于/bin/bash,不适用于/bin/sh。

```
v1 = 3
v2 = 2
v3 = $ [ v1 * v2 ]
echo $ v3
```

(4)条件判断。条件判断语句是几乎所有编程语言中都有的语句,shell 中有两种条件判断语句:

①if 表达式一般结构。

```
if command1
then
…
elif command2
then
…
else
…
fi
```

if…then…else 表达式中的 else 和 elif 是可选部分。elif 是 else if 的缩写,在 if…then…else 表达式中这样的 else if 语句可以有多个。fi 表示 if…then…else 表达式的结束。command1 和 command2 需要执行并检测其退出状态,如果退出状态为 0,则执行其后的语句。

Bash 支持此类表达式的多层嵌套。

②test 命令。shell 有一条内部命令 test,经常用来在 if 命令中测试一种或几种条件,其一般格式为:

```
test expression
```

其中 expression 表示要测试的条件。test 计算 expression,若结果为真,则返回的退出状态为 0,若结果为假,则返回的退出状态就不为零。例如:

```
$ name = bc
$ test " $ name" = bc
$ echo $ ?
```

注意:test 把所有操作数($ name 和 bc)和操作符作为单独的参数分别对待,也就是说,它们之间至少要有一个空白字符分隔。

test 命令还有另一种格式。shell 程序非常频繁地使用 test 命令,因此产生了另一种公

认的命令格式:

```
    [ expression ]
```

"["实际上就是命令的名字,同时要求在表达式中有一个配对的"] ",在"["之后和"] "之前都要有空格。例如:

```
$ name=bc
$ [ " $ name" = bc ]
$ echo $ ?
```

test 命令还有一类进行整数比较的操作符,见表4.1。

表4.1 test 命令的整数比较

操作符	返回真的条件
int1 – eq int2	int1 等于 int2
int1 – ge int2	int1 大于或等于 int2
int1 – gt int2	int1 大于 int2
int1 – le int2	int1 小于或等于 int2
int1 – lt int2	int1 小于 int2
int1 – ne int2	int1 不等于 int2

例如,操作符"-eq"检测两个整数是否相等,如果有一个变量 count,要想知道其值是否为0,则可以写成:[" $ count" – eq 0]。

test 命令用于字串测试的操作符见表4.2。

表4.2 test 命令用于字串测试的操作符

操作符	返回真的条件
=	等于则为真
! =	不相等则为真
–z	字串长度为0,则为真
–n	字串长度不为0,则为真

例如,[–z " $ 1"],检查第一个参数的长度是否为零。

test 命令提供了一类问询文件状态的一元操作符,见表4.3。

表4.3 问询文件状态的一元操作符

操作符	返回真的条件
–d file	file 为目录
–e file	file 存在
–f file	file 为普通文件
–r file	file 为进程可读文件
–s file	file 长度不为0
–w file	file 为进程可写文件
–x file	file 可执行
–L file	file 为符号链接

例如：［ –f /etc/fstab］，检测 fstab 文件是否存在且是否为普通文件。

③if 结构应用示例。使用 if…then…else 结构编写一个判断命令行所输入参数大小的程序，将所输入数值存放在位置参数 ＄1 中，若 ＄1>100，则输出：

the number is greater than 100

若 ＄1<10，则输出：

the number is smaller than 10

否则输出：

the number is between　　10 and 100

编辑 ifdemo 程序如下：

```
if [  " $1" –gt 100  ]
then
    echo " the number is greater than 100. "
elif [  " $1" –lt 10  ]
then
    echo " the number is smaller than 10. "
else
    echo " the number is between 10 and 100. "
fi
```

输入数据可测试程序功能：

```
$  chmod +x ifdemo
$  ./ifdemo 100
```

④case 表达式。case 表达式类似于 C 语言中的 case 语句和 switch 语句，即从几种情况中选择一种执行。一般结构如下：

```
case string in
    string1 )
                    …;;
    string2 )
                    …;;
    * )
                    …;;
esac
```

关键字是 case、in、双分号（;;）和 esac。字符串 string 首先与 string1 和 string2 比较，如果匹配就执行它们下面的语句直到双分号结束。如果字符串 string 与列出的字符串都不匹配，则执行 * ）下面的语句。例如，编写一个实现中英文数字转换的程序，具体程序如下：

```
if  [ " $ #" -ne 1 ]
then
        echo "usage: ./casedemo number"
        exit 1
fi
case " $ 1"  in
        0) echo zero;;
        1) echo one;;
        2) echo two;;
        ……
        8) echo eight;;
        9) echo nine;;
    esac
```

（5）循环。shell 中提供了可供灵活处理循环的语句,这些循环可以重复执行一组命令,既可以是事先指定的次数,也可以是直到某种条件满足为止。shell 中有三个内部循环命令:

①for 命令。for 命令用来将一组命令循环执行预先确定的次数,基本格式如下:

```
for var in word1 word2 … wordn
    do
        command
    done
    for i in 1 2 3
        do
        echo $ i
    done
```

可以看到终端上依次输出 1、2、3。

for 命令也可以不带列表,写成以下形式:

```
for var
    do
    command
done
```

shell 也能认出这种少了 in 的特殊格式,shell 会自动将命令行键入的所有参数依次组织成列表。例如,编辑 fordemo 文件内容如下:

```
echo Number of arguments passed is  $ #
for    arg
     do
     echo  $ arg
   done
```

执行：

```
$  chmod   +x   fordemo
$  ./fordemo   a   b   c
```

②while 命令。第二种循环命令是 while,其格式如下：

```
while command1
    do
         command
    done
```

先执行 command1,并检测其退出状态是否为 0,如果为 0,则执行 do 与 done 之间的命令,再次检测直到 command1 退出状态不为 0;如果第一次执行 command1 时退出状态就不为 0,那么 do 和 done 之间的命令根本不执行,while 循环通常跟 shift 命令结合使用,以处理命令行中键入的参数个数可变的情况。例如,whiledemo 程序如下：

```
while [ "  $ #" −ne 0 ]
    do
    echo "  $ 1"
            shift
    done
```

执行：

```
$  chmod +x whiledemo
$  ./whiledemo a b c
```

shift 命令使位置变量向下移($ 2 到 $ 1, $ 3 到 $ 2),并且 $ #递减。

shell 同样支持 break 命令与 continue 命令,break 命令和 continue 命令与 C 语言中相应命令的功能相同,break 命令只退出循环而不退出程序;continue 命令则不退出循环,只跳过循环体后面的命令,而后循环像正常情况一样继续执行。

③until 命令。与 while 循环相反,until 循环将反复执行直到条件为真就结束循环,许多 shell 版本不支持,虽然 BASH 支持,但很多程序员不喜欢用。其格式为：

```
until
      code A
  do
  code B
  done
```

until 的条件判断以 code A 的最后一条语句返回值为准,例如：

```
#bin/bash
i = 1
s = 0
untill (i < = 30)
do
    s = (s+i)
    i = i+1
done
echo "The result is $ s"
```

(6)函数的定义和调用。和"真正的"编程语言一样,shell 也有函数,虽然在某些实现方面稍有些限制。其格式定义如下:

```
funcname ( )
{
    command
    ...
    command
}
```

函数被调用或被触发,只需要简单地用函数名调用。例如,shell 脚本文件内容如下:

```
#! /bin/bash
fun ( )
{
    if [ -z " $ 1" ] #第一个参数是否长度为零?
    then
        echo " -Parameter #1 is zero length. -"
      #没有参数传递进来
    else
        echo " -Param #1 is \" $ 1\". -"
    fi
}
fun
fun "hello"
```

4.4　嵌入式 Linux 开发环境的实际创建

4.4.1　交叉编译环境

交叉编译的实现依赖于主机上的 GNU 编译工具链,编译工具链的运行环境是 Linux,有两种方法可以在 PC 上得到编译工具链需要的 Linux 环境。一种方法是在 PC 上直接安装 Linux 操作系统,这时一般会和 Windows 形成双系统;另一种方法是在 PC 的 Windows 环境中安装模拟 Linux 环境的软件,如 VMWare、Cygwin,形成 Linux 虚拟机。

Linux 通过交叉编译实现了真正的跨平台,除了少数基于本机硬件的代码重新编译以后,都可以在目标机上直接运行。

4.4.2　创建交叉编译工具

编译工具链一般不需要程序员自己编写,可以从网络上下载到基于各种不同 CPU 的工具链。如果下载工具链的源代码,则需要自己进行编译,以便生成工具链的目标代码。创建交叉编译工具的一般步骤如下。

(1)第一步:下载源文件。例如:

```
binutils-2.10.1
gcc-2.95.3
glibc-2.2.3
glibc-Linuxthreads-2.2.3
```

(2)第二步:建立工作目录,设置环境变量,安装 Linux 头文件。

(3)第三步:建立二进制工具(Binutils)。

binutils 包中的工具常用来操作二进制目标文件。该包中最重要的两个工具就是 GNU 汇编器 as 和链接器 ld。

(4)第四步:创建初始编译器(bootstrap gcc)。

创建交叉编译版本的 gcc,需要交叉编译版本的 glibc,而交叉编译版本的 glibc 是通过交叉编译版本的 gcc 创建的。面对这个先有鸡还是先有蛋的问题,解决的办法是先只编译对 C 语言的支持,并禁止支持线程。

(5)第五步:第一次创建 C 库(glibc)。

这一步编译好的 glibc 还不能用,它只是第二次编译所需要的工具。后面的编译工作都需要连接到这个库上。

(6)第六步:建立全套编译器(full gcc)。

有了交叉编译版本的 glibc,就可以创建完整版本的 gcc 了。

(7)第七步:第二次创建 C 库。

重新编译 glibc,并把 glibc 安装到特定的工作目录中。

4.4.3　安装编译工具链

一般情况下只需要下载工具链的二进制软件包,在 PC 上直接释放使用。例如,使用命令释放出基于 S3C2410 的 MIZI Linux 工具链:

```
tar xvzf arm-Linux-toolchains.tgz
```

这样工具链被安装在/usr/local/arm/2.95.3 下了。

可以修改/etc/profile,如图 4.5 所示,将 arm-Linux 工具链目录加入到环境变量 PATH 中,这样就可以直接使用 arm-Linux-gcc 了。

图 4.5　将 arm-Linux 工具链目录加入到环境变量 PATH 中

为了和 PC 本机的 gcc 区别开来,前面加了 arm-Linux-。移植软件时,通常需要更改该软件的 Makefile 文件:

①gcc 指定为 arm-Linux-gcc。

②g++指定为 arm-Linux-g++。

③as 指定为 arm-Linux-as。

④ld 指定为 arm-Linux-ld。

这样编译出来的才是目标平台上的程序。

4.3.4　使用编译工具连

编译工具链可编译 Linux 内核、Linux 驱动程序和 Linux 应用程序,下面以应用程序为例。

(1)第一步:编辑源代码。

例如,在 PC 上编辑并保存为 hello. c。

```
#include <stdio. h>
int main( void)
{
printf("Hello, world! \n");
return 0;
}
```

(2)第二步:编译 hello。

使用以下命令编译:

```
# arm-Linux-gcc - o hello hello. c
```

将生成 hello 可执行文件。

(3)第三步:下载并运行。

下载可执行文件到目标板上可以有多种方式,如通过优盘、通过网络(包括 nfs、ftp 等)

方式。

```
# chmod a+x hello;改变 hello 的可执行权限
# ./hello;执行 hello
```

若工具链安装成功,在目标机终端(通过串口或 telnet 进入)应显示"hello,world!"。

4.3.5　NFS

NFS 是可以通过网络共享的文件系统,在调试阶段可以使用 NFS 方式,把生成的目标机可执行文件放在主机上,在目标机上执行。若支持 NFS,则需要:

(1)在主机端要进行设定。

```
# service nfs start
```

(2)编辑/etc/exports,加入。

```
/home/nfs 192.168.0.100 (rw)
```

(3)在目标端,内核需进行配置。

①Networking options→(默认)。

②Networking device support→(默认)。

③选中 File system → Networking File system → NFS file system support。

第5章　嵌入式操作系统移植

使某个平台的代码运行在其他平台上的过程称为移植,移植的容易程度即可移植性,嵌入式操作系统可以通过移植运行在 ARM、PowerPC、M68K 等多种平台上,软件的移植分为以下三种:

(1)从一个硬件平台移植到另一个硬件平台。

(2)从一个操作系统移植到另一个操作系统。

(3)从一种软件库环境移植到另一个软件库环境。

本章所说的嵌入式操作系统移植指的是第一种情况,嵌入式计算机硬件平台不是一成不变的,这种移植不可避免,同时,嵌入式操作系统在设计上一般都把与硬件平台相关的部分独立出来,有良好的可移植性,从而大大降低了移植的难度和工作量。

5.1　硬件平台对移植的影响

硬件平台通常可分为两个部分,即处理器平台和外设平台。处理器平台基于处理器的基本特性,外设平台针对的则是外设接口。在操作系统中这两个部分是分开的,处理器平台的支持作为操作系统内核的基础部分,是不可裁剪的;外设平台的支持在操作系统中则以驱动程序的形式存在,是可裁剪的部分。

值得注意的是,处理器平台和外设平台的分类并不是针对具体的处理器和外设接口的,这是一种逻辑分类。一个嵌入式处理器,内部可能拥有很多外设接口,但并不是这些外设接口就属于处理器平台了,而是仍然属于外设平台。

处理器平台影响操作系统移植的主要因素如下:

1. 处理器字长

处理器字长是指处理器一次能处理的数据位数,等于处理器内部数据通路的宽度,一般可以通过通用寄存器的宽度来判断。

处理器字长会影响 int、long 等 C 类型的长度,所以在操作系统的 C 代码中需要使用确定大小的数据类型,可以使用显式长度的类型。例如:

u8,s8,u16,s16,u32,s32,u64,s64

2. 数据对齐

数据对齐是指数据块的地址是某个特定大小的整数倍。例如:

(1)32 位处理器字对齐地址 n * 4。

(2)页对齐 n * PAGESIZE。

(3)Cache line 对齐 n * CLINESIZE。

数据访问要求至少是字对齐,多数情况下编译器会处理代码中数据访问的对齐。下例则可能产生数据访问的不对齐:

```
char a[10];
unsigned long * pl = (unsigned long *)(a+1);
```

3. 字节顺序

字节顺序(Byte Order)是指一个字中字节排列的顺序,不同硬件可能采用不同的字节次序,如 X86 处理器采用小端模式(Little-endian),而 PowerPC 处理器则采用大端模式(Big-endian)。

Linux 内核将硬件的 Byte Order 放在<asm/byteorder.h> 里面定义,可定义为__BIG_ENDIAN 或__LITTLE_ENDIAN。

在 include/Linux/byteorder /里有几个头文件,定义了大端模式和小端模式之间转换的函数:

```
u32 __cpu_to_be32(u32); /* convert cpu's byte order to big endian */
u32 __cpu_to_le32(u32); /* convert cpu's byte order to little endian */
u32 __be32_to_cpu(u32); /* convert big-endian to cpu's byte order */
u32 __le32_to_cpus(u32); /* convert little-endian to cpu's byte order */
```

4. 时间

不同的处理器其处理速度不同,软件中与时间相关的代码也会影响移植,采用平台无关的时间表达方法可以提高代码的可移植性。

Linux 内核里面采用 HZ 来表示每秒钟有多少个内部时钟滴答。以下对时间的描述是平台无关的:

```
HZ /* one second */
(2 * HZ) /* two seconds */
(HZ/2) /* half a second */
(HZ/100) /* 10 ms */
(2 * HZ/100) /* 20 ms */
```

5. 内存页面大小

全功能的操作系统通常都要求使用虚拟内存机制来管理内存,而内存的使用是基于页面的,不同的体系结构有不同的页面大小,常用的 32 位处理器使用 4 KB 页面大小,而部分体系结构则可以支持多种页面大小。

Linux 内核在<asm/page.h>里面定义 PAGE_SIZE、PAGE_SHIFT:

①PAGE_SIZE 表示页面大小。

②PAGE_SHIFT 表示页内地址位数。

③PAGE_SIZE = $2^{\text{PAGE\_SHIFT}}$。

有了处理器平台的支持,操作系统就有了运行在该处理器上的基础,但并不意味着操作系统就可以运行了,操作系统执行需要从它的存储载体(硬盘、ROM 或 Flash 等)载入到内存才能运行,所以至少还需要这两个存储硬件的相关支持。

这一步移植完成后,操作系统就能够在处理器平台上运行了,但这种移植还是不完整的,因为外设平台还没有移植,所有基于外设的软件都不能运行。

外设平台的移植就是驱动程序的移植,由于外设接口比较标准,很多时候,已有的外设驱动程序往往只需要很少的改动甚至并不需要修改;另外一些时候,对于嵌入式系统,个性化的硬件,又很可能需要编写一个全新的外设驱动程序。

5.2　Linux 操作系统内核结构

本章的操作系统移植仍然以 Linux 操作系统为例,在讨论 Linux 操作系统移植之前,本节先给出 Linux 操作系统的内核结构。

5.2.1　Linux 内核代码分布

Linux 内核主要由五个子系统组成,即进程调度、内存管理、虚拟文件系统、网络接口和进程间通信,一般在 Linux 系统中的/usr/src/Linux-＊.＊.＊目录下就是内核源代码,Linux 内核非常庞大,包括驱动程序在内有数百兆之多。图 5.1 所示为 Linux 内核源代码目录结构。

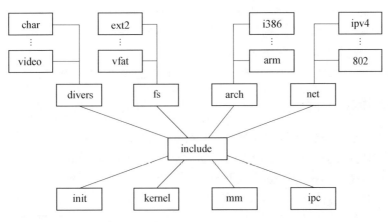

图 5.1　Linux 内核源代码目录结构

图 5.2 是一个实际的内核源码的目录结构。

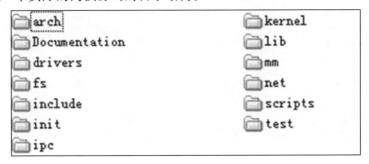

图 5.2　内核源码的目录结构

5.2.2　arch 目录

Linux 系统能支持如此多的平台的部分原因是内核把源程序代码清晰地划分为体系结构无关部分和体系结构相关部分。

arch 目录包含体系结构相关部分的内核代码,其中每种都代表一种硬件平台,如对于 X86 平台就是 i386,还有 alpha、arm 等,如图 5.3 所示。移植的重点就是 arch 目录下的文件。

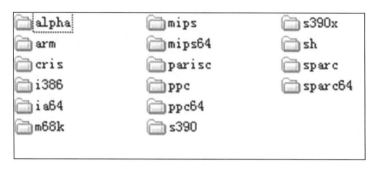

图 5.3　arch 目录结构

对于任何平台子目录,都必须包含以下子目录:

(1)boot:包含启动内核所使用的部分或全部平台特有代码。

(2)kernel:存放支持体系结构特有的(如信号处理和 SMP)特征的实现(核心代码)。

(3)lib:存放高速的体系结构特有的(如 strlen 和 memcpy)通用函数的实现。

(4)mm:存放体系结构特有的内存管理程序的实现。

(5)math-emu:模拟 FPU 的代码。对于 arm 处理器来说,此目录用 mach-xxx 代替。

5.2.3　drivers 目录

如图 5.4 所示,系统中所有的设备驱动都位于此目录中。它又进一步划分成几类设备驱动,每种也有对应的子目录,如声卡的驱动对应于 drivers/sound。

这个目录占整个内核发行版本代码的一半以上,非常庞大。有些驱动程序是和硬件平台无关,而有些是相关的。

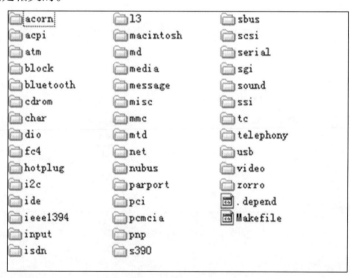

图 5.4　drivers 目录结构

1. Drivers/char

字符设备是 drivers 目录中最为常用,也是最为重要的目录,因为其中包含大量与驱动程序无关的代码。通用的 tty 层在这里实现:console.c 定义了 Linux 终端类型;vt.c 中定义了虚拟控制台;lp.c 实现了一个通用的并口打印机的驱动,并保持设备无关性;kerboard.c

实现了高级键盘处理,它导出了 handle_scancode 函数,以便于其他与平台相关的键盘驱动使用。

2. Driver/block

Driver/block 用来存放所有的块设备驱动程序,也保存一些设备无关的代码。例如,nbd.c 实现了网络块设备,loop.c 实现了回环块设备。

3. Drives/ide

Drives/ide 用来专门存放针对 IDE 设备的驱动。

4. Drivers/scsi

Drivers/scsi 用来存放 SCSI 设备的驱动程序,当前的 cd 刻录机、扫描仪、U 盘等设备都依赖这个 SCSI 的通用设备。

5. Drivers/net

Drivers/net 用来存放网络接口适配器的驱动程序,还包括一些线路规程的实现,但不实现实际的通信协议,这部分在顶层目录的 net 中实现。

6. Drivers/video

Drivers/video 保存了所有的帧缓冲区视频设备的驱动程序,整个目录实现了一个单独的字符设备驱动。/dev/fb 设备的入口点在 fbmem.c 文件中,该文件注册主设备号并维护一个此设备的清单,其中记录了哪一个帧缓冲区设备负责哪个次设备号。

7. Drivers/media

Drivers/media 用来存放的代码主要是针对无线电和视频输入设备,比如目前流行的 usb 摄像头。

5.2.4　fs 目录

fs 目录下包括大量的文件系统的源代码,不同的文件系统有不同的子目录对应,如图 5.5 所示。其中在嵌入式开发中要使用的有 devfs、cramfs、ext2、jffs2、romfs、yaffs、vfat、nfs、proc 等,一般来说,文件系统与硬件平台无关。

文件系统是 Linux 中非常重要的子系统,这里实现了许多重要的系统调用;用于文件访问的系统调用在 open.c、read_write.c 等文件中定义;select.c 实现了 select 和 poll 系统调用;pipe.c 和 fifo.c 实现了管道和命名管道;mkdir、rmdir、rename、link、symlink、mknod 等系统调用在 namei.c 中实现。

文件系统的挂装、卸载以及用于临时根文件系统的 initrd 在 super.c 中实现。Devices.c 中实现了字符设备和块设备驱动程序的注册函数;file.c、inode.c 实现了管理文件和索引节点内部数据结构的组织;ioctl.c 实现了 ioctl 系统调用。

adfs	intermezzo	ramfs	binfmt_script	iobuf
affs	isofs	reiserfs	block_dev	ioctl
autofs	jbd	romfs	buffer	locks
autofs4	jffs	smbfs	ChangeLog	Makefile
bfs	jffs2	sysv	char_dev	namei
coda	lockd	udf	Config.in	namespace
cramfs	minix	ufs	dcache	noquot
devfs	msdos	umsdos	devices	open
devpts	ncpfs	vfat	dnotify	pipe
efs	nfs	yaffs	dquot	read_write
ext2	nfsd	.depend	exec	readdir
ext3	nls	attr	fcntl	select
fat	ntfs	bad_inode	fifo	seq_file
freevxfs	openpromfs	binfmt_aout	file	stat
hfs	partitions	binfmt_elf	file_table	super
hpfs	proc	binfmt_em86	filesystems	
inflate_fs	qnx4	binfmt_misc	inode	

图 5.5　fs 目录结构

5.2.5　include 目录

include 目录包括编译内核所需要的大多数头文件,如图 5.6 所示。不同的平台需要的头文件会有所不同,对于每种支持的体系结构分别有一个子目录,如 asm-arm。

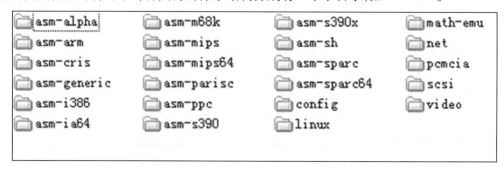

asm-alpha	asm-m68k	asm-s390x	math-emu
asm-arm	asm-mips	asm-sh	net
asm-cris	asm-mips64	asm-sparc	pcmcia
asm-generic	asm-parisc	asm-sparc64	scsi
asm-i386	asm-ppc	config	video
asm-ia64	asm-s390	linux	

图 5.6　include 目录结构

5.2.6　kernel 目录

kernel 目录下是主要核心代码,同时与处理器结构相关代码都放在 arch/ * /kernel 目录下。

kernel 目录下存放的是除网络、文件系统、内存管理之外的所有其他基础设施,如图 5.7 所示。从图中文件列表可以看出,其中至少包括进程调度 sched.c、进程建立 fork.c、定时器的管理 timer.c、中断处理、信号处理等。

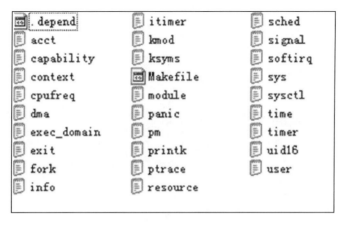

图 5.7　kernel 目录结构

5.2.7　lib 目录

lib 目录包含核心的库代码,如图 5.8 所示。与处理器结构相关库代码被放在 arch/＊/ lib/目录下,包含与平台无关的通用函数。

这个目录包括一些通用支持函数,类似于标准 C 的库函数。其中包括最重要的 vsprintf 函数的实现,它是 printk 和 sprintf 函数的核心。还有将字符串转换为长整形数的 simple_atol 函数。

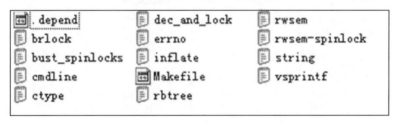

图 5.8　lib 目录结构

5.2.8　mm 目录

mm 目录包含所有的内存管理代码。与具体硬件体系结构相关的内存管理代码位于 arch/＊/mm 目录下,如对应于 X86 的就是 arch/i386/mm。

mm 目录包括所有与内存管理相关的数据结构,如图 5.9 所示,其中在驱动中需要使用 的 kmalloc 和 kfree 函数在 slab.c 中实现,mmap 定义在 mmap.c 中的 do_mmap_pgoff 函数。

将文件映射到内存的实现在 filemap.c 中,mprotect 在 mprotect.c 中实现,remap 在 re- map.c 中实现;vmscan.c 中实现了 kswapd 内核线程,它用于释放未使用和老化的页面到交 换空间,这个文件对系统的性能起着关键的影响。

图 5.9　mm 目录结构

5.2.9　net 目录

net 目录含有内核的网络部分代码。里面的每个子目录对应于网络的一个方面。这个目录包含套接字抽象和网络协议的实现,如图 5.10 所示,每种协议都建立了一个目录,共有 26 个目录,但是其中的 core、bridge、ethernet、sunrpc、khttpd 不是网络协议。我们使用最多的是 IPv4、IPv6、802、IPx 等。IPv4、IPv6 是 IP 协议的第 4 版本和第 6 版本。

core 目录实现了通用的网络功能:设备处理、防火墙、组播、别名等;ethernet 和 bridge 实现特定的底层功能;以太网相关的辅助函数以及网桥功能;Sunrpc 中提供了支持 NFS 服务器的函数。

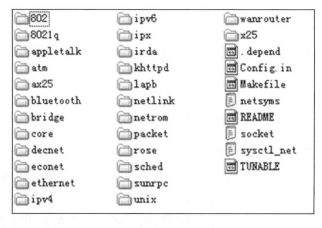

图 5.10　net 目录结构

5.2.10　scripts 目录

scripts 目录包含用于配置内核的脚本文件,在配置内核时用到,如图 5.11 所示。

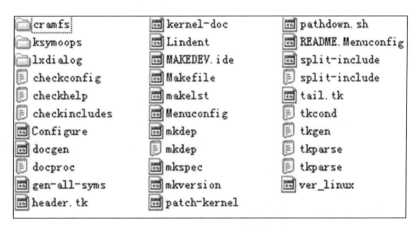

图 5.11　scripts 目录结构

5.2.11　documentation 目录

documentation 目录存放着内核的所有开发文档,起参考作用,如图 5.12 所示。其中的文件会随版本的演变而发生变化,通过阅读可获得内核最新的开发资料。

arm	cachetlb	logo	serial-console
cdrom	cciss	LVM-HOWTO	sgi-visws
cris	Changes	magic-number	smart-config
DocBook	CodingStyle	mandatory	smp
fb	computone	mca	smp.tex
filesystems	Configure.help	md	sonypi
i2c	cpqarray	memory	specialix
i386	devices	mkdev.cciss	spinlocks
ia64	digiboard	mkdev.ida	stallion
input	digiepca	modules	SubmittingDrivers
isdn	DMA-mapping	moxa-smartio	SubmittingPatches
kbuild	dnotify	mtrr	svga
l3	exception	nbd	sx
m68k	floppy	nfsroot	sysrq
mips	ftape	nmi_watchdog	unicode
networking	hayes-esp	oops-tracing	VGA-softcursor
parisc	highuid	paride	watchdog
power	i810_rng	parport	xterm-linux
powerpc	ide	parport-lowlevel	zorro
s390	initrd	pci	
serial	ioctl-number	pcwd-watchdog	
sound	IO-mapping	pm	
sparc	IRQ-affinity	ramdisk	
sysctl	isapnp	README.DAC960	
telephony	java	README.moxa	
usb	kernel-doc-nano-HOWTO	README.nsp_cs.eng	
video4linux	kernel-docs	riscom8	
vm	kernel-parameters	rtc	
00-INDEX	kmod	SAK	
binfmt_misc	locks	scsi	
BUG-HUNTING	logo	scsi-generic	

图 5.12　documentation 目录结构

除此之外,还有一些目录:

(1)modules 目录包含已建好可动态加载的模块。

（2）init 目录包含核心启动代码,有 main. c 和 version. c 两个文件,这是研究内核如何工作得好的起点。

（3）ipc 目录包含核心的进程间通信代码。

5.3 　Linux **移植概述**

如果将 Linux 的相关移植全部考虑进去,包括内核移植,实际可以分为三类不同的移植:

1. 工具链移植

（1）二进制工具 binutils（assembler、linker…）移植。

（2）编译器 gcc（compiler、libgcc）移植。

（3）库函数 glibc/uclibc 移植。

2. 内核移植

（1）处理器平台（体系结构的实现）。

（2）驱动程序移植。

3. 应用程序移植

（1）C 语言程序的重新编译。

（2）缺少的库的实现。

5.3.1 　处理器平台相关代码

Linux 内核对多处理器平台有很好的支持,内核的对外部接口是统一的,并且与处理器平台无关,内核的大多数代码也是与处理器平台无关的,主要的体系结构相关代码存在于:

①arch/architecture。

②include/asm-architecture。

在 Linux 内核里,每个处理器指令集对应一个独立的体系结构 architecture,如 alpha、arm、i386、mips、ppc。

arm 体系的平台相关代码主要是:

①arch/arm。

②include/asm-arm。

每个体系结构还可以有若干变种 variant,或不同配置的硬件 machine,统称 sub-architecture。以 arm 体系结构举例:

①variants 包括 arm7tdmi、arm926ejs、strongarm 及 xscale。

②machine 包括 smdk2410、edb7312 及 omaph2。

5.3.2 　向内核中移植代码的限制

将已有代码向内核中移植有如下限制:

（1）内核中没有标准 C 库支持。

（2）内核中没有像用户程序那样的内存保护。

（3）内核中不便使用浮点操作。

（4）内核的堆栈是固定大小的，并且比较有限。

（5）编写内核代码需要编程者考虑并发带来的竞争与冒险，以及同步问题。

5.3.3 Linux 内核移植的基本过程

如前所述，Linux 内核代码可以分为平台相关部分和平台无关部分，绝大部分代码是平台无关的，可以被各种平台所共享，如调度算法、存储器管理、I/O 子系统和网络协议栈。

依赖于特定硬件的代码在 Linux 中采用条件编译的方式区分，如：

①ARCH = X86，即打开 X86 特有的代码。

②ARCH = arm，即打开 arm 特有的代码。

以一个移植好的 2.6 内核为例，进入 arch 目录，可以看到每个体系结构代码都有一个子目录，如图 5.13 所示。

```
zhoum@linux:~/work/build/arm-linux/s3c2410/ai2410/linux-2.6.13/arch> ls
alpha  cris   i386   m68k       parisc  s390  sparc     v850
arm    frv    ia64   m68knommu  ppc     sh    sparc64   x86_64
arm26  h8300  m32r   mips       ppc64   sh64  um        xtensa
zhoum@linux:~/work/build/arm-linux/s3c2410/ai2410/linux-2.6.13/arch>
```

图 5.13 arch 目录结构

再进入 arm 目录，在 arm 体系结构下可以看到很多 sub-arch 的子目录，如图 5.14 所示。

```
zhoum@linux:~/work/build/arm-linux/s3c2410/ai2410/linux-2.6.13/arch/arm> ls
boot            mach-aaec2000    mach-imx          mach-omap1        Makefile
common          mach-clps711x    mach-integrator   mach-pxa          mm
configs         mach-clps7500    mach-iop3xx       mach-rpc          nwfpe
Kconfig         mach-ebsa110     mach-ixp2000      mach-s3c2410      oprofile
Kconfig.debug   mach-epxa10db    mach-ixp4xx       mach-sa1100       plat-omap
kernel          mach-footbridge  mach-l7200        mach-shark        tools
lib             mach-h720x       mach-lh7a40x      mach-versatile    vfp
zhoum@linux:~/work/build/arm-linux/s3c2410/ai2410/linux-2.6.13/arch/arm>
```

图 5.14 arm/sub-arch 子目录结构

在 sub-arch 子目录下进入 mach-s3c2410，其中包括 S3C2410 要实现的硬件相关文件 mach-s3c2410.c、irq.c、clock.c、dma.c、gpio.c、pm.c、sleep.c、time.c 等。

进入 include/asm-arm/arch-s3c2410 目录，检查头文件，可以看到要实现的内容包括：

①Low-level IRQ helper macros。

②Debug output macros。

③Irq number definations。

④DMA definations。

⑤Memory mapping/translation。

⑥Reset operation。

⑦IDLE function。

对于 mach-smdk2410.c 文件内部，需要关注以下内容：

1. smdk2410_iodesc

smdk2410_iodesc 描述了所有保留的设备 I/O 地址，这个描述符是我们移植一个特定目标板非常重要的地方，在这个描述文件中还有如下定义：

①phys_ram：物理内存的开始地址。

②phys_io：I/O 空间的开始地址。

③io_pg_offst：I/O 对应的虚拟地址。

④boot_params：bootloader TAG 列表开始地址。

⑤map_io。

⑥init_irq。

⑦timer。

2. map_io

map_io 里面需要实现设备 I/O 的初始化，在这里要用到 smdk2410_iodesc 描述符。该描述符是一个数组，其中每项都描述了一个设备的 I/O 映射，还要进行时钟 pll 的设置，uart 的设置都可以在 map_io 中调用。

3. init_irq

在这个调用里，关于中断的初始化将会被完成，包括：

（1）清除中断 pending 寄存器。

（2）注册主要的中断处理程序。

（3）设置系统中的设备中断。

4. timer

timer 是一个 sys_timer 类型的结构，它包含以下成员：

（1）init：调用执行硬件相关的 timer 初始化。

（2）offset：调用返回自从上次 timer 中断以来经过的微秒数。

（3）resume：调用执行系统唤醒后的 timer 恢复操作，一般实现和 init 的初始化类似。

5.3.4 Linux 应用程序移植

在理想情况下，程序可以不做更改，或打一些补丁，然后编译程序按照目标环境要求编译即可，如 busybox、bash、和 sysv init 等，但依赖某些平台特性的应用程序移植难度很大，包括图形库或为速度进行优化的代码，如编解码器等。

软件编程语言的跨平台性直接影响软件的可移植性。此外还有其他因素，如软件协议/源代码的开放程度。

应用程序移植常见问题包括：

（1）依赖软件造成移植性问题，如 C 库版本问题、图形库带来的问题和软件依赖某些服务带来的问题。

（2）网络应用在 Iittle-endian 平台上的处理，而网络传递数据可能是 big-endian 的。

（3）软件依赖特定平台的特性。

（4）平台的数据一致性模型差异。

5.4　Linux 内核向 S3C2410 的移植

Linux 内核代码中包括对很多处理器的支持，如果能在其中找到想要移植的处理器平台，那么移植过程更多的工作其实是内核编译配置选项的改变，但如果内核代码尚未提供针对处理器平台的支持，移植过程就要复杂很多，需要做一定量的编码。

针对 S3C2410 支持，Linux 的两个版本分别处于上面的两种不同情况，即 Linux 2.4 内核没有包含对 S3C2410 的支持,故移植较为复杂,而 Linux 2.6 内核已包含对 S3C2410 的支持,移植的工作量非常小。

虽然 Linux 2.4 版本目前已不常见,但从内核移植的角度看,其移植方法属于单独的一类,故在下面 2.4 和 2.6 版本的内核移植均给出了示范性的实例,需要注意的是,给出的移植方法并不是唯一的。

5.4.1　Linux 2.4 内核的移植

假定内核代码放在/usr/src/Linux-2.4.18 下,设置环境变量 $KERNELCODE=/usr/src/Linux-2.4.18。

1. 根目录

根目录下的 Makefile 的主要任务是产生内核镜像文件和内核模块,它能递归地进入内核各子目录调用相应的 Makefile 文件。移植时需要在 Makefile 中指定相应的目标平台和编译器。

```
ARCH := $(shell uname -m | sed -e s/i.86/i386/ -e s/sun4u/sparc64/ -e s/arm.*/arm/ -e
s/sa110/arm/)
改为 ARCH := arm

CROSS_COMPILE=
改为 CROSS_COMPILE= arm-Linux-
```

2. arch 目录

在 arch/arm 目录中做以下更改:这个目录的 Makefile 文件将生成系统启动代码,必须添加对 S3C2410 的支持。

```
ifeq ($(CONFIG_ARCH_S3C2410),y)
    TEXTADDR = 0xC0008000
    MACHINE = S3C2410
endif
```

TEXTADDR 决定内核起始运行地址(虚拟地址,内核按这个地址进行链接)。

3. config. in

配置文件 config. in 决定 Make menuconfig 菜单,需要添加支持 S3C2410 的子选项:

```
if [ "$CONFIG_ARCH_S3C2410" = "y" ]; then
comment 'S3C2410 Implementation'
dep_bool 'SMDK (MERI TECH BOARD)' CONFIG_S3C2410_SMDK $CONFIG_ARCH_S3C2410
fi
```

还需要加入:

```
"$CONFIG_ARCH_S3C2410" = "y" -o
```

其他情况类似,也需要用类似方式添加。

4. arch/arm/boot 目录

编译好的内核放在这里,Makefile 中要加入:

```
    ifeq ( $ ( CONFIG_ARCH_S3C2410) ,y)
        ZTEXTADDR = 0x30008000
        ZRELADDR = 0x30008000
    endif
```

ZTEXTADDR 是自解压代码(BootLoader)的起始地址,调用解压缩器代码时,通常关闭 MMU,因此可以直接使用物理地址。ZRELADDR 是内核解压后代码输出的起始地址,是内核最终的执行地址。

compressed/Makefile 加入:

```
    ifeq ( $ ( CONFIG_ARCH_S3C2410) ,y)
        OBJS+= head-S3C2410. o
    endif
```

其目的是从 vmLinux 中创建 zImage,要使用父目录 Makefile 中的 ZTEXTADDR、ZRE-LADDR 和 ZBSSADDR。加入的 head-S3C2410. S 主要用来初始化处理器。

```
    #include <Linux/config. h>
    #include <Linux/linkage. h>
    #include <asm/mach-types. h>
    . section". start" , #alloc, #execinstr
    __S3C2410_start:
    bicr2, pc, #0x1f              @ 清除 PC 中的相关位,存放在 r2 中
    add r3, r2, #0x4000           @ r3←r2+0x4000(16KB)
    1:ldr   r0, [r2], #32         @ r0←r2,r2←r2+32
    teq r2, r3                    @ 比较两个寄存器的内容
    bne 1b
    mcr p15, 0, r0, c7, c10, 4
    mcr p15, 0, r0, c7, c7, 0     @ 刷新 I & D caches
```

```
    #if 0
    @ 禁用 MMU 和 caches
    mrc p15, 0, r0, c1, c0, 0     @ 读控制寄存器
    bicr0, r0, #0x05              @ 禁用 D cache 和 MMU
    bic r0, r0, #1000             @ 禁用 I cache
    mcr p15, 0, r0, c1, c0, 0     @ 使前面的设置生效
#endif
    mov r0, #0x00200000
1:subs r0, r0, #1
    bne 1b                        @ 暂停一段时间,等待主机启动终端
```

注意:ARM 的 D Cache 必须和 MMU 一起打开,I Cache 则可单独打开。

5. arch/arm/def-configs 目录

这里定义了一些配置文件。如 smdk2410 配置了对 S3C2410 的一些支持:

```
CONFIG_ARCH_S3C2410 = y
CONFIG_S3C2410_SMDK = y
CONFIG_S3C2410_USB = m
CONFIG_S3C2410_USB_CHAR = m
CONFIG_S3C2410_IR = m
CONFIG_SERIAL_S3C2410 = y
CONFIG_SERIAL_S3C2410_CONSOLE = y
CONFIG_S3C2410_TOUCHSCREEN = y
CONFIG_S3C2410_GPIO_BUTTONS = m
CONFIG_S3C2410_RTC = y
CONFIG_FB_S3C2410 = y
```

6. arch/arm/kernel 目录

arch/arm/kernel 目录下是与硬件平台相关的内核代码,包括 Makefile、debugarmv. S、entry-armv. S 及 setup. c。

(1)在 Makefile 中增加 S3C2410 支持:

```
no-irq-arch: =
    $(CONFIG_ARCH_INTEGRATOR)  $(CONFIG_ARCH_CLPS711X) \
    $(CONFIG_FOOTBRIDGE)  $(CONFIG_ARCH_EBSA110) \
    $(CONFIG_ARCH_SA1100)  $(CONFIG_ARCH_CAMELOT) \
    $(CONFIG_ARCH_S3C2400)  $(CONFIG_ARCH_S3C2410) \
    $(CONFIG_ARCH_MX1ADS)  $(CONFIG_ARCH_PXA)
```

如果需要,则增加编译 event. c 和 apm2. c 的选项:

```
obj- $(CONFIG_MIZI) += event. o
obj- $(CONFIG_APM) += apm2. o
```

(2)debugarmv. S。为保证系统运行,关闭全部外围设备的时钟:

```
#elif defined(CONFIG_ARCH_S3C2410)
            . macro   addruart, rx
            mrc      p15, 0, \rx, c1, c0
            tst      \rx, #1              @ 查看是否运行 MMU
            moveq    \rx, #0x50000000     @ 物理基地址
            movne    \rx, #0xf0000000     @ 虚拟地址
            . endm
            . macro   senduart, rd, rx
            str      \rd, [ \rx, #0x20]   @ UTXH
            . endm
            . macro   waituart, rd, rx
            . endm
            . macro   busyuart, rd, rx
1001:  ldr      \rd, [ \rx, #0x10]        @ read UTRSTAT
            tst      \rd, #1 << 2         @ TX_EMPTY ?
            beq      1001b
            . endm
```

（3）entry-armv. S。它主要与中断相关,寄存器在 S3C2410. h 中定义:

```
#elif defined(CONFIG_ARCH_S3C2410)
#include <asm/hardware. h>
    . macro    disable_fiq
    . endm
    . macro    get_irqnr_and_base, irqnr, irqstat, base, tmp
    movr4, #INTBASE        @ IRQ 寄存器的虚拟地址
    ldr\irqnr, [r4, #0x8]   @ 读取 INTMSK
    ldr\irqstat, [r4, #0x10] @ 读取 INTPND
    bics     \irqstat, \irqstat, \irqnr
    bics     \irqstat, \irqstat, \irqnr
    beq1002f
    mov\irqnr, #0
    1001:tst\irqstat, #1
    bne1002f              @ 如果找到 IRQ 则跳转
    add\irqnr, \irqnr, #1
    mov\irqstat, \irqstat, lsr #1
    cmp\irqnr, #32
    bcc1001b
  1002:. endm
    . macro    irq_prio_table
    . endm
```

（4）setup. c。该文件中有一个非常重要的函数 setup_arch,用来完成和体系结构相关的初始化工作,例如,物理内存结构 meminfo 的初始化。其中 nr_banks 指定了内存块的数量,bank 指定了每块内存的范围。

在\include\asm-arm\arch-S3C2410\memory. h 中:

①PAGE_OFFSET (0xc0000000)定义了内存的开始地址。

②MEM_SIZE 定义了存储器的大小。

7. arch/arm/mm 目录

这里是和 arm 平台相关的内存管理内容,需要改动 mm-armv. c 文件。

```
    init_maps->bufferable=0;
改为:
    init_maps->bufferable=1;
    init_maps 是 map_desc 类型的结构,该结构在\include\asm-arm\mach\map.h 中定义:
    struct map_desc {
        unsigned long virtual;
        unsigned long physical;
        unsigned long length;
        int domain:4,
            prot_read:1,
            prot_write:1,
            cacheable:1,
            bufferable:1,
            last:1;
    };
```

8. arch/arm/math-S3C2410 目录

arch/arm/math-S3C2410 目录非常重要,在原来的 2.4.18 中是没有的。图 5.25 给出了 MiziLinux 中这个目录的内容。

图 5.15　arch/arm/math-S3C2410 目录

5.4.2　Linux 2.6 内核的移植

1. 定义平台和编译器

Linux 2.6 内核与 2.4 内核类似,是针对主目录的 Makefile 文件。

```
    将原来的 CROSS_COMPILE=改为:
    CROSS_COMPILE= arm-Linux-
```

2. arch/arm/mach-S3C2410/devs. c

arch/arm/mach-S3C2410/devs. c 实际上主要是添加 Nand Flash 设备的支持。具体实现上可以有多种方法,只要符合 2.6 内核的设备模型即可,下面给出一种针对 Nand Flash 的支持。

devs. c 文件定义 S3C2410 的设备,如 USB、LCD、I^2C、SPI 和看门狗等。

(1)flash 分区定义。假定 Flash 布局如图 5.16 所示,在 devs. c 中定义分区。

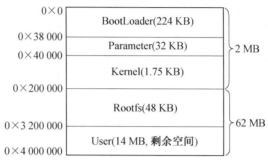

图 5.16　Flash 布局

增加头文件定义:

```
#include <Linux/mtd/partitions. h>
#include <asm/arch/nand. h>
#include <Linux/mtd/nand. h>
```

增加 nand flash 分区信息:

```
static struct mtd_partition partition_info[ ] = {
{
name: "loader",
size: 0x00020000,
offset: 0,
}, {
name: "param",
size: 0x00010000,
offset: 0x00020000,
}, {
name: "kernel",
size: 0x001c0000,
offset: 0x00030000,
}, {
name: "root",
size: 0x00200000,
offset: 0x00200000,
mask_flags: MTD_WRITEABLE,
}, {
name: "user",
```

```
        size: 0x03af8000,
        offset: 0x00400000,
    }
};
```

（2）S3C2410_nand_set 结构。该结构在 nand.h 文件中定义：

```
struct S3C2410_nand_set {
    int          nr_chips;
    int          nr_partitions;   // 分区数
    char         * name;
    int          * nr_map;
    struct mtd_partition   * partitions;   // 分区表
};
```

用分区信息定义结构体：

```
struct S3C2410_nand_set nandset = {
nr_partitions: 5 ,
partitions: partition_info ,
};
```

（3）S3C2410_platform 结构。该结构在 nand.h 中定义了 S3C2410 的 NAND 控制器信息：

```
struct S3C2410_platform_nand {
int tacls; / *  time for active CLE/ALE to nWE/nOE  */
  int twrph0; / *  active time for nWE/nOE  */
  int twrph1; / * time for release CLE/ALE from nWE/nOE inactive */
  int nr_sets;
  struct S3C2410_nand_set * sets;
   void ( * select_chip)(struct S3C2410_nand_set * ,int chip);
};
```

增加定义结构的代码：

```
struct S3C2410_platform_nand
s3c_nand_info = {
    tacls:0,
    twrph0:30,
    twrph1:0,
    nr_sets:1,
    sets: &nandset,
};
```

（4）platform_device 结构。该结构在 include/Linux/platform_device.h 中定义：

```
struct platform_device {
    const char  * name;
    u32id;
    struct device dev;
    u32num_resourses;
    struct resource  * resource;
};
```

在已定义好的结构中加入代码(斜体):

```
struct platform_device s3c_device_nand = {
        . name  =  "S3C2410-nand",
        . id  =  -1,
        . dev  =  {
        . platform_data  =  &s3c_nand_info
        }
        . num_resources  =  ARRAY_SIZE( s3c_nand_resource),
        . resource      =  s3c_nand_resource,
};
```

3. arch/arm/mach-S3C2410/mach-fs2410. c

内核启动时要对 Nand flash 进行初始化,要在__initdata 结构内增加 &s3c_device_nand:

```
Stattic struct platform_device  * fs2410_device[] __initdata = {
    ……
    &s3c_device_nand,
};
```

其他新增设备的移植和初始化方法都类似。

4. 串口输出

在缺省情况下,BootLoader 启动 Linux 后在串口终端上看不到任何信息,必须先做一些修改再重新生成内核。将 arch/arm/kernel/setup. c 中的 parse_tag_cmline( )函数中的 strlcpy( )注释掉,这样就可以使用默认的 CONFIG_CMDLINE 了,在. config 文件中它被定义为"root = /dev/mtdblock/2 ro init = /bin/sh console = ttySAC0, 115200"。这样就可以启动内核了,但若此时根文件系统尚未建立,启动时还是会出现 kernel panic 错误。

5.5　Linux 内核的配置和编译

5.5.1　配置和编译流程

Linux 配置内核常用下列两个命令中的一个:

①Make menuconfig:不带图形界面。

②Make xconfig:带有图形界面。

嵌入式 Linux 内核配置通常使用第一个命令,PC Linux 内核则通常使用第二个命令。

命令执行的结果是产生一个 .config 文件,并在每个 C 语言文件中加入 <Linux/config.h>,以便使所有 CONFIG_XXX 起全局作用,根据这个生成不同的内核。

下面介绍具体的配置和编译过程。

(1)安装内核,例如 Mizi 公司的 Linux 内核:

Linux-2.4.18-rmk7-pxa1-mz4.tar.gz

(2)清除从前编译内核时的 .o 文件和不必要关联:

Make clean

(3)配置内核。运行 Make menuconfig 配置内核,如图 5.17 所示。内核的配置选项有很多,比如 2.4 内核用户可以使用 Mizi 提供的预配置文件 smdk2410,也可自行配置,有三种选择(按空格键进行选择),它们的含义如下:

[*]:将该功能编译进内核。

[ ]:不将该功能编译进内核。

[M]:将该功能编译成可以在需要时动态插入到内核中的模块。

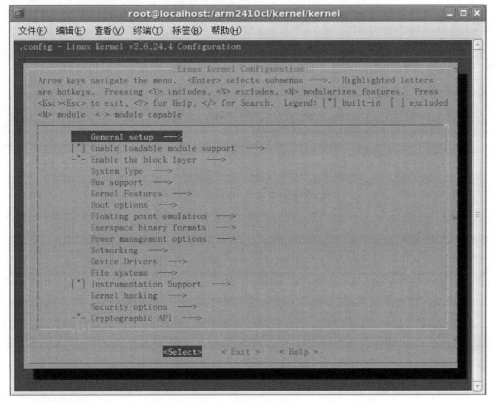

图 5.17　内核配置

(4)正确设置关联文件(2.6 内核不再需要):

Make dep

(5)编译内核。

①对于大内核:Make bzImage。

②对于小内核:Make zImage。

③还有一种 Make uImage:是为 U-boot 提供的,会在前面加个头,只有 2.6 内核才需要。

（6）编译和安装模块。

```
Make modules
Make modules_install
```

生成的内核文件放在相关的平台目录下，如：

/arch/arm/boot/zImage

system. map 是内核符号映射文件，应用程序所有可以使用的符号应该在其中。

5.5.2　内核配置选项

内核的配置选项非常多，不同的内核其选项不完全相同，但不管怎样，还是有一些通用的选项，下面给出一些介绍：

1. Code maturity level options

Code maturity level options 是代码成熟度选项，其子选项如下：

Prompt for development and/or incomplete code/drivers：如果要试验现在仍处于实验阶段的功能，比如 IPv6 等，必须选 Y；否则可以选 N。

在 Linux 中，有许多人为它开发支持的 driver 并加强它的核心。但是有些 driver 还没进入稳定阶段，其作者欢迎其他人去测试并找出 bugs。一般选该选项，如果只用 Linux 中完全稳定的东西，则会影响系统的性能。

Prompt for obsolete code/drivers：用于对那些老的被现有文件替代了的驱动代码的支持，可不选，除非机器很旧，所以该项以基本不用。

2. Loadable module support

Loadable module support 是动态加载模块支持选项。其子选项有：

（1）Enable module support：支持模块加载功能，应该选上。

（2）Module unloading：提供模块卸载功能，如果不需要卸载，可以不选。其下还有子选项：Forced module unloading：强迫模块卸载。

（3）Module version support：支持跨内核版本的模块，即为某个版本的内核编译的模块可以在另一个版本的内核下使用，一般不用，所以不选。

（4）Source checksum for all modules：源文件的校验和，可以不选。

（5）Automatic kernel module loading：如果启用这个选项，可以通过 kerneld 程序的帮助在需要的时候自动载入或卸载那些可载入式的模块，一般会选。

3. system type

system type 是系统类型选项，主要是 CPU 类型以及与此相关的内容。该选项下的子选项比较多，内容也比较复杂，这里以实验平台为例做相应介绍，其他平台类似。

如果是进行交叉编译，该选项下的内容往往是经过相应目标平台开发人员修改的。

system type 主要是针对该平台的体系结构定义，这样可以优化系统性能。正因为目标平台的多样性，所以该选项定义也常常是五花八门。但开发人员一般会考虑到这些，事先设定好默认值。

一般按给出的默认选项就行。如果想用一个原始的版本内核来建构针对目标平台的新内核，并且内核版本支持目标平台所用的 CPU，就选上它。但不要选同系列中高于所用

CPU 型号,否则不支持。

也可以在 Config. in 或 KConfig 中修改该项以支持目标平台,不过其中还有一些较复杂的事情要处理。

在实验平台上,该项是 S3C2410 的 ARM 系列 CPU。其他选项是关于该芯片及平台的一些结构定义。

其他版本内核遇到的情况会不同,但一般包含 processor family 选项,这里选择 CPU 的类型。如果是 PC,BIOS 可以自检到,根据系统的启动信息,选上正确的 CPU 类型就行。

4. General setup

(1)Support hot-plugable devieces:对可热拔插的设备的支持,看情况选择。若要对 U 盘等 USB 设备进行控制,建议选上。

(2)Networking support:网络支持,用到网络设备时应选上。

(3)System V IPC:支持 System V 的进程间通信,建议选上。

(4)sysctl support:支持在不重启情况下直接改变内核的参数。启用该选项后内核大约会增大 8 KB,如果内存太小则可放弃。

(5)NWFPE math emulation:一般要选一个模拟数学协处理器,建议选上。

(6)Power manager:电源管理,给 X86 编译内核时较有用,可以选上,尤其是笔记本电脑。给 ARM 编内核时可不选。

(7)其他一般不用选。

5. Networking option

Networking option 是网络选项,主要是关于一些网络协议的选项。Linux 号称网络操作系统,它最强大的功能是对网络功能的灵活支持。这部分内容相当多,一般把以下几个选项选上。

(1)Packet socket:包协议支持,有些应用程序使用 packet 协议直接同网络设备通信,而不通过内核中的其他中介协议。同时它可以成为在 TCP 不能用时的一个通信方法替代。

(2)Unix domain socket:对基本 Unix socket 的支持。

(3)TCP/IP networking:对 TCP/IP 协议栈的支持,当然要选。如果内核体积有大小限制,而且没有什么网络硬件,也不运行类似 X Window 之类基于 Unix Socket 的应用可以不选,节省大约 144 KB 空间。

(4)Network firewalls:是否让内核支持采用网络防火墙。如果计算机作为 firewalls server 或者是处于 TCP/IP 通信协议的网络结构下就选上。

(5)Packet socket:mmapped IO:选该项则 Packet socket 可以利用端口进行快速通信。

(6)IP:advanced router:如果想把自己的 Linux 配成路由器功能,这项必选。选上后会带出几个子选项。这些子选项可以更精确地配置相关路由功能。

(7)socket filter:包过滤。

(8)IP:multicasting:网络广播协议的支持,可以一次一个 packet 送到几台计算机的操作。

(9)IP:syncookies:一种保护措施,将各种 TCP/IP 的通信协议加密,防止 Attacker 攻击用户的计算机,并且可以记录企图攻击用户的计算机的 IP 地址。

(10)IP:masquerading:这个选项可以在 Network Firewalls 选项被选后生效。

可以将内部网络的计算机送出去的封包,通过防火墙服务器直接传递给远端的计算机,而远端的计算机看到的就是接收到的防火墙服务器送过来的封包,而不是从内部的计算机送过来的。这样如果内部只有一台计算机可以上网,其余的计算机可以通过这台计算机的防火墙服务器向外连线。它是一种伪装,如果网络里有一些重要的信息,在使用 IP Masquerade 之前就要认真考虑。因为它既可能成为通往互联网的网关,也可能为外边世界进入网络提供一条途径。

(11)IP:ICMP masquerading:一般 masquerading 只提供处理 TCP、UDP packets,若要让 masqurerading 也能处理 ICMP packets,就把这选项选上。

(12)IP:always defragment:可将接收到的 packet fragments 重新组合回原来那个封包。

(13)IP:accounting:统计 IP packet 的流量,也就是网络的流通情况。

(14)IP:optimize as router not host:可以关闭 copy&checksum 技术,防止流量大的服务器的 IP packets 丢失。

(15)IP:tunneling tunnel:隧道。这里是指用另外一种协议来封装数据或包容协议类型。这样就相当于在不同的协议之间打了条隧道,使得数据包可以被不同的协议接受和解释。这样我们可在不同网域中使用 Linux,且都不用改 IP 就可以直接上网了。对于嵌入式设备这点还是挺有用的。

(16)IP:GRE tunneling:是 Generic Routing Encapsulation,可以支持在 IPv4 与 IPv6 之间的通信。

(17)IP:ARP daemon support:对 ARP 的支持。它是把 IP 地址解析为物理地址。

(18)IP:Reverse ARP:RARP(逆向地址解析)协议,可提供 bootp 的功能,让计算机可以从网卡的 Boot Ram 启动,这对于搭建无盘工作站是很有用的,但现在硬件价格下跌好像无盘工作站用得已经不多了。

(19)IP:Disable Path MTU Discovery:MTU 有助于处理拥挤的网络。MTU(Maximal Transfer Unit)最大的传输单位,即一次送往网络的信息大小。而 Path MTU Discovery 的意思是当 Linux 发现一些机器的传输量比较小时,就会分送网络信息给它。如此可以增加网络的速度,所以大部分情况都选 N,也就是 Enable。

(20)The IPX protocol:IPX 为 Netware 网络使用的通信协议,主要是 NOVELL 系统支持的。

(21)QoS and/or fair queueing:QoS(Quality of Service)是一种排定某种封包先送的网络线程表,可同时针对多个网络封包处理并依优先处理顺序来排序,称之为 packet schedulers。此功能特别是针对实时系统时格外重要,当多个封包同时送到网络设备时,Kernel 可以适当地决定出哪一个封包必须优先处理。因此,Kernel 提供数种 packet scheduling algorithm。

6. Networking devices

Networking devices 是网络设备支持。前面选好了网络协议,这里选的是网络设备,其实主要就是网卡,所以关键是确定自己平台所使用的网卡芯片。该项下的子选项也不少。

(1)Dummy net driver support:支持哑(空)网络设备。它可模拟出 TCP/IP 环境对 SLIP 或 PPP 的传输协议提供支持。选择它,Linux 核心增大不多。如果没有运行 SLIP 或 PPP 协议,就不用选它。

(2)Bonding driver support bonding:用来把多块网卡虚拟为一块网卡,使它们有一个共同的 IP 地址。

（3）Universal TUN/TAP device driver support：用于支持 TUNx/TAPx 设备的选项。

（4）SLIP（serial line）support：是 MODEM 族常用的一种通信协议,必须通过一台 Server（ISP）获取一个 IP 地址,然后利用这个 IP 地址可以模拟以太网,使用相关 TCP/IP 的程序。

（5）PLIP（parallel port）support。从字面看,它是一种利用打印机的接口（并行接口）,然后利用点对点来模拟 TCP/IP 的环境。它和 SLIP/PPP 全都属于点对点通信,用户可以把两台计算机利用打印机的连接接口串联起来,然后加入此通信协议。如此一来,这两部计算机就等于一个小小的网络了。不过,如果计算机提供打印服务,这个选项最好不要打开,否则可能会冲突。

（6）PPP（point-to-point）support：点对点协议。近年来,PPP 协议已经慢慢地取代了 SLIP 的规定,原因是 PPP 协议可以获取相同的 IP 地址,而 SLIP 则一直在改变 IP 地址,在许多方面,PPP 都胜过 SLIP 协议。

（7）EQL（serial line load balancing）support：两台机器通过 SLIP 或 PPP 协议,使用两个 MODEM,两条电话线,进行通信时,可以用这个 Driver 让 MODEM 的速度提高两倍。

（8）Token ring driver support：对令牌环网的支持。

（9）Ethernet（10 or 100 Mbit）：十至百兆以太网设备,现在该类型设备用得比较多。进入该项里还有许多子选项,它们是关于具体网络设备（一般就是网卡）的信息。选择我们平台相关的就行。嵌入式系统中通常使用 CS8900 网卡芯片（10 M）和 DM9000 网卡芯片（100 M）。

（10）ARCnet support：是一种网卡,但不流行,基本没用。

（11）其他的诸如千兆以太网、万兆以太网、无线网络、广域网、ATM、PCMCIA 卡等网络设备的支持,要看具体应用而定。

7. Amateur Radio support

这个选项用得不多,它是用来启动无线网络的,通过无线网络,可以利用公众频率来进行数据传输,如果有相关无线网络通信设备就可以用它。

8. IrDA（infrared）support

IrDA（infrared）support 属于无线通信的一种,用于启动对红外通信的支持。

9. ATA/ATAPI/MFM/RLL support

ATA/ATAPI/MFM/RLL support 主要对 ATA/ATAPI/MFM/RLL 等协议的支持。在嵌入式设备中,目前这些设备应用得还不多,但如果台式机及笔记本用户有支持以上协议的硬盘或光驱就可选上它。

10. SCSI device support

如果有 SCSI 设备（SCSI 控制卡、硬盘或光驱等）可选上这项。目前,SCSI 设备类型已经比较多,要具体区分它们需要先了解它们所使用的控制芯片类型。

11. ISDN support ISDN（Integrated Services Digital Networks）

ISDN support ISDN 是一种高速的数字电话服务,通过专用 ISDN 线路加上装在计算机上的 ISDN 卡,利用 SLIP 或 PPP 协议进行通信。所以若想启动该项支持 ISDN 通信,还应启动前面提到的 Networking Devices 中的 SLIP 或 PPP。

12. Console drivers support

Console drivers support 支持控制台设备。目前安装 Linux 的设备几乎都是带控制台的，所以是必选项。该项有以下子选项：

（1）VGA text console：一般台式机选该项。支持 VGA 显示设备。

（2）Support Frame Buffer devices：支持 Frame Buffer 设备。Frame Buffer 技术在 2.4.X 内核被全面采用。它通过开辟一块内存空间来模拟显示设备。这样用户可以像操作具体图形设备一样来操作这块内存，直接给它输入数据，在具体显示设备上输出图形。

在嵌入式设备上广泛采用 LCD 作为显示设备，所以该项显得比较重要。当该项被选上后会出现一子选项让用户根据自己平台配备的具体硬件选择相应的支持。这些也往往是由设备开发人员添加的。

以实验平台为例，应选上：

①support for frame buffer devices。

②S3C2410X LCD support。

③Advanced low level driver options。

④320×240 8 bit 256 color STN LCD support（原来为 8 bpp packet pixels support）。

13. Parallel port support

Parallel port support 对并行口的设备的支持。Linux 可以支持 PLIP 协议（利用并行口的网络通信协定）、并口的打印机、ZIP 磁盘驱动器、扫描仪等。

如果有打印机，则在选择利用并口通信时要小心，因为它们可能会互相干扰。

14. Memory Technology Device（MTD）support

MTD 包含 Flash、RAM 等存储设备，在嵌入式设备中用得很多，也很重要。选中该项就可以对 MTD 进行动态支持。其下还有很多子选项，这里按实验平台做一些解释：

（1）MTD partitioning support：支持对 MTD 的分区操作。在对嵌入式设备的操作系统移植过程中往往要对 MTD 进行分区，然后在各分区放置不同的数据，以使系统能被正确引导启动。

（2）Direct char device access to MTD devices：为系统的所有 MTD 设备提供一个字符设备，通过该字符设备能直接对 MTD 设备进行读写以及利用 ioctl() 函数来获取该 MTD 设备的相关信息。

（3）Caching block device access to MTD devices：有许多 flash 芯片，其擦除的块太大，因此作为块设备使用效率被大打折扣。选上该选项后，支持利用 RAM 芯片作为缓存来使用MTD 设备。这时对于 MTD 设备块设备就相当于它的一个用户。JFFS 文件系统的控制，可以模拟成一个小型块设备，具有读、写、擦、校验等一系列功能。

（4）NAND flash device drivers：子选项中有几项是关于 MTD 设备驱动的，实验平台选择的是 NAND flash，所以要选上它。选上后在其二级子选项中还要选上：

①NAND devices support。

②verify NAND pages writes：支持页校验。

③NAND flash device on ARM board。

15. Plug and Play support

Plug and Play support 是对 PNP（即插即用）设备的支持。

16. Block devices

Block devices 是块设备,该选项下也有多个子选项,主要是关于各种块设备的支持。至少把 RAM 的支持项选上。如在实验平台上需要选上:

①RAM disk support。

②Initial RAM disk(initrd) support。

17. File systems

文件系统在 Linux 中是非常重要的。该选项下的子选项也非常多。

(1)Quota support:支持份额分配。选择该项则系统支持对每个用户使用的磁盘空间进行限制。

(2)Kernel automounter support:在 NFS 文件系统的支持下,选择该项可使得内核可以支持对一些远端文件系统的自动挂栽。

(3)Kernel automounter version 4 support:V3 版本的升级,它兼容 V3 版本。

(4)Reiserfs support ReiserFS:这种文件系统以日志方式不仅把文件名,而且把文件本身保存在一个"平衡树"里。其速度与 EXT2 差不多,但比传统的文件系统架构更为高效。尤其适合大目录下文件的情况。

(5)ROM file system support:是一个非常小的只读文件系统,主要用于安装盘及根文件系统。

(6)JFS filesystem support:是 IBM 的一个日志文件系统。

(7)Second extended fs support:著名的 EXT2(二版扩展文件系统),需要选上。

(8)Ext3 journalling file system support:它其实是 EXT2 的日志版,我们通常叫它 EXT3。

(9)Journalling Flash file system v2(jffs2) support Flash:日志文件系统,实验平台可以支持该文件系统,但是一般使用了效率更高的 YAFFS 文件系统。

(10)ISO 9660 CDROM file system support:光驱的支持。

(11)/proc file system support:是虚拟文件系统,能够提供当前系统的状态信息。它运行时在内存生成,不占任何硬盘空间。通过 CAT 命令可以读到其文件的相关信息。

(12)/dev file system support:是类似于/proc 的一个文件系统,也是虚拟的,主要用于支持 devfs(设备文件系统)。把它选上,就可以不依赖于传统的主次设备号的方式来管理设备,而是由 devfs 自动管理。

(13)NFS file system:网络文件系统。

(14)NFS file system support:对网络文件系统的支持。NFS 通过 SLIP、PLIP、PPP 或以太网进行网络文件管理。它是比较重要的。

(15)NFS server support:可以把 Linux 配置为 NFS server。

(16)SMB file system support SMB (Server Message Block):用于和局域网中相连的 Windows 机器建立连接的,相当于网上邻居,这些协议都需要在 TCP/IP 被启用后才有效。

(17)Native Language Support:支持各国语言。

18. Character devices

Linux 支持很多特殊的字符设备,所以该选项下的子选项也特别多。

(1)virtual terminal:虚拟终端,选上。

(2)support for console on virtual terminal:虚拟终端控制台,建议选上。

（3）non-standard serial port support：支持非标准串口设备。如果平台上有一些非标准串口设备需要支持，就选上它。

（4）Serial drivers：串口设置，一般选上自己开发平台相关的串口就行。在实验平台上选 S3C2410 serial port support 和 support for console on S3C2410 serial port。

（5）Unix98 PTY support PTY（pseudo terminal）：伪终端，它是软件设备由主、从两部分组成。从设备与具体的硬件终端绑定，而主设备则由一个进程控制向从设备写入或读出数据。其典型应用如 telnet 服务器和 xterms 等。

（6）I^2C support：对 I^2C 设备的支持。

（7）Mice：就是对鼠标的支持。

（8）Joysticks：对一些游戏手柄的支持。

（9）QIC-02 tape support：对一些非 SCSI 的磁带设备的支持。

（10）watchdog card support：对看门狗定时设备的支持。

（11）/dev/nvram support：是一种和 BIOS 配合工作的 RAM 设备，我们常称它为"CMOS RAM"，而 NVRAM 主要是在 Ataris 机器上的叫法。通过设备名/dev/nvram 可以读写该部分内存内容。它通常保存一些机器运行必需的重要数据，而且保证掉电后能继续保存。

（12）Enhanced Real Time Clock Support：在每台 PC 上都内建了一个时钟，它可以产生出从 1～8 192 Hz 的信号。在多 CPU 的机器中这项必选。

（13）/dev/agpgart（AGP Support）：AGP（Accelerated Graphics Port）通过它可以沟通显卡与其他设备。如果有 AGP 设备就选上它。嵌入式系统中目前用得还不多，但台式机 AGP 设备已相当普及。

（14）Siemens R3964 line discipline：主要支持利用 Siemens R3964 的包协议进行同步通信的。

（15）Direct Rendering Manager（XFree86 4.1.0 and higher DRI support）：选该项后则在内核级提供对 XFree86 4.0 的 DRI（Direct Rendering Infrastructure）的支持，选择正确的显卡后，该设备能提供对同步，安全的 DMA 交换支持。选该项同时要把/dev/agpgart（AGP Support）选上。

19. USB support

USB support 即对 USB 设备的支持，如果有相关设备就选上。

20. sound card support

sound card support 关于声卡的支持，根据实际情况来配置。

21. kernel hacking

kernel hacking 是一些有关内核调试及内核运行信息的选项。如果打算深入研究目标系统上运行的 Linux 如何运作，就可以在这里找到相关选项，但一般没有必要的话可以全部关掉。

5.5.3　内核中的 Kconfig 和 Makefile

在内核的源码树目录下一般都会有两个重要文件：Kconfig（2.4 内核为 Config. in）和 Makefile。分布在各目录下的 Kconfig 构成了一个分布式的内核配置数据库，每个 Kconfig 分别描述了所属目录下源文件相关的内核配置菜单。当内核配置 make menuconfig 时，从

Kconfig 中读出配置菜单,用户配置完后保存到.config(在内核源码顶层目录下生成)中。当内核编译时,主 Makefile 调用这个.config(隐藏文件),就知道了用户对内核的配置情况。

　　Kconfig 的作用就是对应着内核的配置菜单。假如要想添加新的驱动到内核的源码中,可以通过修改 Kconfig 来增加对驱动的配置菜单,这样就有途径选择驱动。

　　如果想使这个驱动被编译进内核或被内核支持,还要修改该驱动所在目录下的 Makefile 文件。该 Makefile 文件定义和组织该目录下驱动源码在内核目录树中的编译规则。这样在 make 编译内核时,内核源码目录顶层 Makefile 文件会递归地连接相应子目录下的 Makefile 文件,进而对驱动程序进行编译。

　　如上所述,添加用户驱动程序(内核程序)到内核源码目录树中,一般需要修改 Konfig 及 Makefile 两个文件。这要求用户要对上述连个文件的特殊语法有一定了解。

1. Kconfig 语法

　　每行都是以关键字开始,并可以接多个参数,最常见的关键字就是 config。其语法为:

```
config symbol
options
<! —[if ! supportLineBreakNewLine]—>
<! —[endif]—>
```

　　其中,symbol 就是新的菜单项;options 是在这个新的菜单项下的属性和选项。options 部分有:

　　(1)类型定义。每个 config 菜单项都要有类型定义。bool:布尔类型;tristate 三态:内建、模块、移除;string:字符串;hex:十六进制;integer:整型。例如:

```
config HELLO_MODULE
bool "hello test module"
```

　　bool 类型的只能选中或不选中,tristate 类型的菜单项多了编译成内核模块的选项,假如选择编译成内核模块,则会在.config 中生成一个 CONFIG_HELLO_MODULE = m 的配置;假如选择内建,就是直接编译成内核映象,就会在.config 中生成一个 CONFIG_HELLO_MODULE = y 的配置。

　　(2)依赖型定义。depends on 或 requires:指此菜单的出现是否依赖于另一个定义:

```
config HELLO_MODULE
bool "hello test module"
depends on CPU_S3C2410
```

　　这个例子表明 HELLO_MODULE 这个菜单项只对 S3C2410 处理器有效,即只有在选择了 CPU_S3C2410 时,该菜单才可见(可配置)。

　　(3)帮助性定义。只是增加帮助用关键字 help 或—help—。

<! —[if ! supportLineBreakNewLine]—>

<! —[endif]—>

更多详细的 Kconfig 语法可参考 Documentation/kbuild/kconfig-language.txt 文档。

2. 内核的 Makefile 语法

　　内核的 Makefile 分为五个组成部分:

　　(1)Makefile:最顶层的 Makefile。

（2）.config：内核的当前配置文档，编译时成为顶层 Makefile 的一部分。

（3）arch/ $（ARCH）/Makefile：和体系结构相关的 Makefile。

（4）Makefile.＊：一些 Makefile 的通用规则。

（5）kbuild 和 Makefile：各级目录下的几百个文档，编译时根据上层 Makefile 传下来的宏定义和其他编译规则，将源代码编译成模块或编入内核。

顶层的 Makefile 文档读取.config 文档的内容，并总体上负责 build 内核和模块。Arch Makefile 则提供补充体系结构相关的信息。（其中.config 的内容是在 make menuconfig 的时候，通过 Kconfig 文档配置的结果。）

在内核目录的 Documentation/kbuild 目录下对 kernel makefile 有详细的介绍。

5.5.4　增加内核选项

假设嵌入式 Linux 原来不支持 DM9000 网络芯片，可按如下步骤添加内核选项，以使内核支持 DM9000 设备。

（1）编写 DM9000 的驱动程序 dm9000x.c，将此驱动程序放入目录 drivers/net 中。

（2）根据内核版本，更改菜单配置文件。

2.4 内核更改 drivers/net 目录中的文件 Config.in，添加 Make menuconfig 内核配置选项菜单：

```
dep_tristate 'DM9000 support' CONFIG_DM9000 $ CONFIG_ISA
```

2.6 内核更改 drivers/net 目录中的文件 Kconfig，添加 Make menuconfig 内核配置选项菜单：

```
config DM9000
tristate "DM9000 support"
depends on ARM || BLACKFIN || MIPS
```

（3）更改 drivers/net 目录中的文件 Makefile，添加对应的要编译进内核的驱动程序目标文件：

```
obj-$（CONFIG_DM9000）+= dm9000x.o
```

这样就可以选择该设备并编译进内核了。

第6章　嵌入式文件系统

文件系统是指操作系统中与管理文件有关的软件和数据,在嵌入式计算机系统中,作为全功能操作系统的一部分,是不可或缺的。

6.1　文件系统概述

6.1.1　个人计算机上的文件系统

1. Windows 操作系统的文件系统

(1)FAT12/16。FAT12/16 文件系统最早用于 MS-DOS 操作系统,它使用了 12/16 位的空间来表示每个扇区(Sector)配置文件的情形,故称之为 FAT12/16。其分区结构如图 6.1 所示。

用户数据区
根目录区
FAT区
引导扇区

图 6.1　FAT12/16 分区结构

FAT16 的磁盘分区最大只能 2 GB,还存在磁盘利用率低下的问题,Windows 95 以后开始转向 FAT32。

(2)FAT32。与 FAT16 相比,FAT32 取消了根目录区,把根目录解释为一个文件,采用 32 位的文件分配表,对磁盘的管理能力大大增强,突破了 FAT16 对每个分区的容量只有 2 GB 的限制,可以支持 32 GB 的分区。

FAT32 分区内无法存放大于 4 GB 的单个文件,且性能不佳,易产生磁盘碎片。目前已被性能更优异的 NTFS 分区格式所取代。

(3)NTFS。NTFS(New Technology File System)是 Windows NT 环境的文件系统,从 Windows 2000、Windows XP、Windows Vista 到 Windows 7 和 Windows 8,目前使用的都是 NTFS 的文件系统。

NTFS 可以支持的分区大小可以达到 2 TB,是一个可恢复的文件系统,支持对分区、文件夹和文件的压缩,可以更有效率地管理磁盘空间,并具有更好的安全性,可以进行磁盘配额管理,使用一个"变更"日志来跟踪记录文件所发生的变更,还有诸如加密文件数据等,和系统服务相关的不少内容。

2. Linux 操作系统下的文件系统

(1)Ext2。Ext2 是 GNU/Linux 系统中标准的文件系统,其特点为存取文件的性能极好,对于中小型的文件更显示出优势。其单一文件大小及文件系统本身的容量上限与文件系统本身的簇大小有关,在一般常见的 X86 系统中,簇最大为 4 KB,则单一文件大小上限为 2 048 GB,而文件系统的容量上限为 16 384 GB。

(2)Ext3。Ext3 是 Ext2 的下一代,也就是在保有目前 Ext2 的格式之下再加上日志功能。日志文件系统(Journal File System)会将整个磁盘的写入动作完整地记录在磁盘的某个区域上,以便有需要时可以回溯追踪。

(3)Swap。Linux 中有一种专门用于交换分区的 swap 文件系统,Linux 使用整个分区来作为交换空间,而不像 Windows 使用交换文件。一般将这个 SWAP 格式的交换分区的容量大小设为主存容量的 2 倍。

3. Windows 的文件系统和 Linux 的文件系统的区别

Linux 的文件系统和 Windows 的文件系统有很大区别,Windows 文件系统是以驱动器的盘符为基础的,而且每个目录都有相应的分区,例如,"C:\Projects"是指此文件在 C 盘这个分区下。

Linux 的文件系统是一个文件树,它的所有文件和外部设备(如硬盘、光驱等)都是以文件的形式挂接在这个文件树上,例如"\dev\floppy",即所有分区都是在目录下。

在 Windows 下,目录结构属于分区;在 Linux 下,分区属于目录结构。

6.1.2　嵌入式计算机系统中的文件系统

在嵌入式领域,FLASH 是一种常用的存储介质,由于其特殊的硬件结构,因此个人计算机的文件系统一般不适合在其上使用,嵌入式计算机系统使用的通常都是专门针对 FLASH 的文件系统。

个人计算机使用的文件系统比较统一,种类不多,对嵌入式计算机系统来说,各嵌入式操作系统使用的文件系统还是有相当的差别。

1. 嵌入式 Linux 使用的文件系统

嵌入式 Linux 应用中,主要的存储设备为 RAM(DRAM、SDRAM)和 ROM(常采用 FLASH 存储器)。常用的基于存储设备的文件系统类型包括:

(1)jffs2:日志闪存文件系统版本 2(Journal Flash File System V2,JFFS 2)主要用于 NOR 型闪存,不适合用于 NAND 闪存,可读写的,支持数据压缩的。

(2)yaffs:yaffs/yaffs2 是专为 NAND 型闪存而设计的一种日志型文件系统,不支持数据压缩,速度快,挂载时间短,对内存占用小,yaffs 仅支持小页,yaffs2 可支持大页。

(3)cramfs:一种只读的压缩文件系统,应用程序要求被拷到 RAM 里运行,速度快,效率高,利于保护文件系统免受破坏,提高系统的可靠性。

(4)romfs:是一种简单的、紧凑的、只读的文件系统,不支持动态擦写保存,按顺序存放数据,在系统运行时,能节省 RAM 空间。uCLinux 系统通常采用 romfs 文件系统。

(5)ramdisk:是将一部分固定大小的内存当作分区来使用,是一种将实际的文件系统装入内存的机制,并且可以作为根文件系统,可以提高系统的性能。在 Linux 的启动阶段,initrd 提供了一套机制,可以将内核映象和根文件系统一起载入内存。

(6)ramfs/tmpfs:一种基于内存的文件系统,不能格式化,可以创建多个,在创建时可以指定其最大能使用的内存大小,所有的文件都放在 RAM 中,可提高数据的读写速度。

2. 安卓使用的文件系统

智能手机上的安卓系统通常默认使用的是 YAFFS2 文件系统,通常安卓系统也可使用 ubifs、ubifs 是基于 UBI 的 FLASH 日志文件系统,类似于 LVM 的逻辑卷管理层,主要实现损益均衡、逻辑擦除块、卷管理、坏块管理等。

3. Windows CE 使用的文件系统

表 6.1　Windows CE 的文件系统概要

文件系统	概　要
FAT 或 FATFS	标准的 FAT 文件系统。单个文件不能超过 4 GB,分区大小也有限制
exFAT	FAT 的升级版,取消了文件和分区大小的限制
TFAT	基于 exFAT 的文件系统,支持交互操作,需要驱动的支持
BinFS	支持将 bin 文件 Mount 成一个文件系统,Windows CE 中的 Multi-BIN 需要用到该文件系统
CDFS/UDFS	用来支持 CD 和 DVD 的文件系统
RAM(对象存储)	RAM 文件系统由 FSD Manager 管理
RELFSD	在开发过程中,将开发主机的 release 目录 mount 到设备上

4. VxWorks 使用的文件系统

(1)TrueFFS:本身并不是一个文件系统,需要在 TrueFFS 之上加载 DOS 文件系统才能使用,TrueFFS 屏蔽了下层存储介质的差异,为开发者提供了统一的接口方式。

(2)dosFS:是一种与 MS-DOS 文件斜体兼容的文件系统,支持层次化的文件和目录结构,支持长文件名、存储盘缓存及 PC 风格的分区。

(3)rawFS:将整个磁盘当作一个大文件。通过指定字节偏移,可以读写磁盘的某一部分,并且做简单的缓冲,当仅需要简单、低级的磁盘输入输出操作时,rawFs 有空间和速度的优势。

(4)rt11FS:兼容 RT-11 操作系统,可以对所有文件利用字节寻址进行随机存取。每个打开的文件都有一块缓冲内存来优化对文件的读写。

(5)tapeFs:适用于不使用标准文件或目录结构的磁带设备。实际上,将磁带盘当作一个原始设备并将整个磁带盘当作一个大文件。

(6)cdromFs:允许应用程序从按照 ISO 9660 标准文件系统格式化的 CD-ROM 设备上读取数据。

基于 Linux 在嵌入式应用中的重要地位,嵌入式文件系统仍然将以 Linux 为主进行讲解。

6.2　Linux 文件系统概述

6.2.1　VFS

虽然 Linux 内核是用 C 语言写的,但是其中借鉴了很多"面向对象"的思想。VFS(虚拟文件系统)层类似于面向对象理论中的"抽象基类"的概念,而下面的一个个具体文件系统就相当于是这个抽象基类的"派生类"。所有对文件的操作如 open、write、read 等在 VFS 中只是实现了一个类似于"纯虚函数"的接口,针对每种具体的文件系统,就会使用其派生类中被"改写"的"虚函数"。具体地说,当涉及文件的操作时,VFS 把它们映射到与控制文件、目录和索引节点相关的物理文件系统。

VFS 并不是一个实际的文件系统,只是物理文件系统和服务之间的接口层,它对每个 Linux 文件系统的所有细节进行抽象,使得不同的文件系统在 Linux 核心和系统中运行的其他进程看来是相同的。VFS 只存在于内存中,不存在于任何外存空间,它在系统启动时建立,在系统关闭时消亡。VFS 的主要功能是记录可用的文件系统类型,把设备同对应的文件系统联系起来,处理面向文件的通用操作,通过 VFS,文件调用就可以面向用户界面(系统调用)提供一个统一的编程接口,在不同的文件系统上创建文件,而使用的函数或命令都是相同的。

Linux 的文件系统主要分为三块:①上层文件系统的系统调用;②VFS;③挂载到 VFS 中的各种实际的文件系统。Linux 文件系统中 VFS 的位置如图 6.2 所示。

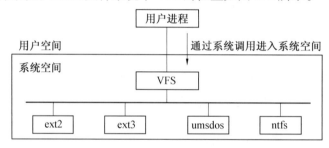

图 6.2　Linux 文件系统中 VFS 的位置

6.2.2　MTD

在 Linux 下,MTD(Memory Technology Device,存储技术设备)是用于访问存储设备(如 ROM 和 Flash 等)的系统,提供了一系列的标准函数。MTD 的主要目的是为了使新的存储设备的驱动更加简单,为此,它在硬件和上层间提供了一个统一的抽象接口,把文件系统和存储设备相隔离。MTD 在 Linux 中所处的位置如图 6.3 所示。MTD 驱动程序是在 Linux 下专门为嵌入式环境应用而开发的一类驱动程序。

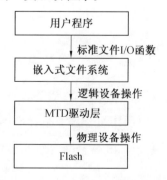

图 6.3　MTD 在 Linux 中所处的位置

相对于常规的块设备驱动程序,使用 MTD 驱动程序的主要优点在于,它主要是专门针对各种非易失性存储器(以 Flash 为主)而设计的,所以它对 Flash 有更好地支持管理以及更好的基于扇区的擦除及读写操作的接口。

MTD 的所有源代码在/drivers/mtd 子目录下。以 CFI(Common Flash Interface,通用 Flash 接口)的 MTD 设备为例,可把 MTD 驱动程序分为四层:

(1)Flash 硬件驱动层。负责在初始化时驱动 Flash 硬件。

Linux MTD 设备的 NOR Flash 芯片驱动遵循 CFI 接口标准,其驱动程序位于/driver/mtd/chips 子目录下。

NAND 型 Flash 的驱动程序则位于/drivers/mtd/nand 子目录下。

(2)MTD 原始设备层。MTD 原始设备层由两部分组成:一部分是 MTD 原始设备的通用代码;另一部分是各个特定的 Flash 的数据,例如分区。

用于描述 MTD 原始设备的数据结构是 mtd_info,这其中定义了大量关于 MTD 的数据和操作函数。

mtd_table(mtdcore. c)则是所有 MTD 原始设备的列表;mtd_part(mtd_part. c)是用于表示 MTD 原始设备分区的结构,包含了 mtd_info,每个分区都被看成一个 MTD 原始设备加在 mtd_table 中。

(3)MTD 设备层。Linux 系统可定义出 MTD 的块设备和字符设备。

MTD 字符设备的定义通过注册一系列字符设备操作函数,这些是在 mtdchar. c 中实现的。

MTD 块设备则定义了一个描述 MTD 块设备的结构 mtdblk_dev,并声明了一个名为 mtdblks 的指针数组,该数组中的每个 mtdblk_dev 成员与 mtd_table 中的 mtd_info 一一对应。

(4)设备节点。可以通过 mknod 在/dev 子目录下建立 MTD 字符设备节点(主设备号为 90,次设备号为偶数 0、2、4 等,奇数设备号为只读设备)和 MTD 块设备节点(主设备号为 31),通过设备节点既可访问 MTD 字符设备,也可访问 MTD 块设备。

6.2.3　文件的类型

Linux 中的文件类型与 Windows 中的文件类型有显著区别,其中最显著的区别在于 Linux 对目录和设备都当作文件来进行处理,这样就简化了对各种不同类型设备的处理,提高了效率。

1. 普通文件

普通文件如同 Windows 中的文件一样,是用户日常使用最多的文件,包括文本文件、shell 脚本、二进制的可执行程序和各种类型的数据文件。

2. 目录文件

在 Linux 中,目录也是文件,它们包含数据是文件名和子目录名以及指向那些文件和子目录的指针。目录文件是 Linux 中存储文件名的唯一地方,可以把文件和目录对应起来。

Linux 中的每个文件都被赋予一个唯一的数值,而这个数值被称为索引节点。一个索引节点包含文件的所有信息,Linux 文件系统把索引节点号 1 赋于根目录。Linux 通过操作目录文件系统来实现对整个文件系统的操作。

3. 链接文件

链接文件(软链接)有些类似于 Windows 中的"快捷方式",但是它的功能更为强大。它可以实现对不同的目录、文件系统甚至是不同机器上的文件直接访问,并且不需要重新分配磁盘空间。

(1)硬链接。一个文件名和一个索引节点形成了对应关系,称为这个索引节点的一个硬链接。显然一个索引节点号可以有出现在多个目录中的多个硬链接,甚至可以在一个目录中有多个硬链接,也就是说,一个文件可以有多个不同的名称。

硬链接是一个指针,指向文件索引节点,系统并不为它重新分配索引节点,硬链接节省空间,是 Linux 系统整合文件系统的传统方式。

硬链接存在的不足之处是:不可以在不同文件系统的文件间建立链接;只有超级用户才可以为目录创建硬链接。

命令格式:

```
Ln –d existfile newfile
```

例如:在/home/longcheng 中建立 file2 的硬链接:

```
ln – d file2 /home/longcheng/file2hard
```

(2)软链接。软链接又称符号链接,这个文件包含了另一个文件的路径名,可以是任意文件或目录,可以链接不同文件系统的文件。它和 Windows 下的快捷方式差不多。

命令格式:

```
Ln［–s］source_path target_path
```

例如:

```
Ln –s httpd. conf httpd2. conf
```

(3)硬链接与软链接的区别。

①硬链接原文件和链接文件共用一个索引节点号,说明它们是同一个文件;而软链接原文件和链接文件拥有不同的索引节点号,表明它们是两个不同的文件。

②在文件属性上软链接明确写出了是链接文件,而硬链接没有写出来,因为在本质上硬链接文件和原文件是完全等同关系。

③链接数目是不一样的,软链接的链接数目不会增加。

④显示的文件大小是不一样的,硬链接文件显示的大小是跟原文件一样的,而软链接显示的大小与原文件就不同了。

4. 设备文件

Linux 把设备都当作文件来进行操作,这样就大大方便了用户的使用。

在 Linux 中,与设备相关的文件一般都在/dev 目录下,主要包括两种:一种是块设备文件,另一种是字符设备文件。

块设备文件是指数据的读写,它们是以块(如由柱面和扇区编址的块)为单位的设备,最简单的如硬盘(/dev/hda1)等。

字符设备主要是指串行端口等接口设备。

6.2.4　文件系统挂载

在 Linux 中把每个分区和某一个目录相对应,以后再对这个目录的操作就是对这个分区的操作,这样就实现了硬件管理手段和软件目录管理手段的统一。

这个把分区和目录对应的过程叫作挂载(Mount),而这个挂载在文件树中的位置就是挂载点。这种对应关系可以由用户随时中断和改变。

Linux 启动时挂载的挂载点为根目录的文件系统被称为根文件系统,是存放运行、维护系统所必需的各种工具软件、库文件、脚本、配置文件和其他各种文件的地方,也可以安装各种软件包。

mount 命令的功能是加载指定的文件系统。它的语法如下所示:

mount［－afFhnrvVw］［－L<标签>］［－o<选项>］
　　　　［－t<文件系统类型>］［设备名］［加载点］

用法说明:mount 可将指定设备中指定的文件系统加载到 Linux 目录下(也就是装载点)。可将经常使用的设备写入文件/etc/fstab,以使系统在每次启动时自动加载。mount 加载设备的信息记录在/etc/mtab 文件中。使用 umount 命令卸载设备时,记录将被清除。

－a:加载文件/etc/fstab 中设置的所有设备。

－f:不实际加载设备。可与－v 等参数同时使用以查看 mount 的执行过程。

－F:需与－a 参数同时使用。所有在/etc/fstab 中设置的设备会被同时加载,可加快执行速度。

－h:显示在线帮助信息。

－L<标签>:挂载含有特定标签的硬盘分区。

－n:不将加载信息记录在/etc/mtab 文件中。

－o<选项>:指定加载文件系统时的选项。

－r:以只读方式加载设备。

－v:执行时显示详细的信息。

－V:显示版本信息。

－w:以可读写模式加载设备,默认设置。

－t<文件系统类型>:指定设备的文件系统类型。常用的选项说明有:

　　　ext2:Linux 目前的常用文件系统。

　　　msdos:MS-DOS 的 FAT。

　　　vfat:Windows 95/98 的 VFAT。

　　　nfs:网络文件系统。

　　　iso9660:CD-ROM 光盘的标准文件系统。

　　　ntfs:Windows NT 的文件系统。

例如:mount －t vfat /dev/hda1 /mnt/c

最后要说明的是,与转载相反的操作叫卸载,卸载的命令是 umount。

6.3　嵌入式文件系统

本节介绍嵌入式 Linux 中常用的三种嵌入式文件系统和一种自定义的简易的嵌入式文件系统。

6.3.1　JFFS/JFFS2

2000 年,阿克斯(Axis)公司发布了日志式 Flash 文件系统 jffs。2001 年初,RedHat 公司在此基础上推出了 jffs2 文件系统,它们都是针对嵌入式系统中的 Flash 存储器进行设计的。

第一版本的 jffs 是一个日志结构的文件系统。在 Flash 的存储空间中,数据和辅助信息都依次存放于其中。

在该文件系统中,只有一种文件节点,它通过 jffs_raw_inode 这个结构进行描述。每个这样的节点都关联到某个文件上,其中包含了一个简单的头部、辅助信息以及存储的数据。

在 jffs 中,大的文件都分为很多节点存放,所以除了必须存放数据之外,还要额外保存这段数据在文件中的偏移量。

进行空间回收时,系统自动从所有存储块中的第一个开始进行分析,不断将废弃的节点回收,将尚在使用的节点进行合并,这样最终合成出整个的一块废弃的 Flash 存储块,这样就可以将这一整块存储块的内容一次性擦除,成为新的空闲块。

其主要缺陷是:

(1)关于空间回收,jffs 并没有进行太多优化。

(2)不支持对数据进行压缩之后进行存储。

(3)不支持硬链接,每个存储块中都保存了对应的文件名。

jffs2 的节点头部增加了一些新的信息,包括 CRC 校验码和节点类型等。

由于 jffs 空间回收方式的缺陷,在 jffs2 中,所有的存储节点都不可以跨越 Flash 的块界限。

jffs2 不再像 jffs 中只有一种节点,现在已有三种节点类型,分别表示擦除块的标记、普通文件及目录。

文件系统的信息并不是像 jffs 中那样全部保存在内存之中。可以很快取得的数据并不保存在内存之中,这样可以提高内存的利用率。

此外,jffs2 增加了对数据的压缩,也开始支持硬链接。

若在 nor flash 上使用 jffs2,则要对目标板使用的 Linux 内核进行配置,涉及的配置选项包括:

①MTD support(the core stuff)。

②ebugging 菜单及其子项。

③AM/ROM/Flash chip drivers 菜单及其子项。

④upport for ROM chips in bus mapping。

⑤FI(Common Flash Interface)。

⑥apping drivers for chip access→Physical mapping of flash chips:配置 flash 和内存映射关系。

⑦ile system→Journalling fflash file system（Jffs）support。

⑧proc：支持文件系统。

6.3.2　YAFFS/YAFFS2

虽然 JFFS/JFFS2 是针对 Flash 建立的文件系统，它可支持 NOR 和 Nand Flash，但是把它应用于 Nand Flash 还存在如下问题：

（1）JFFS 需要通过建立在内存中的 jffs_node 结构体维护 Flash 中的日志节点，每个节点需要占用 48 个字节的内存空间。

（2）JFFS/JFFS2 在挂载时需要扫描整个 Flash 的内容，以找出所有的日志节点，建立文件结构。

YAFFS（Yet Another Flash File System）是专门针对 Nand Flash 特点编写的日志文件系统。它克服了 JFFS/JFFS2 的缺点，具有如下特性：

①很小的内存空间占用。

②很短的挂载时间。

③跨平台的文件系统。

YAFFS 是效果很理想的 Nand Flash 上的文件系统，但它不支持数据压缩，而且它仅适用 512 字节页（后简称小页）大小的 Nand Flash 储器。而很多大容量的 Nand Flash（128 MB以上），使用大小为 2 KB 的页（后简称为大页），YAFFS 并不能支持这种 Flash。

YAFFS2 是为此而开发出来的。YAFFS2 实现对大页 Flash 的支持。同时，YAFFS2 在内存空间占用、垃圾回收速度、读写速度等方面均有大幅度提升。

可以从 http://www.alepj1.co.uk 下载 yaffs2，安装时释放：

```
# tar zxvf yaffs2. tar. gz
# cd yaffs2
# ./patch-ker. sh KERNELPATH
```

然后需要重新配置内核，选上 YAFFS2 file system support，重新编译内核，如果想利用 yaffs2 分区作为根文件系统，需在启动参数中将 root 指向该分区对应的设备名。

6.3.3　cramfs

cramfs 最初是林纳斯·托瓦兹（Linus Torvalds）编写的一个文件系统，具有简单、压缩和只读等特点，是用于保存只读的根文件系统内容的一个很好的方案。

cramfs 主要的优点：将文件数据以压缩形式存储，在需要运行时进行解压缩。由于它存储的文件形式是压缩的格式，因此文件系统不能直接在 Flash 上运行。虽然这样可以节约很多 Flash 存储空间，但是文件系统运行需要将大量的数据拷贝到 RAM 中，造成一定的浪费。cramfs 并不需要一次性地将文件系统中的所有内容都解压缩到内存之中，而只是在系统需要访问某个位置的数据时，立刻计算出该数据在 cramfs 中的位置，将其实时地解压缩到内存之中，然后通过对内存的访问来获取文件系统中需要读取的数据。cramfs 中的解压缩以及解压缩之后的内存中数据存放位置都是由 cramfs 文件系统本身进行维护的，用户并不需要了解具体的实现过程，因此这种方式增强了透明度，对开发人员来说，既方便又节省了存储空间。

cramfs 采用实时解压缩方式,但解压缩时有延迟。cramfs 的数据都是经过处理、打包的,对其进行写操作有一定困难。所以 cramfs 不支持写操作,这个特性刚好适合嵌入式应用中使用 Flash 存储操作系统的场合。

在 cramfs 中,文件最大不能超过 16 MB。支持组标识(gid),但是只将 gid 的低八位保存下来,因此只有这八位是有效的。支持硬链接。但是 cramfs 并没有完全处理好,硬链接的文件属性中,链接数仍然为 1。cramfs 的目录中没有“.”和“..”这两项。因此,cramfs 中的目录的链接数通常也仅有一个。在 cramfs 中,不会保存文件的时间戳(Times Tamps)信息。当然,正在使用的文件由于 inode 保存在内存中,因此其时间可以暂时地变更为最新时间,但是不会保存到 cramfs 文件系统中。当前版本的 cramfs 只支持 PAGE_CACHE_SIZE 为 4096 的内核。因此,如果发现 cramfs 不能正常读写时,则可以检查内核的参数设置。

6.3.4　自定义文件系统

嵌入式计算机系统有时会工作在资源非常紧凑的环境中,那么是否可以自定义简单文件系统,直接面向简单的应用需求呢? 答案是肯定的。

下面给出一个针对一种 Nand Flash 存储器 KM29U128T 设计的一个简单嵌入式文件系统。设计如下:

(1)KM29U128T 共有 1 024 个块 Block,每块有 32 个页,每个页 512 字节,因此共有空间 1 024×16 KB=16 MB。

(2)根目录的信息占用第 0 块,用户数据存放于第 1 ~ 1 023 块,可用空间共为 1 023×32＝32 736 页＝15.98 MB,根目录的每条记录为 32 字节,因此共可有 512 条记录,记录格式为:

①字节 0 ~ 10:文件名。

②字节 11 ~ 25:文件属性。

③字节 26 ~ 27:文件起始块。

④字节 28 ~ 31:文件大小。

(3)文件分配表 FAT 信息存放在每个块的首页(Page)的独立区,该区共有 16 字节,定义如下:

①字节 0 表示该块的使用情况:

0xFF :未使用。

0x00 :坏块。

0x01 ~ 0xFE:已使用块。

②字节 1 ~ 7:保留字节(对其中的数据无任何要求)。

③字节 8 ~ 11:指向前一块,若当前块是第一块,则该值为其本身。

④字节 12 ~ 15:指向下一块,若当前块为最后一块,则该值为 0xFFFF。

(4)文件系统提供的系统调用。

①查询空块;②创建文件;③关闭文件;④格式化;⑤文件写;⑥文件读;⑦文件比较;⑧文件查找;⑨文件改名;⑩文件删除。

6.4　Linux 根文件系统

　　根文件系统是 Linux 启动时加载的文件系统,是 Linux 不可缺少的一部分。没有根文件系统,Linux 系统就不能正确地运行。

6.4.1　根文件系统的基本结构和内容

　　Linux 的根文件系统目录树的结构如图6.4 所示。

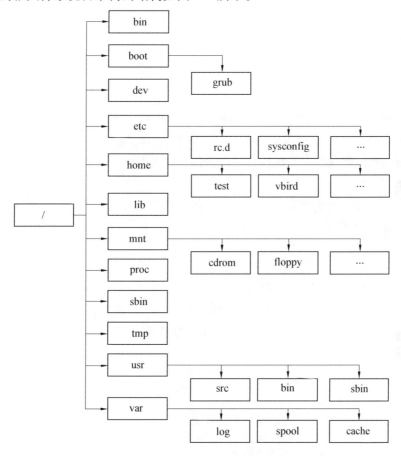

图6.4　根文件系统目录树的结构

　　Linux 系统的根文件系统中的每个目录都包含特定内容。

1./bin 目录

　　/ bin 目录包含引导启动所需的命令或普通用户可能用的命令(在引导启动后)。这些命令都是二进制文件的可执行程序,都是重要的系统文件。

2./sbin 目录

　　/sbin 目录类似/bin 目录,也用于存储二进制文件。因为其中的大部分文件都是系统管理员使用的基本的系统程序,所以虽然普通用户必要且允许时可以使用,但一般不给普通用户使用。

3. /etc 目录

/etc 目录存放着各种系统配置文件,其中包括用户信息文件/etc/passwd、系统初始化文件/etc/rc 等。Linux 正是靠这些文件才得以正常运行。

4. /root 目录

/root 目录是超级用户的目录。

5. /lib 目录

/lib 目录是根文件系统上的程序所需的共享库,存放了根文件系统程序运行所需的共享文件。它包含可被许多程序共享的代码,以避免每个程序都包含有相同的子程序的副本,可以使得可执行文件变得更小,节省空间。

/lib/modules 目录包含系统核心可加载各种模块,尤其是那些在恢复损坏的系统时重新引导系统所需的模块(如网络和文件系统驱动)。

6. /dev 目录

/dev 目录存放设备文件,即设备驱动程序,用户通过这些文件访问外部设备。比如,用户可以通过访问/dev/mouse 来访问鼠标的输入,就像访问其他文件一样。

7. /tmp 目录

/tmp 目录存放程序在运行时产生的临时信息和数据。

8. /boot 目录

/boot 目录存放引导加载器(BootLoader)使用的文件,如 LILO、grub,内核映象也经常放在这里,而不是放在根目录中。

9. /mnt 目录

/mnt 目录是系统管理员临时挂载文件系统的挂载点。系统并不自动支持挂载到/mnt,要使用 mount 命令挂载。/mnt 下面可以分为许多子目录,例如/mnt/dosa 可能是使用 MS-DOS 文件系统的软驱,而/mnt/exta 可能是使用 ext2 文件系统的软驱、/mnt/cdrom 光驱等。

表 6.2 给出各目录的功能汇总表,除了上面的目录,表中还包含/proc、/usr、/var、/home 等目录。

表 6.2 各目录的功能汇总表

目 录	内 容
bin	必要的用户命令(二进制文件)
boot	引导加载程序使用的静态文件
dev	设备文件和其他特殊文件
etc	系统配置文件,包括启动文件
home	用户主目录,包括供服务账号所使用的主目录,如 FTP
lib	必要的链接库,如 C 链接库、内核模块
mnt	安装点,用于暂时安装文件系统
opt	附加的软件套件
proc	用来提供内核与进程信息的虚拟文件系统
root	root 用户的主目录
sbin	必要的系统管理员命令(二进制文件)
tmp	暂时性文件

6.4.2　Linux 系统的引导过程

Linux 系统的引导过程如图 6.5 所示。

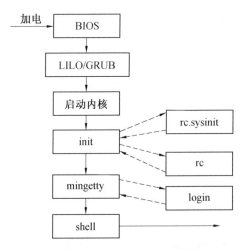

图 6.5　Linux 系统的引导过程

在内核启动以后,挂载了根文件系统,其余流程均依托根文件系统进行。

1. 内核启动过程

(1)解压内核到内存。

(2)跳到内核第一条指令,开始执行。

(3)完成一系列工作后,调用 start_kernel(main. c)。

①在屏幕上打印出当前的内核版本信息。

②执行 setup_arch(),对系统结构进行设置,如设定内存边界、初始化内存页面。

③解析系统启动参数,分析命令行语法。

④初始化陷阱(trap_init)。

⑤初始化中断(init_IRQ)。

⑥执行 sched_init(),对系统的调度机制进行初始化,对 CPU 上的运行队列进行初始化,初始化 0 号进程为系统 idle 进程。

⑦初始化系统的定时器机制。

⑧初始化软中断机制以及系统日期和时间。

⑨初始化控制台等设备。

⑩校对延迟循环(calibrate_delay)。

⑪rest_init:

● 开辟内存线程 init(kernel_thread->init)。

● 调用 unlock_kernel()。

● 建立内核 cpu_idle 循环。

2. init

　　init 进程会运行/sbin/init、/etc/init 或/bin/init 中的一个,并启动 shell,运行的 init(源码在 shell 中,实验系统可见 busybox 的 init 目录),它将读取配置文件/etc/inittab 并执行脚本/

etc/init. d/rcS。

inittab 文件很重要,由 parse_inittab 解析,其中通常要执行/etc/rc. d/rc. sysinit 脚本程序。

```
#一个实际系统中的/etc/inittab

# The default runlevel is defined here
#:3:initdefault:

# System initialization.
::sysinit:/etc/rc. d/rc. sysinit
#1:2345:respawn:/sbin/getty 115200 tty1
#2:2345:respawn:/sbin/getty 115200 tty2
#3:2345:respawn:/sbin/getty 115200 tty3
#4:2345:respawn:/sbin/getty 115200 tty4
#5:2345:respawn:/sbin/getty 115200 tty5
#6:2345:respawn:/sbin/getty 115200 tty6

# Put a getty on the serial line (for a terminal)
# uncomment this line if your using a serial console
:2345:respawn:/sbin/getty -L s3c2410_serial0 115200 vt100
#::askfirst:-/bin/sh

:12345:ctrlaltdel:/sbin/reboot
```

3. mingetty

mingetty(实验系统为 getty,源码见 busybox 的 loginutils 目录)会启动/bin/login 程序验证用户口令。

login 程序会对用户名进行分析(根据 etc 中的 nologin、security 和 usertty)。

用户名分析完后,根据 etc 中的 passwd 和 shadow 验证密码和进行设置(指定主目录和 shell,PC 默认 shell 为/bin/bash)。

成功登录后,显示信息(在/var/log/lastlog 中记录)并检查邮件(在/usr/spool/mail 中),设置环境变量。

shell 执行/etc/profile,显示命令提示符。

6.4.3　嵌入式 Linux 系统的根文件系统的制作

第一步:确定根文件系统的目录结构。在嵌入式 Linux 系统中,必须有的目录包括/bin、/dev、/etc/、/lib、/proc、/sbin 和/usr,其他目录都是可选的。

第二步:在各个目录的添加必要的内容:

(1)链接库。

(2)配置文件。

(3)内核模块。

（4）设备文件。在 Linux 系统中,所有的对象都被视为文件。在根文件系统中,所有的设备文件都放在/dev 目录中。

对于各个不同的 Linux 版本,一般都为其/dev 目录设置好了内容。在嵌入式系统中,目标板的/dev 目录只需要一些必备的条目及符号链接就可以满足系统的运行。基本的/dev 条目如下:

表 6.3　dev 目录下的基本设备文件

文件名	说　明	类型	主编号	次编号	权限位
mem	物理内存存取	字符	1	1	600
null	黑洞设备	字符	1	3	666
zero	以 null byte 为数据来源	字符	1	5	666
random	随机数产生器	字符	1	8	644
tty0	现行的虚拟控制台	字符	4	0	600
tty1	第一个虚拟控制台	字符	4	1	600
ttyS0	第一个 UART 字符串行端口	字符	4	64	600
tty	现行的控制台	字符	5	0	666
console	系统控制台	字符	5	1	600

创建/dev 中的条目方法如下:

```
# mknod - m 600 mem c 1 1
# mknod - m 666 null c 1 3
……
```

创建符号链接:(使用 ln-s 命令)

链接名称	链接对象
fd	/proc/self/fd
stdin	fd/0
stdout	fd/1
stderr	fd/2

1. 主要的系统应用程序

标准的 Linux 工作站和服务器发行套件中都配备了数以千计的二进制命令文件,并且不同的发行套件提供的命令集还各不相同。嵌入式 Linux 系统中不需要这么多的二进制文件。

一般有两种方法来定制嵌入式 Linux 系统中的二进制命令文件:

（1）挑选若干标准命令。

（2）尽可能把命令集浓缩成仅仅实现必要功能的应用程序（如 BusyBox）。

BusyBox 是集成很多标准 Linux 工具的一个单个可执行实现。BusyBox 包含一些简单的工具,如 cat 和 echo,还包含一些更大、更复杂的工具,如 grep、find、mount 及 telnet。

BusyBox 使用了符号链接以便使一个可执行程序看起来像很多程序一样。对于 BusyBox 中包含的每个工具来说,都会创建一个符号链接,这样就可以使用这些符号链接来调用 BusyBox 了。BusyBox 然后可以通过命令行参数来调用内部工具。

BusyBox 的参考网站：www. busybox. net。

2. init 程序

内核初始化的最后一个动作是启动 init 程序。init 程序启动后会根据 inittab 文件的内容启动指定的系统服务。

大多数 Linux 使用的 init 与 System V 的 init 类似，嵌入式 Linux 系统可以用 BusyBox 来提供 init 的功能。用户需要定制目标平台的 inittab、rc. sysinit、rc 等文件。

例如，Mizi Linux 的 inittab 中有：

```
::sysinit:/etc/init. d/rcS
```

首先执行脚本 rcS，用户可以在 rcS 中加入想让系统启动时执行的操作。

6.4.4　制作根文件系统的镜像

根文件系统的目录结构和内容都准备好了之后，通常还需要把它制成一个镜像文件，以便于将其下载到开发板上。

1. jffs2 文件系统

可以使用 mkfs. jffs2 命令制作 jffs2 根文件系统。制作 jffs2 镜像文件的过程如下：

```
mkfs. jffs2 - r rootfs - o rootfs-jffs2. img
```

2. yaffs 文件系统

yaffs 有两个命令，即 mkyaffs 和 mkyaffsimage。mkyaffsimage 是直接制作镜像文件的，与前面的 mkfs. jffs2 类似。mkyaffs 则直接操作存储设备文件，对其进行 yaffs 文件系统的格式化，一般通过网络文件系统启动后运行，然后利用 mount 挂载后执行：

```
mkyaffs /dev/mtdblock/0
```

格式化后直接拷贝根目录内容即可。

3. cramfs 文件系统

cramfs 工具主要有 mkcramfs 和 cramfsck。mkcramfs 工具是用来创建 cramfs 文件系统的；cramfsck 工具则用来进行 cramfs 文件系统的释放以及检查：

```
mkcramfs rootfs rootfs. cramfs
```

在 Mizi Linux 内核源代码的 scripts/cramfs 目录下，含有这两个工具的源代码，可以直接编译：

```
# cd kernel/scripts/cramfs
# make
```

4. Ramdisk

Ramdisk 就是存在于内存中的块存储设备。

Ramdisk 上可以使用任何 Linux 支持的磁盘文件系统，其特点是速度快，但其上的内容将因系统的重新开机而丢失。

Ramdisk 作为根文件系统的情况是从 Flash 解压到其中并挂载为根目录。

创建 ramdisk，Linux 提供的命令是 mke2fs。

6.4.5　根文件系统镜像的下载使用

根文件系统的镜像文件通常通过 BootLoader 使用网络、串口等多种方式下载到目标平台。

例如,可以通过 vivi 下载到目标板:运行 load flash root x,利用 xmodem 传送。

一个根文件系统要想真正用起来,内核必须包含对该文件系统的支持,在 dev 目录中形成对应该根文件系统的设备,BootLoader 传递给 Linux 内核的参数中设定其为要使用的根文件系统。

对于嵌入式系统调试,使用 NFS 非常方便,程序可以存放在主机上,被目标机上的 Arm Linux 访问,省去了烧录和下载的过程。

NFS 目录通常在主机的 etc/exports 中指定:

```
/home/nfs192.168.0.100 (rw)
```

NFS 指定的目录可以作为嵌入式 Linux(需正确配置)的根目录,一般通过 BootLoader 指定。

NFS 也可以在目标机 Linux 启动后,通过 mount 使用,如:

```
mount   192.168.0.10:/hit/root   /mnt
```

第7章 嵌入式设备驱动程序开发模型

与 PC 拥有兼容的通用硬件不同,嵌入式系统通常拥有个性化的硬件,为个性化硬件单独编写硬件驱动程序是关键的和不可避免的,这正是嵌入式设备驱动程序设计的重要性所在,符合嵌入式系统的个性化特点,也是嵌入式系统和通用计算机系统的本质不同。

与其他书籍不同,本书在介绍了 Linux 设备驱动模型之后,给出设备的分层模型,并利用该模型设计了一种驱动程序框架生成工具。

7.1 Linux 设备驱动程序模型

Linux 有两种工作状态,即内核态和用户态。应用程序处于用户态,无法直接访问硬件设备,需要借助驱动程序进入内核态才能访问硬件,而这种访问是借助设备文件来完成的,Linux 驱动程序模型是一种基于文件的模型。

7.1.1 Linux 驱动程序概述

1. Linux 驱动程序的分类

Linux 内核必须能够用标准的方式操作设备,每类设备的驱动程序都提供了通用的接口,供内核在需要请求它们的服务时加以使用。

(1)字符设备。字符设备原意是指那些只能按顺序一个字节一个字节读取的设备,但事实上一些高级的字符设备也可以从指定位置一次读取一块数据。其特点为:

①按字节访问。

②顺序访问。

③一般不使用缓存技术。

字符设备是最简单的设备,可以像文件一样访问,应用程序使用系统调用 open、read、write、close 访问,就像这个设备是普通文件一样,鼠标、声卡等都为字符设备。

初始化字符设备时,驱动程序要在内核注册,在字符设备开关表 chrdevs 中增加一个 device_struct 条目,主设备号作为这个表的索引。

如图 7.1 所示,每个 device_struct 结构包含两个元素,驱动程序的名字和文件操作的指针,这些文件操作位于驱动程序中。/proc/devices 显示的就是 chrdevs 表中的内容(参见 include/Linux/major. h)。

每个字符设备文件对应一个 VFS 节点(用 mknod 或 devfs 函数创建),其中包含主次设备号,当使用文件时就可以通过 VFS 节点中的主设备号找到相应 device_struct 条目,最后把相应的文件系统操作映射到驱动程序函数。

(2)块设备。块设备指那些可以从任意位置读取任意长度数据的设备,它以块为单位进行处理,块的大小通常为 0.5～32 KB。其特点为:

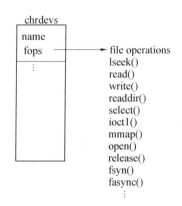

图 7.1　字符设备开关表与文件操作结构体关系

①按块访问。

②随机访问。

③常采用缓存技术。

硬盘、光盘驱动器等都为块设备,块设备也支持像文件一样进行访问,注册时使用的条目也是 device_struct,但注册使用的表是块设备开关表 blkdevs。

与字符设备不同,块设备需要分类,如 SCSI 类、IDE 类等,块设备类的驱动程序提供类相关的接口,参见 fs/devices.c。

块设备驱动程序除了提供文件操作的接口,还提供 buffer Cache 的接口,为了支持 buffer Cache,块设备驱动程序要填充一个结构 blk_dev_struct。

与字符设备不同,块设备拥有缓冲机制,这代表对块设备的操作不一定会引起实际硬件的 I/O 设备。

块设备主要是针对磁盘等慢速设备设计的,可以避免耗费过多的 CPU 时间来等待。

(3)网络设备。网络设备是 Linux 中一类比较特殊的设备,它不能通过文件节点访问。内核启动时,系统通过网络设备驱动程序注册已经存在的网络设备,设备用标准的支持网络的机制把收到的数据转送到相应的网络层。

每个网络接口都由一个 device 结构表示,内核中网络设备管理表 dev_base 是一个指向 device 的指针,相当于一个链表的表头,所有的网络设备都放在这个链表中。

2. 驱动程序的作用

从传统嵌入式开发角度来看,Linux 驱动程序是直接操控硬件的软件:

①直接读写硬件寄存器,控制硬件。

②操作设备缓冲区数据。

③读写存储介质,如 flash 或硬盘。

④操作输出设备和执行机构,如打印、开关门禁等。

从应用软件编写人员来看,Linux 驱动程序提供软件访问硬件的机制:

①应用软件通过驱动程序安全高效地访问硬件。

②驱动程序文件节点可以方便提供访问权限控制。

③驱动程序作为一个隔离的中间层软件,将底层细节隐藏起来,提高软件的可移植性和可重用性。

④接口鲜明的 Linux 驱动程序便于将软件分层,并隔离有缺陷的代码,对于项目的管理有积极贡献。

3. 嵌入式 Linux 驱动程序的特点

嵌入式 Linux 驱动程序需求多样,嵌入式设备硬件各异,芯片花样繁多,总是需要相应的驱动程序,嵌入式系统硬件不停地更新进步,嵌入式芯片厂商如 Intel、Samsung、Freescale、TI、ST 每年都有新品推出,很多都需要新的驱动。

嵌入式处理器往往资源有限,比如处理速度、存储器容量、总线带宽、电池容量等都有限制,个性化和资源有限决定了开发驱动程序需要更专业的软硬件知识,嵌入式产品开发还往往面临上市时间的压力。

应用程序是一个进程,编程从主函数 main( )开始,主函数 main( )返回即是进程结束。

驱动程序是一系列内核函数,包含一些函数,是内核的一部分,如 open( )、close( )、read( )、write( ),这些函数由内核在适当的时候来调用,这些函数可以用来完成硬件访问等操作。

Linux 提供 dev 文件系统节点和 proc 文件系统节点访问设备驱动,应用程序通过 dev 文件节点访问驱动程序:

(1)字符型驱动一般通过标准的文件 I/O 访问。

(2)块设备在上层加载文件系统,比如以 FAT32 的形式访问。

(3)网络设备通过 SOCKET 来访问。

应用程序通过/proc/devices 可以查询设备驱动信息,驱动程序位于内核源代码的 drivers 目录下,按照层次结构分门别类放置,占 kernel 源代码超过 50%,开发完毕的驱动程序放置在/lib/modules/kernel-version 里。

4. Linux 驱动程序开发

Linux 驱动程序加载方式有两种:

(1)驱动程序直接编译入内核:驱动程序在内核启动时就已经在内存中,可以保留专用的存储器空间。

(2)驱动程序以模块形式存储在文件系统里,需要时动态载入内核,驱动程序按需加载,不用时节省内存,驱动程序相对独立于内核,升级灵活,授权方式灵活。

在 Linux 驱动程序通过模块方式加载时,设备驱动程序加载时首先需要调用入口函数 init_module( ),完成设备驱动的初始化,如寄存器置位、结构体赋值等。

设备驱动程序还要向内核注册该设备,字符设备调用 register_chrdev( )完成注册,块设备调用的则是 register_blkdev( ),注册成功后,会获得系统分配的主次设备号,并建立与文件系统的关联。

设备驱动在卸载时需要回收相应资源、令寄存器复位并从系统中注销设备,字符和块设备分别调用 unregister_chrdev( )和 unregister_blkdev( ),操作设备通过系统调用完成,如 open( )、read( )、write( )、ioctl( )等。整个驱动程序工作逻辑过程如图 7.2 所示。驱动程序开发流程如图 7.3 所示。

嵌入式 Linux 驱动程序开发/调试反复消耗大量开发时间,驱动程序可以提供多种灵活方式来减少反复,例如减少反复次数,减少每次反复消耗的时间。

具体来说,驱动程序可以采用以下技巧:

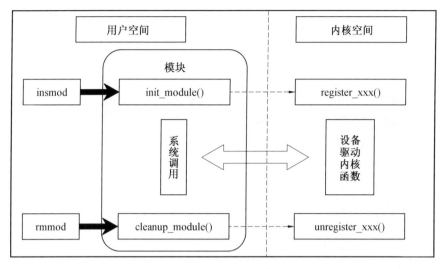

图 7.2　驱动程序工作逻辑过程

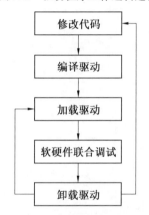

图 7.3　驱动程序开发流程

①用参数来改变配置。

②用文件系统。

③采用 gdb。

建立嵌入式 Linux 平台,移植和编写驱动程序往往是最具挑战的工作,驱动程序的开发周期一般较长,对产品的面世时间有着重要影响,驱动程序的质量好坏,直接关系到系统工作效能和稳定性,对项目的成败起着关键作用。

完成一个设备驱动程序,需要:

①分离硬件相关和硬件无关的代码。

②划分驱动程序的抽象层次。

③规定驱动程序行为。

④驱动程序之间的交互操作。

⑤驱动程序给用户提供的接口行为。

7.1.2　Linux 设备管理结构

1. 概述

Linux 内核常常使用设备类型、主设备号和次设备号来标识一个具体的设备。

用户希望能用同样的应用程序和命令来访问设备和普通文件,为此,Linux 中的设备管理应用了设备文件这个概念来统一设备的访问接口。

简单地说,系统试图使它对所有各类设备的输入、输出看起来就好像对普通文件的输入、输出一样。

由于 Linux 中将设备当作文件来处理,因此对设备进行操作的系统调用和对文件操作的类似,主要包括 open( )、read( )、write( )、ioctl( )、close( )等。

应用程序发出系统调用指令以后,会从用户态转换到内核态,通过内核将 open( )这样的系统调用转换成对物理设备的操作。

图 7.4 给出了 Linux 内核体系结构。

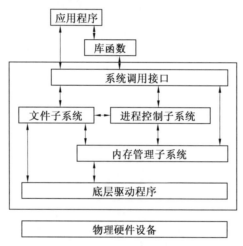

图 7.4　Linux 内核体系结构

在图 7.4 的基础上,图 7.5 给出了文件系统与驱动程序调用关系示意图。

2. 主设备号和次设备号

在设备管理中,除了设备类型(字符设备或块设备)以外,内核还需要一对称为主、次设备号的参数,才能唯一表示设备。

主设备号(Major Number):相同的设备使用相同的驱动程序,系统依靠主设备号标识不同的驱动程序,可通过/proc/devices 看到。内核代码中的相关说明在 documentation/devices. txt 中。

次设备号(Minor Number):用来区分同一驱动程序的具体设备实例。

2.4 版本中主次设备号都为 8 位,2.6 版本扩展为 12 位和 20 位。例如,第一 IDE 接口上的所有磁盘及其分区共用同一主设备号 3,而次设备号则为 0,1,2,3…。

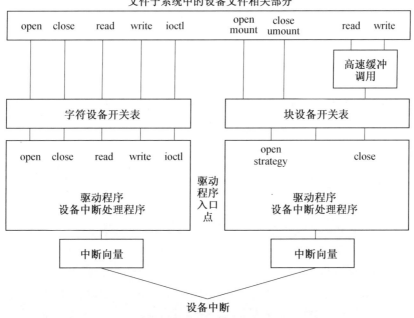

图 7.5　文件系统与驱动程序调用关系示意图

3. Linux 设备命名

Linux 习惯上将设备文件放在目录/dev 或其子目录之下。

设备文件命名(通常由两部分组成)规则为：

第一部分通常较短，可能只由二或三个字母组成，用来表示设备大类。例如，普通硬盘如 IDE 接口为"hd"，软盘为"fd"，U 盘为"sd"。

第二部分通常为数字或字母用来区别设备实例。例如，/dev/hda、/dev/hdb、/dev/hdc表示第一、二、三块硬盘；而 dev/hda1、/dev/hda2、/dev/hda3 则表示第一硬盘的第一、二、三分区。

7.1.3　Linux 驱动程序

1. 驱动程序的基本功能

(1)对设备初始化和释放。对音频设备而言，包括向内核注册设备、设置音频初始的输入输出参数（如采样频率、采样宽度等）、分配音频设备使用的内核内存等工作。

(2)对设备进行管理。包括实时参数设置以及提供对设备的操作接口。

(3)读取应用程序传送给设备文件的数据并回送应用程序请求的数据。这需要在用户空间、内核空间、总线及外设之间传输数据。

(4)检测和处理设备出现的错误。

2. 常用接口函数

常用接口函数如下：

open( )：打开设备，为其创建文件结构对象，分配文件句柄，将设备对应的文件结构对象与文件句柄关联。

release( )：关闭设备文件，释放文件结构对象和文件句柄，与 open( )相反。

read()：从设备中读数据，需要提供字符串指针。

write()：向字符设备写数据，需要提供所写内容指针。

llseek()：用来修改设备的当前读写位置，并返回新的读写位置。

poll()：用来检查设备读写操作是否会被阻塞，并返回一个掩码字，每位代表某种操作是否被阻塞。

ioctl()：用户进程可以发送特定的命令来获取设备的信息、控制设备的操作方式或操作参数。

flush()：清除内容。

mmap()：将设备内存映射到进程地址空间。通常只有块设备驱动程序使用。

select()：进行选择操作。如果驱动程序没有提供 select 入口，select 操作将会认为已经准备好进行任何 I/O 操作。

fasync()：用来通知设备文件标志字中的 FASYNC 标志发生了变化。

3. 驱动程序的工作过程

下面针对字符设备驱动程序的一般情况进行论述，其目的是帮助用户理解和开发自己的字符设备驱动程序。对于 Linux 内核封装的复杂 tty 和控制台设备驱动程序，虽然也属于字符设备，但一般都属于内核开发人员的工作，本处不做进一步介绍。

下面从创建字符设备文件、打开字符设备文件和读写字符设备三个方面进行论述。

（1）创建字符设备文件。创建了字符设备文件，就可以在/dev 目录下看到它并使用它了。

Linux 下可以用 mknod 命令（前面有例子）或者 devfs 函数（后面有例子）创建。

创建文件在 Linux 内部使用了 mknod() 系统调用，内核实现函数是 sys_mknod。sys_mknod 调用 vfs_mknod，然后调用当前文件系统相关函数（如 ext2_mknod）创建文件。

（2）打开字符设备文件。用户进程使用 open() 系统调用打开字符设备文件。

open() 系统调用使用的内核函数为 sys_open，它首先申请一个未使用的文件句柄，然后调用 flip_open() 函数。

flip_open 创建一个与文件句柄号对应的 struct file 结构体，并对其进行初始化及设置，然后调用 chrdev_open() 函数。chrdev_open() 函数根据字符设备开关表找到并调用对应的 ＊＊＊_open() 函数（如果函数存在的话）。

（3）读写字符设备。用户进程分别用 read() 和 write() 系统调用读写字符设备中的数据。

read() 和 write() 系统调用分别使用内核函数 sys_read() 和 sys_write() 函数，sys_read() 和 sys_write() 函数再分别调用 vfs_read() 和 vfs_write() 函数。最后根据字符设备开关表找到并调用对应的 ＊＊＊_read() 和 ＊＊＊_write 函数（如果函数存在的话）。

4. 结构 file_operations

在 Linux 系统内部，I/O 设备的存/取通过一组固定的入口点来进行，这组入口点是由每个设备的设备驱动程序提供的。

具体来说，设备驱动程序所提供的这组入口点由一个文件操作结构来向系统进行说明。

file_operations 结构定义于 Linux/fs.h 文件中，随着内核的不断升级，file_operations 结构也越来越大，不同版本的内核会稍有不同。

下面是 2.6.24 版本的 file_operations 结构：

```
struct file_operations {
struct module  * owner;
loff_t ( * llseek) (struct file  * , loff_t, int);
ssize_t ( * read) (struct file  * , char __user  * , size_t, loff_t  * );
ssize_t ( * write) (struct file  * , const char __user  * , size_t,loff_t  * );
ssize_t ( * aio_read) (struct kiocb  * , const struct iovec  * ,unsigned long, loff_t);
ssize_t ( * aio_write) (struct kiocb  * , const struct iovec  * ,unsigned long, loff_t);
int ( * readdir) (struct file  * , void  * , filldir_t);
unsigned int ( * poll) (struct file  * , struct poll_table_struct  * );
int ( * ioctl) (struct inode  * , struct file  * , unsigned int, unsignedlong);
long ( * unlocked_ioctl) (struct file  * , unsigned int, unsignedlong);
long ( * compat_ioctl) (struct file  * , unsigned int, unsigned long);
int ( * mmap) (struct file  * , struct vm_area_struct  * );
int ( * open) (struct inode  * , struct file  * );
int ( * flush) (struct file  * , fl_owner_t id);
int ( * release) (struct inode  * , struct file  * );
int ( * fsync) (struct file  * , struct dentry  * , int datasync);
int ( * aio_fsync) (struct kiocb  * , int datasync);
int ( * fasync) (int, struct file  * , int);
int ( * lock) (struct file  * , int, struct file_lock  * );
ssize_t ( * sendpage) (struct file  * , struct page  * , int, size_t,loff_t  * , int);
unsigned long ( * get_unmapped_area) (struct file  * , unsigned long,unsigned long, unsigned long,
unsigned long);
int ( * check_flags) (int);
int ( * dir_notify) (struct file  * filp, unsigned long arg);
int ( * flock) (struct file  * , int, struct file_lock  * );
ssize_t ( * splice_write) (struct pipe_inode_info  * , struct file  * ,loff_t  * , size_t, unsigned int);
ssize_t ( * splice_read) (struct file  * , loff_t  * , structpipe_inode_info  * , size_t, unsigned int);
int ( * setlease) (struct file  * , long, struct file_lock  * * );
};
```

file_operations 结构中的成员名字都对应一个系统调用，在用户利用系统调用对设备进行操作（如 write 和 read），就要利用这个结构来找到实际执行的函数。

file_operations 结构中的成员全部是函数指针，所以实质上就是函数跳转表。每个进程对设备的操作都会根据 major、minor 设备号转换成对 file_operations 结构的访问。

从某种意义上讲，写驱动程序的主要任务就是完成 file_operations 结构中的函数。

在用户自己的驱动程序中，首先要根据驱动程序的功能，完成 file_operations 结构的函数实现。

不需要的函数接口可以直接在 file_operations 结构中初始化为 NULL。

file_operations 结构变量会在驱动程序初始化时注册到系统内部。

当操作系统对设备进行操作时，会调用驱动程序注册的 file_operations 结构中的函数指针。

不同 Linux 版本中的这个结构不同,两个版本之间的驱动可能需要移植。

7.1.4　Linux 驱动程序编写

下面以一个虚拟硬件设备的驱动程序为例进行说明。

1. 驱动程序的功能

实现虚拟设备的写入、读出等操作。这个驱动程序并不基于特定硬件设备的,实际上仅仅是对内存进行读、写操作。

当执行写操作时,将会对特定的存储空间进行写入;当执行读出操作时,将会对该存储空间进行数据的读取;同时还可以利用 ioctl 进行清除该存储空间的操作。

这个 mydrv 设备的实现文件是 mydrv. c,其中的文件接口 flle_operations{}提供了 mydrv_read、mydrv_write、mydrv_ioctl 函数。

(1)函数 mydrv_read()的功能是从 mybuf[100]中读取字符串,并传递给调用的进程。

(2)函数 mydrv_write()的功能是将调用的进程所传入的字符串赋值给 mybuf,如果字符串的长度超过 100,则只取前 100 个字符。

(3)函数 mydrv_ioctl()中仅仅实现了一个控制功能——清除 mybuf 存储区。

2. 具体实现

首先,要根据设备功能的需要编写 file_operations 结构中的操作函数。其次,要向系统注册该设备,包括字符设备的注册及 devfs 节点的注册。然后就可以利用对应的文件进行设备操控了。具体如下:

(1)驱动源程序。

```
//引入头文件
# include <Linux/module. h>
#include <Linux/init. h>
# include <Linux/kernel. h>          /* printk() */
#include <Linux/slab. h>            /* kmalloc() */
# include <Linux/fs. h>/* everything... */
#include <Linux/errno. h>           /* error codes */
# include <Linux/types. h>          /* size_t */
#include <Linux/proc_fs. h>
#include <Linux/fcntl. h>           /* O_ACCMODE */
#include <Linux/poll. h>            /* copy_to_user */
#include <asm-arm/system. h>        /* cli(), *_flags */
# include <Linux/cdev. h>
#include <asm-arm/arch/regs-gpio. h>
#include <asm-arm/hardware. h>
```

```
#include <asm-arm/io.h>              /* writel,readl */
//定义常量和变量
#define MYDRV_CLS 1                 //定义清存储区命令字
char mybuf[100];                    //存储区域
int mydrv_major = 99;              //主设备号
struct cdev * mydrv_cdev;
dev_t   mydrv_dev;
     //第一步:编写 file_operations 函数
ssize_t mydrv_read(struct file * filp, char * buf, size_t count,loff_t * f_pos);
static ssize_t mydrv_write(struct file * filp,const char * buf,size_t count,loff_t * ppos);
static int mydrv_ioctl( struct inode * inode,struct file * file, unsigned int cmd, unsigned long arg);
struct file_operations mydrv_ops={
        owner:     THIS_MODULE,
        read:      mydrv_read,
        write:     mydrv_write,
        ioctl:     mydrv_ioctl,
};
// mydrv_read()将内核空间的 mybuf 中的字符串赋给用户空间的 buf 区
ssize_t mydrv_read(struct file * filp, char * buf, size_t count,loff_t * f_pos)
{
//filp:指向设备文件的指针;f_pos:偏移量
  if(count > 100) count = 100;
//忽略大于100 部分
  if(copy_to_user(buf, mybuf, count)) {        //mybuf→buf
//从内核区复制到用户区
    printk("error reading, copy_to_user\n");
    return -EFAULT;
  }
  return count;
}
// mydtv_write()将用户空间的 buf 字符串赋给内核空间的 mybuf[]数组中
static ssize_t mydrv_write(struct file * filp,const char * buf, size_tcount,loff_t * ppos)
{
  int num;
  num=count<100? count:100;
  if(copy_from_user(mybuf, buf, num))   //buf→mybuf
    return -EFAULT;
  printk("mydrv_write succeed! \ n");
  return num;
}
```

```
static int mydrv_ioctl( struct inode * inode,struct file * file,unsigned int cmd, unsigned long arg)
{
//MYDRV-CLS 则清除 mybuf 数组内容
  switch ( cmd )
   {
     case MYDRV_CLS:
         mybuf[0] = 0x0;
         return 0;
     default:
         return -EINVAL;
     }
}
// 指定模块 init 和 exit 函数
module_init( mydrv_init) ;
module_exit( mydrv_exit) ;
//第二步:向系统注册该设备
int mydrv_init( void)
{   int result;
   printk( "initing. . . \ n") ;
   mydrv_dev = MKDEV( mydrv_major,0) ;
   result = register_chrdev_region( mydrv_dev,1,"mydrv") ;
   mydrv_cdev = cdev_alloc( ) ;
   if ( mydrv_cdev = = NULL) {
     printk( KERN_WARNING "Register cdev error\ n") ;
     return -1;}
   else      {
     cdev_init( mydrv_cdev,&mydrv_ops) ;
     mydrv_cdev->ops = &mydrv_ops;
     mydrv_cdev->owner = THIS_MODULE;
     if ( cdev_add( mydrv_cdev,mydrv_dev,1) )
        printk( KERN_WARNING "Add cdev error\ n") ;}
   }
//注销设备
void mydrv_exit( void)
{
     cdev_del( mydrv_cdev) ;
     unregister_chrdev_region( mydrv_dev,1) ;
     printk( "exiting. . . \ n") ;
}
//GPL 许可声明
MODULE_LICENSE( "GPL") ;
```

(2)设备驱动程序编译和安装。驱动程序编译和编译应用程序的方式是不同的,因为它不是可执行程序,编译一般建有 makefile 文件,使用 make 编译,如果没有出错,将会在本目录下生成一个 mydrv. ko 文件。

模块操作必须是以 root 身份进行的(或用命令 su 转换成 root 身份),模块的加载操作如下:

```
#insmod mydrv. ko
```

如果模块已经过调试,且直接加入内核,可以通过修改内核使用的 makefile 文件来完成。

为设备添加文件节点:

```
#mknod mydrv c 99 0
```

此时就可以对设备进行读、写、ioctl 等操作了。

当不再需要对设备进行操作时,可以采用下列命令卸载模块:

```
#rmmod mydrv
```

要列出已加载模块,可以使用:

```
#lsmod
```

(3)设备的使用。要编写应用程序通过操作设备文件使用。

```c
#include <stdio. h>
int main( )
{
    int fp;
    char buf[100];
    if((fp = open("/dev/mydrv", 0)) < 0)
    {
      printf("Could not opened! \ n");
      return -1;
    }
    else printf("File open ok! \ n");
    read(fp , buf , sizeof(buf));
    printf("the buffer content is: %s \ n",buf);
    printf("Please input( < 100): ");
    scanf("%s", buf);
    write(fp , buf , sizeof(buf));
    read(fp , buf , sizeof(buf));
    printf("the buffer content is: %s \ n",buf);
    ioctl(fp,1,0);
    read(fp , buf , sizeof(buf));
    printf("the buffer content is: %s \ n",buf);
    close(fp);
    return 0;
}
```

编译生成可执行文件之后，就可以用该程序对 mydrv 设备的文件节点进行操作了。

3. 驱动程序中使用的函数和宏

（1）cdev_alloc。cdev_alloc( )函数分配一个字符设备结构体：

```
struct cdev  * cdev_alloc( void);
```

cdev 结构在 Linux/cdev.h 中定义：

```
struct cdev {
    struct kobject kobj;
    struct module  * owner;
    const struct file_operations  * ops;
    struct list_head list;
    dev_t dev;
    unsigned int count;
};
```

（2）cdev_init。初始化已经分配好的 cdev 结构，函数原型为：

```
void cdev_init( struct cdev  * , const struct file_operations  * );
```

cdev 代表要初始化的字符设备驱动程序指针。

fops 代表字符设备的设备文件操作函数组结构指针。

（3）cdev_add 和 cdev_del。cdev_add 将 cdev 代表的驱动程序添加到内核：

```
int cdev_add( struct cdev  * , dev_t, unsigned);
```

cdev_del 从内核中删除已注册字符设备 cdev：

```
void cdev_del( struct cdev  * );
```

cdev 代表要初始化的字符设备驱动程序指针。

dev_t 代表要被注册的字符设备驱动程序的起始设备号。

count 代表要被注册的字符设备驱动程序的设备号数量。

cdev_add 函数成功时返回 0，不成功返回非 0。

（4）MKDEV。

MKDEV(int major, int minor)：根据主设备号 major 和次设备号 minor 构建设备号。

MAJOR(dev_t dev)：根据设备号 dev 获得主设备号。

MINOR(dev_t dev)：根据设备号 dev 获得次设备号。

（5）register_chrdev_region 和 unregister_chrdev_region。手动分配和释放设备号（Linux/fs.h)：

```
int register_chrdev_region( dev_t first, unsigned int count, const char  * name);
void unregister_chrdev_region( dev_t first, unsigned int count);
```

first 表示要分配设备号的起始值。

count 是请求的连续设备号的数量。

name 是设备名称。

（6）alloc_chrdev_regio。自动分配设备号：

```
    int alloc_chrdev_region(dev_t * dev, unsigned int firstminor, unsigned int count, const char *
name);
```

该函数需要传递给它指定的第一个次设备号 firstminor(一般为 0)和要分配的设备数 count,以及设备名 name,调用该函数后自动分配得到的设备号保存在 dev 中。

(7)其他函数。

copy_to_user 和 copy_from_user:在用户空间和内核空间之间传递数据。

module_init 和 module_exit:说明模块加载和卸载时执行的函数。

printk、kmalloc 和 kfree:内核程序不能使用 printf、malloc 和 free,这三个函数替代其功能。

4. 在驱动程序中使用中断

中断服务程序又称驱动程序的下半部。在 Linux 系统中并不是直接从中断向量表调用设备驱动程序的中断服务子程序,而是由 Linux 系统来接收硬件中断,再由内核调用中断服务子程序。

中断可以在任何一个进程运行时产生,因而在中断服务程序被调用时,不能依赖于任何进程的状态,也就不能调用任何与进程运行环境有关的函数。

因为设备驱动程序一般支持同一类型的若干设备,所以一般在系统调用中断服务子程序时,都带有一个或多个参数以唯一标志请求服务的设备。

在 Linux 系统中,对中断的处理是属于系统内核部分,因而如果设备与系统之间以中断方式进行数据交换,就必须把该设备的驱动程序作为系统内核的一部分。

设备驱动程序通过调用 request_irq 函数来申请中断,通过 free_irq 来释放中断,它们被定义为:

```
    int request_irq(unsigned int irq,
    void ( * handler)(int irq, void dev_id, struct pt_regs * regs);
    unsigned long flags,
    const char * device,
    void * dev_id);
    void free_irq(unsigned int irq, void * dev_id);
```

irq 表示所要申请的硬件中断号。

handler 为向系统登记的中断处理子程序,中断产生时由系统来调用,调用时所带参数 irq 为中断号。

dev_id 为申请时告诉系统的设备标识。

regs 为中断产生时的寄存器内容。

device 为设备名,将会出现在/proc/interrupts 文件里。

flag 是申请时的选项,它决定中断处理程序的一些特性,其中最重要的是中断处理程序是快速处理程序还是慢速处理程序。快速处理程序运行时,所有中断都被屏蔽,而慢速处理程序运行时,除了正在运行的中断外,其他中断都没有被屏蔽。

在驱动程序中加入中断方法是在前面例子的 mydrv_init 中加入中断注册的代码:

```
set_external_irq(IRQ_EINT19, EXT_FALLING_EDGE,GPIO_PULLUP_DIS);
if(request_irq(IRQ_EINT19, &mydrv_irq, SA_INTERRUPT, "mydrv",&mydrv_irq)) {
    printk("mydrv can't request irqs\n");
    return -1;
}
```

在 mydrv_exit 中加入：

```
free_irq(IRQ_EINT19, &mydrv_irq);
```

最后编写中断服务程序：

```
static void mydrv_irq(int irq, void * dev_id, struct pt_regs * reg)
{
    ……
}
```

5. 对硬件的访问

下面以 S3C2410 为例，说明对硬件的访问。

一般 Linux 对内部特殊功能寄存器已经定义了头文件，例如，某 Linux 的定义文件为 include/arm/arch/gpio_regs.h，可直接使用寄存器名称：

```
writel(readl(S3C2410_GPACON)|(0x1<<12),S3C2410_GPACON);
```

对外部端口的访问使用标准的函数形式：readb(inb)、readw(inw)、readl(inl)；writeb(outb)、writew(outw)、writel(outl)。

对外部端口的访问使用的地址是虚地址，需要进行端口映射，可以有以下两种实现：

（1）在内核中进行映射。在内核中进行映射，这样在操作系统启动时映射就完成了，可以给任何驱动程序使用，如在某 Linux 内核的 arch/arm/math-s3c24210 目录的文件 mach-smdk2410.c 中有：

```
static struct map_desc smdk_io_desc[] __initdata = {
    / * virtual    physical    length    domain    r  w  c  b */
    { vCS8900_BASE, pCS8900_BASE, 0x00100000, DOMAIN_IO, 0, 1, 0, 0 },
    { vCF_MEM_BASE, pCF_MEM_BASE, 0x01000000, DOMAIN_IO, 0, 1, 0, 0 },
    { vCF_IO_BASE, pCF_IO_BASE, 0x01000000, DOMAIN_IO, 0, 1, 0, 0 },
    LAST_DESC};
```

这是操作系统初始化的端口表，可添加一项。

（2）模块中进行映射。模块中进行映射，只能为模块本身使用。

```
iobase = ioremap(DM9000_MIN_IO, 0x400);
```

7.2　设备的分层模型

在 PC 平台上,硬件配置是标准化的,硬件设备对应用程序员是完全透明的,而嵌入式计算机系统中不仅包含嵌入式操作系统能支持的标准设备,也包含其不能支持的个性化的硬件设备,而这些个性化的硬件设备驱动程序的开发是需要程序员自己来完成的。

嵌入式系统是一个精简的系统,很少甚至没有冗余的硬件设备,两个不同的嵌入式系统产品一般不会有完全相同的硬件设备,这正是个性化设备的由来。换个角度看,嵌入式系统的性质决定其具有专用性,个性化的硬件设备确定了这种"专用",而"专用"确定了嵌入式系统产品的本质特征。在嵌入式系统的应用开发中,程序员必须进行个性化设备驱动程序的开发,这不仅必需的,而且是最关键、最重要的部分。

本书的驱动程序开发模型直接基于硬件设备,从底层硬件设备开始,分为设备操作层和设备应用层。

7.2.1　设备操作层

把一组对象放在一起,作为讨论的范围,这是人类早期就有的思想方法。对于任意一个嵌入式设备 D,本书假定:

$$D = \{ D_1, D_2, \cdots, D_n \}$$

其中,$D_1, \cdots, D_n$ 为具有独立软硬件开发环境的子设备,这些子设备是独立的嵌入式系统开发实体,子设备的各组成部分不具有独立软硬件开发环境。一个嵌入式设备可能需要 LED 或者 LCD 显示单元、键盘和小键盘、脉冲拨号电路、调制解调器、发送器、多路器和信号分离器,相对于某个嵌入式设备,该设备的这些组成部分就可以作为子设备对待。对于这样的子设备 D_i,描述为

$$D_i = \{ D_{i1}, D_{i2}, \cdots, D_{im} \}$$

其中,$D_{i1}, \sim, D_{im}$ 为硬件基本操作单元,是从操作角度分解出的小粒度的硬件单元,具有如下特性:

1. 可操作性

硬件基本操作单元选择时,只需要描述子设备中的可操作硬件单元,对于子设备中的不可操作部分,不予描述。图 7.6 所示的某嵌入式系统中的不可控电源,从开发角度来说,这部分硬件操作是透明的,是不需要表现出来的,所以不需要进行描述。

2. 独立性

操作独立的硬件应作为独立的整体被描述,因为进一步的细化对操作的执行不会产生任何影响,如果细化反而会增加系统负担,不利于硬件的准确描述,所以这种细化毫无意义。

图 7.7 所示为某嵌入式系统的部分电路图,其中 8255 的端口 A 和端口 B 分别作为键盘的行线和列线,端口 C 的独立控制形成八个独立的输出信号来控制信号灯、蜂鸣器以及 LCD 背光亮度的调节。LCD 的背光亮度通过高压条上的 0～5 V 电压信号输入来调节,由此选用输出在 0～5 V,操作信号包括片选、方向选择和调整三个信号量的 X9318。X9318 在此功能操作独立单一,即具有操作的独立性,因此 X9318 应该作为一个整体被描述。如果把它的三个信号作为单独的硬件操作单元进行描述,就显得过于细化,这样做是完全没有必

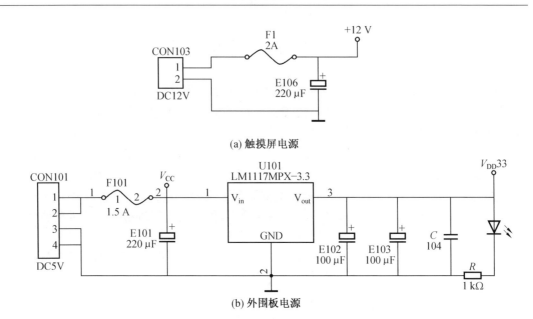

图 7.6 某嵌入式系统中的电源电路图

要的。

3. 实时要求

嵌入式系统广泛应用于过程控制、数据采集、通信、多媒体信息处理等要求快速处理的场合,像动态信号的采集、生产线的控制等操作,都有严格的响应时间要求。由于计算机的嵌入,嵌入式系统也是一个激励–运行–响应的电子系统。它与嵌入对象体系交互时,就要满足时间交互过程的响应要求。对于那些不能被打断的强实时要求的操作,为保证其操作的有效性,必须作为独立的单元来对待。如上面提到的动态信号的采集单元、生产线的控制单元等,实时性要求非常高,像这样的单元就必须作为独立的操作单元来进行描述。

4. 简单性

在满足上述要求的条件下,应尽量保证硬件基本操作单元的粒度最小化,复杂的操作逻辑应该在更上层实现。操作单元粒度的大小决定了操作单元的信息封装程度,从系统的构成、功能和运行位置来说,如果进一步进行划分,则操作单元的粒度越小,划分的操作单元就会越多,操作单元与上层的接口增加,不符合嵌入式系统精简的特点;而如果粒度过大,则操作单元会更少,但是操作单元之间的耦合性过松,功能划分得太粗,使操作单元的再组合难度增加,不利于构建更灵活的系统。

这样,一个嵌入式设备就被简单地描述为多个子设备的集合,而子设备又被描述为多个硬件基本操作单元的集合,这构成了设备操作层。

7.2.2　设备应用层

7.2.1 节对嵌入式系统中的硬件按着其操作进行了分解,我们关心的是操作本身,而不是这个操作在系统中的使用。例如,一个输出用开关量,在硬件操作单元层被关注的是开关状态如何被控制,而不是这种转换的外部含义。在设备应用层则不同,如果前面的输出用开关量影响的是某个阀门的开关状态,那么应用单元就应该是这个阀门的说明及其状态的描

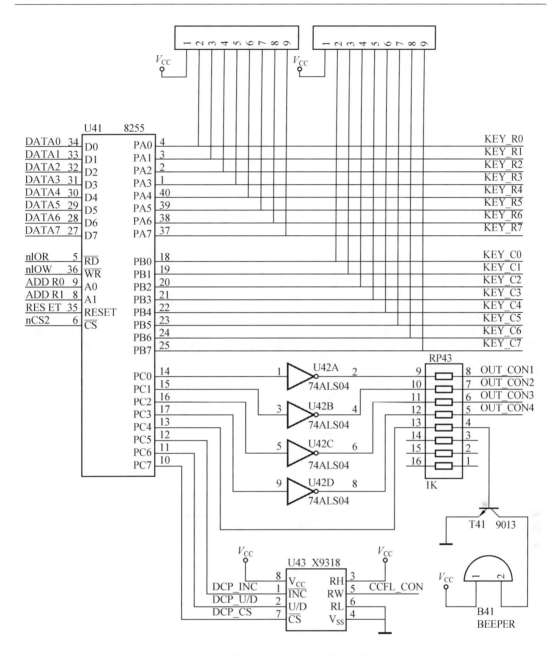

图 7.7　某嵌入式系统的部分电路图

述。

本书把一个子设备 D_i 的设备应用层看作一个集合 A_i，并对其进行如下描述：

$$A_i = \{A_{i1}, A_{i2}, \cdots, A_{iu}\}$$

其中，$A_{i1} \sim A_{iu}$ 为构成该子设备 D_i 的硬件基本应用单元。

实际实现时，硬件基本应用单元将以符号变量的形式在软件系统中体现，变量的类型包括三类，即"内存变量""I/O 变量"和"结构变量"，新增加的 I/O 要被特殊标记，它必须从从编程语言的变量中分离出来，与硬件基本单元产生关联。

1. 内存变量

内存变量分为内存离散变量、内存实型变量、内存字符串变量及内存长整型变量四种。那些不需要和上层应用程序交换数据，只在驱动程序内使用的变量，可以设置成内存变量。

2. I/O 变量

I/O 变量分为 I/O 离散变量、I/O 实型变量、I/O 字符串变量及 I/O 长整型变量四种。I/O 变量担负着上层控件与下层设备交换数据的重任。这种数据交换是双向的、动态的，就是说：每当 I/O 变量的值发生改变时，该值就会传递到上层；每当上层接收用户指令，要求数据改变时，该变量就会将改变传递给底层驱动程序，从而影响硬件状态。如果影响电源开关的应用单元，就可以设置成 I/O 变量。

3. 结构变量

结构变量包含多个成员，成员类型可以是内存变量和 I/O 变量中的任何一种。

对于任意一个 A_{it}，将其抽象为一个四元组，表示为

$$A_{it} = \langle name, sort, number, type \rangle$$

该四元组中的每项称为该硬件基本应用单元的一个属性。其中，name 为硬件基本应用单元的名字；sort 为硬件操作时的种类，如 bit（位类型，如开关量就应定义为位）、U8、U16 等；number 为数量，当应用需要以一组数据的形式进行描述时使用，一般情况为 1；type 为应用类型，包括输入和输出两种。

设备操作层和设备应用层之间的映射关系，实际上是 D_i 到 $A_i(i=1,\cdots,n)$ 之间的映射，如图 7.8 所示。

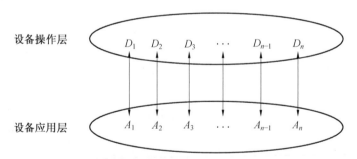

图 7.8　设备操作层和设备应用层之间的映射

对于任意的

$$D_i = \{ D_{i1}, D_{i2}, \cdots, D_{im} \}$$

和

$$A_i = \{ A_{i1}, A_{i2}, \cdots, A_{it} \}$$

$A_{ij}(j=1,2,\cdots,t)$ 可能与一个或多个 $D_{ik}(k=1,2,\cdots,m)$ 相关联，即某个基于硬件的应用可能涉及一个或多个硬件的操作，本书在从 A_{ij} 到 D_{ik} 的映射中描述出这种操作逻辑。如果这种操作逻辑很简单，就可以直接映射，如果很复杂，就有可能需要引入中断或某些底层的协议。如 7.1.1 节提到的 X9318，由于其操作的独立性，可以作为单独的硬件基本操作单元来进行描述；在设备应用层，由于其功能单一，操作逻辑简单，作为硬件基本应用单元可以与之相对应的操作单元形成一一映射。

设备应用层处于应用的底层，应具有以下特点：

（1）对于上层应用来说，它屏蔽了硬件使用的细节。在这里，我们只关心硬件单元提供了什么样的功能，完成了什么样的应用，而不必关心该硬件单元是如何使用的。

（2）提供最基本的硬件应用方式，是最小粒度的应用单元，充分保证上层应用的灵活性。同硬件基本操作单元的划分原则一样，硬件基本应用单元之间的耦合度要适中，在保证功能独立的前提下，应充分考虑基本应用单元之间的协调作用。

（3）实时性能。实时性要求是嵌入式系统永恒不变的要求。最强实时性要求已经在设备操作层完成，硬件基本应用层要保证次一级的硬件实时性能，以使更高一级应用不必过多考虑硬件使用的实时问题。

7.3　驱动程序框架生成工具

驱动程序开发模型的主要功能是实现硬件基本操作单元与硬件基本应用单元的映射，这个映射是通过驱动程序完成的，驱动程序框架工具是对驱动程序自动生成做的一次初步尝试，能够为驱动程序的生成提供支持。

7.3.1　概述

硬件基本操作单元可以支持三类基本的硬件，即 CPU 引脚类、简单硬件类及复杂硬件类。前两类硬件由于功能确定，驱动程序可以由驱动程序框架生成工具自动生成，对于第三类硬件，驱动程序框架生成工具提供一个开发接口，用户可在基本框架下自行添加处理代码。

在硬件基本应用单元这个层面，利用驱动程序框架生成工具，用户可以定义硬件基本应用单元，可视化地与已建立的硬件基本操作单元建立关联，简单的映射可自动生成，复杂的映射则提供开发接口。硬件基本应用单元通过驱动程序调用接口与上层发生关联。

驱动程序框架生成工具主要功能包括硬件基本应用单元设定、硬件基本操作单元设定及开发接口、映射选择及开发接口、中断服务程序选择及开发接口、自定义程序开发接口（头文件及子程序）、系统资源和设备号选择、设备初始化及释放代码开发接口及编译过程显示等。

工具包括驱动程序框架生成以及基本硬件操作单元和基本硬件应用单元的映射。映射主要是通过驱动程序框架来实现的。驱动程序框架的功能包括：添加头文件；系统资源和设备号定义；添加编辑其他函数；添加操作函数 ioctl（）；文件系统接口定义；模块初始化及释放函数；驱动程序模块化；中断处理以及框架编译等。映射部分包括添加基本硬件操作单元和基本硬件应用单元。驱动程序框架生成工具功能模块如图 7.9 所示，驱动程序框架在底层，支持了映射功能的实现。

驱动程序框架生成工具的实现使用了 Qt 编程。Qt 是一个跨平台的 C++图形用户界面库，将在第 8 章介绍。

添加硬件基本操作单元	添加硬件基本应用单元	映射
添加头文件 系统资源和设备号定义 添加、编辑其他函数 添加操作函数ioctl 文件系统接口定义	添加模块初始化函数 添加模块释放函数 驱动程序模块化 添加中断处理 编译	驱动程序框架

图 7.9　驱动程序框架生成工具功能模块

7.3.2　添加头文件及设备定义

该模块的功能包括默认头文件添加及设备定义,其中设备定义是指设备名和设备号的宏定义。

驱动程序框架生成工具提供驱动程序常用的各种头文件。驱动程序员利用本框架生成工具,点击"添加头文件"按钮,添加常用的头文件。当用户点击了该按钮,一个信号 signal 将会传递给该按钮对应的槽 slot。slot 是一个成员函数 clicked( ),在该成员函数内部实现了常用头文件的添加功能,如图 7.10 所示。编辑或添加其他头文件,由程序员打开驱动程序文件自行添加。

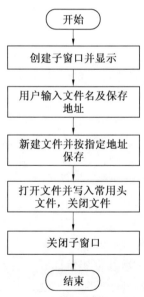

图 7.10　添加头文件流程图

新建文件及指定的保存地址被记录进一个全局变量,以便准确定位驱动程序文件,并使用驱动程序框架生成工具修改文件内容。

操作系统通过文件系统内的设备名称访问字符设备,通过主设备号标识设备对应的驱动程序。设备定义主要是在驱动程序开始位置,进行设备名称及设备号宏定义,以便驱动程序对设备注册及注销或者其他函数使用。

实现思想是,Qt 文本框接收并记录用户输入的设备名称字符串及设备号字符串,打开驱动程序文件并写入,关闭驱动程序文件。宏定义标识符默认为 DEVICE_NAME 及 DE-VICE_MAJOR,用户也可以根据实际需要自行修改宏定义标识符及添加其他宏定义。至于设备号是否由操作系统确认,这里只进行输入区间的判定。设备名称及设备号处理流程图如图 7.11 所示。

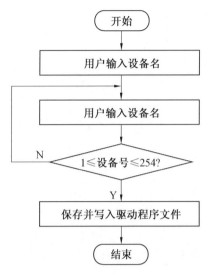

图 7.11　设备名称及设备号处理流程图

7.3.3　驱动程序与操作系统的接口

内核使用 file_operations 结构访问驱动程序的函数,这个结构的每个成员的名字都对应着一个系统调用。从某种意义上说,写驱动程序的任务之一就是完成 file_operations 中的函数指针。

框架生成工具提供内核支持的常用方法有 open、release、read、write 及 ioctl 等。在工具界面上,每个方法前提供一个复选框,用户根据需要选择添加相应的方法,工具提供该方法的实现框架,函数名命名采取 DEVICE_NAME 加系统方法的原则组织,如 DEVICE_NAME_read、DEVICE_NAME_ioctl 等。该功能模块处理流程图如图 7.12 所示。除此之外,用户可能还需要添加其他函数,点击该功能按钮即可打开驱动程序文件,进行其他函数的编写。

对 file_operations 结构的字段采用标记化的初始化格式,即用名字对字段进行初始化,这样就避免了因数据结构发生变化而带来的麻烦。框架生成工具提供 file_operations 结构的默认配置包括 owner 字段,默认设置为 THIS_MODULE;其他字段,例如 read、open、ioctl 等,则根据用户在界面上的选择进行添加。file_operations 结构添加效果如图 7.13 所示。

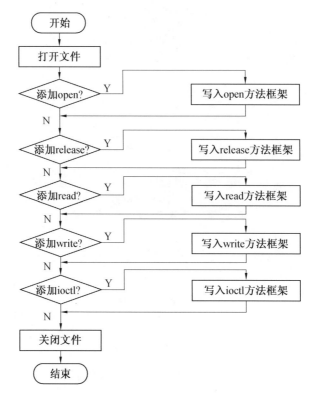

图 7.12　添加其他函数处理流程图

```
static struct file_operations DEVICE_NAME_fops = {
owner: THIS_MODULE,
ioctl: DEVICE_NAME_ioctl,
read: DEVICE_NAME_read,
open: DEVICE_NAME_open,
release: DEVICE_NAME_release
...
};
```

图 7.13　file_operations 结构添加效果图

7.3.4　驱动程序与系统引导的接口

该功能模块包括驱动程序初始化及卸载。

初始化函数声明如下：static int _init DEVICE_NAME_init(void)。这样使用属性_init，它会在初始化工作完成后，丢弃初始化函数并且回收它所占用的内存。初始化函数内负责注册模块内所提供的任何设施，这里的设施指的是一个可以被应用程序访问的新功能，可能是一个完整的驱动程序或仅仅是一个新的软件抽象。提供的默认功能包括字符设备的注册以及设备文件的注册，即 register_chrdev 和 devfs_register。

释放函数的声明和初始化函数的声明类似：static void _ _exit DEVICE_NAME_exit(void)。默认的功能包括设备文件的注销以及字符设备的注销，即 devfs_unregister 和 unregister_chrdev,并向系统返回所有资源。

　　声明了驱动程序的初始化和释放函数之后,用 module_init 和 module_exit 进行标记,分别用以说明内核初始化函数所在位置以及帮助内核找到模块的清除函数,如图 7.14 所示。这样做的好处是内核中每个初始化和清除函数都有一个唯一的名字,便于调试;同时也使那些既可以作为一个模块也可以直接链入内核的驱动程序更加容易编写。

```
module_init(DEVICE_NAME_init);
module_exit(DEVICE_NAME_exit);
```

图 7.14　驱动程序模块化效果图

7.3.5　驱动程序与设备的接口

该模块主要包括添加中断、硬件基本操作单元和硬件基本应用单元。

1. 添加中断

中断添加提供两种中断的默认框架,即定时器中断和外部中断。

　　定时器处理程序需要接收一个参数,该参数和处理程序函数指针一起存放在一个数据结构中,即 timer_list。定时器中断框架提供声明结构体变量 DEVICE_NAME_timer、添加定时器 add_timer、删除定时器 del_timer、初始化定时器结构 init_timer 以及添加超时处理函数 DEVICE_NAME_timer_handler 等功能,点击按钮,添加相应内容。其中,init_timer 添加在 DEVICE_NAME_opcn 函数内,del_timer 添加在 DEVICE_NAME_release 函数内。

　　外部中断框架提供中断注册函数 irq_register 以及中断释放函数 free_irq 的框架,中断号由用户通过文本框输入,两个函数分别写在模块初始化函数 DEVICE_NAME_init 和模块退出函数 DEVICE_NAME_exit 中。框架生成工具界面上提供文本编辑框供用户添加编辑中断处理函数。

2. 添加硬件基本操作单元

　　硬件基本操作单元支持三类基本的硬件:第一类为 CPU 的 GPIO 引脚;第二类是简单硬件,一般指利用非可编程接口芯片操作的硬件;第三类是复杂硬件,一般指通过可编程接口芯片操作的硬件,如图 7.15 所示。前面两种因为功能确定,所以可以很方便地自动生成驱动程序代码。对于最后一种硬件,本工具提供一个可编辑的文本框,方便用户自行添加处理逻辑的代码。

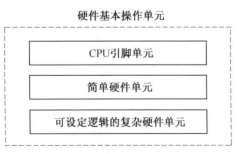

图 7.15　硬件基本操作单元分类

　　(1)CPU 引脚类的硬件操作是指对 ARM 芯片引脚的直接读写操作。框架生成工具提供 ARM S3C2410 芯片的八个通用的用户可自定义的端口供用户选择添加。S3C2410 的

GPIO 端口情况在第 2 章已经介绍,每个端口包含了 8～23 个数量不等的引脚,绝大部分可以由用户自定义输入输出功能。其中 GPA 共有 23 个引脚,全部由系统定义;GPF 和 GPH 定义为中断引脚,可以接外部的硬件中断;GPG 用于串口的控制。其他的引脚都可以进行自定义使用。

(2)简单硬件是指一些没有内部逻辑操作的硬件,一般指非可编程接口芯片控制的硬件,如对存储器的读写操作。S3C2410 将系统的存储空间分成八个 bank,每个 bank 的大小是 128 M 字节,共 1 G 字节。bank0 到 bank5 的开始地址是固定的,用于 ROM 或 SRAM。bank6 和 bank7 用于 ROM、SRAM 或 SDRAM,这两个 bank 可编程,且大小相同,bank7 的开始地址是 bank6 的结束地址,灵活可变。框架生成工具以下拉列表的形式提供前六个 bank 供用户选择添加,后两个 bank 的操作由用户自行添加。

(3)对于具有软件可设逻辑功能的硬件,如可编程接口芯片操作的硬件,其最基本的操作功能由框架生成工具自动生成代码。

3. 添加硬件基本应用单元

在应用单元这个层面,每个基本的应用单元可以和下层的硬件基本操作单元做映射,将一个或者多个硬件基本操作单元组合成为一个基本应用单元。工具界面上提供代码编辑窗口,用来添加组合基本硬件操作单元的逻辑代码,以及设定前面提到的具有软件可设定逻辑功能的硬件的代码。

对于以变量形式呈现的硬件基本应用单元,框架生成工具提供变量属性设定窗口,以供用户增加变量,即硬件基本应用单元。窗口包括变量名、变量类型、描述等输入文本框,其中变量类型以下拉列表的形式给出,包括内存变量的四种类型,I/O 变量的四种类型,以及结构变量。当用户选择了结构变量后,结构成员添加功能变得可用。结构成员添加功能包括结构成员名、成员类型及成员描述三项,其中,成员类型包括内存变量的四种类型,I/O 变量的四种类型。

硬件基本应用单元以结构体的形式定义,声明结构体数组记录当前系统中所有硬件基本应用单元,全局变量 UNITNUM 记录硬件基本应用单元的数量。

```
struct hunit
{
    char * devname;
    int sort;
    int num;
    int type;
};
struct hunit h_unit[ UNITNUM ];
```

定义结构体 op 记录硬件操作的信息,其中 addr 表示变量操作的地址,off 表示偏移地址,对于简单硬件,该位默认为 0,mask 为要写入或读出的值。

```
struct op
{
    u32 addr;
    u32 off;
    u32 mask;
};
struct op oper[UNITNUM];
```

通过以上两组结构体,可以对硬件的操作提供完整的信息。

7.3.6　编译及映射

驱动程序框架生成工具还提供框架编译功能。其主要思想是由父进程生成一个子进程,然后将这个新进程的 stdout 重定向到本地的某一文件,比如 err. txt,然后用新进程 execl gcc,使用-w 选项,忽略编译过程中输出的警告信息,其他编译选项由用户以命令行的形式给出。最后打开 err. txt,如果其内容不为空,则表示编译过程中出现了错误,否则编译正确,并将编译结果显示给用户。生成子进程编译代码的同时,父进程睡眠,并使用 wait 系统调用等待子进程编译结束,查看其退出状态。因为子进程执行 gcc,所以不会陷入死锁。

硬件基本操作单元和硬件基本应用单元之间可能是一一映射,即硬件基本操作单元完成单一功能并且是不可再分的;二者之间也可能是多对一映射,即多个硬件基本操作单元共同完成某个应用,并可由一个应用单元表示出来。

CPU 引脚类的硬件操作以及简单硬件操作(功能单一的硬件操作)和硬件基本应用单元之间是一一映射,如图 7.16 所示。复杂硬件,即存在某种可设定逻辑功能的硬件操作(多个硬件组合完成某种功能)和硬件基本应用单元之间应该是多对一的映射,如图 7.17所示。

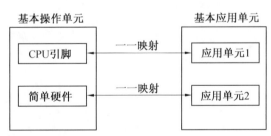

图 7.16　硬件操作单元和硬件应用单元的一一映射关系

由窗口生成的映射关系建立工具,将硬件基本操作单元和硬件基本应用单元之间建立某种映射关系,该映射关系被保留在后缀为 Opera_App. ini 的配置文件中,以便上层属性服务器根据映射关系调用相关的驱动程序,从而完成上层可视化控件层和底层驱动程序层的有效连接,达到轻松编程的目的。Opera_App. ini 文件形式如图 7.18 所示。

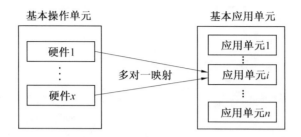

图 7.17　硬件操作单元和硬件应用单元的多对一映射关系

【硬件操作单元】	【单元性质】	【硬件应用单元】	【映射关系】	【传递变量】	【其他…】
opp单元1	CPU引脚	app单元1	1：1	x	…
opp单元2	简单硬件	app单元2	1：1	i	…
opp单元3	复杂逻辑	app单元3	n：1	j	…
opp单元4	复杂逻辑	app单元3	n：1	y	…
…	…	…	…	…	…

图 7.18　Opera_App. ini 文件格式示意图

第8章 嵌入式可视化开发模型

嵌入式可视化开发模型通常都是基于嵌入式 GUI 的,本章从嵌入式 GUI 入手,讲述最有代表性的嵌入式 GUI—QT/E,并给出一个通用的轻量级的嵌入式 GUI 的设计,在最后给出嵌入式可视化开发模型的抽象和概括,并据此给出一个具体设计。

8.1 嵌入式 GUI

8.1.1 GUI 的概念

GUI(Graphics User Interface)图形用户接口,是计算机与用户之间的图形化对话接口,如计算机界面、手机界面、游戏机界面等。

这些界面一般由两部分组成:一个是提供用户操作的界面的应用程序,如计算机的记事本、手机上的电话本、短消息等;另一个是管理系统里面所有的应用窗口的交互、建立等,这个部分又被称为 GUI Framework。

应用程序一般是根据用户的需求开发出来的直接为用户服务的软件,它需要利用 GUI Framework 提供的接口来建立用户可见的窗口、按钮,并且将对应的按钮绑定上自己的处理函数,处理自定义的消息。

一些复杂的应用可能需要在 GUI Framework 的基础上再进行封装,提供功能更强大的接口。例如一个图形化浏览器,如果 GUI Framework 提供的接口不够它的需求,而且页面的排版 Framework 没有提供,就需要进行二次封装。

GUI Framework 提供给应用的接口主要包括窗口的建立、事件的注册,还会提供更加底层的接口让应用创建自己特色的窗口。

Framework 内部实现主要分为四部分:

1. 图形引擎

图形引擎提供最底层的图形函数,如点、线、矩形、椭圆形、图片以及最底层的图形区域的计算、颜色的计算等。

2. 事件系统

事件系统提供对最原始的硬件源事件的管理,如鼠标的点击、键盘的输入、触摸屏的操作等,将这些事件发送到指定的模块,提供内部自定义的事件管理和转发。

3. 窗口系统

窗口系统实际上是对图形引擎和事件系统的封装,给本来屏幕上每块的区域都添加了"生命",使得这些区域可以响应事件,显示特定的图像。

4. 用户接口层

用户接口层主要是为应用程序服务的,让应用程序在不关心图形引擎和事件系统的情况下来建立自己的窗口。

8.1.2　Linux 图形系统的发展史

Windows 是一个图形操作系统,它的 GUI 和操作系统是在一起的,而 Linux 本身没有图形界面,Linux 下的图形界面是由应用程序实现的,支持的标准是 X Windows。

图形界面并不是 Linux 的一部分,Linux 只是一个基于命令行的文本操作系统。

Linux 和 X Windows 的关系就相当于 DOS 和 Windows 3.0 一样,Windows 3.0 不是独立的操作系统,它只是 DOS 的扩充,是 DOS 下的应用程序级别的系统,不是独立的操作系统,同样,X Windows 只是 Linux 下的一个应用程序而已,不是系统的一部分。

GUI 的存在可以方便用户使用计算机。Windows 95 以后,图形界面成为 Windows 操作系统的一部分,其功能在系统内核中实现。

没有了图形界面,Windows 就不能成为 Windows 了,但 Linux 还是 Linux,很多装 Linux 的 Web 服务器就根本不装 GUI。这也是 Windows 和 Linux 的重要区别之一。

X Window 是 MIT 提出的 Unix 标准图形界面:业界标准,在商业应用上最初有两大流派:

(1)Sun 公司领导的 Openlook 阵营。

(2)IBM/HP 领导的 OSF(Open Software Foundation)的 Motif。

最后两大流派经过妥协,CDE(Common Desktop Environment)成为新标准。

1996 年 10 月,针对 CDE,由开发图形排版工具 Lyx 的德国人 Matthias Ettrich 发起了 KDE 计划。

KDE 的全称为 K Desktop Environment,采用 GPL 宣言,使用 Qt 来作为其底层库,因为当时 Qt 并不遵循 GPL,在自由软件开发者——墨西哥程序员 Miguel De Icaza 的领导下重新开发一套叫 GNOME(GNU Network Object Environment)来替代 KDE。

到了 2000 年,Qt 的 Free Edition 变为 GPL 宣言,彻底解决了 KDE 的版权问题,又推出了嵌入式 Qt。

对于 GNOME 和 KDE/Qt,GNOME 吸引的公司较多,但是 KDE/Qt 的开发效率和质量比 GNOME 高,在 Office/嵌入式环境中领先走一步。

一般来说,如果用户使用 C++,对库的稳定性、健壮性要求比较高,并且若跨平台开发,则使用 KDE/Qt 是较好的选择,不过虽然 Qt 的 Free Edition 采用了 GPL 宣言,但是如果用户开发 Windows 上的 Qt 软件或者是 Unix 上的商业软件,还是需要支付版权费用的。

基本上,KDE/Qt 同 X Window 上的 Motif、Openwin、GTK 等图形界面库和 Windows 平台上的 MFC、OWL、VCL、ATL 差不多。

8.1.3　嵌入式 GUI

早期嵌入式系统功能简单,对图形用户界面需求并不是太大。而且当时的图形系统对硬件要求太高,在嵌入式系统上实现几乎没有可能。

软硬件技术的进步使得嵌入式系统下的图形开发成为可能,嵌入式 GUI(嵌入式系统使用的 GUI)使用户能更容易地编写出更好、更漂亮的界面。

嵌入式 GUI 具有一些与一般 GUI 不同的特点:

（1）占用的存储空间以及运行时占用资源少,这一点决定它和 Windows 不同,也和 PC 上运行的大型 GUI 不同。

（2）运行速度及响应速度快,能适应嵌入式系统的实时性要求。

（3）可靠性高,这和嵌入式的应用领域相关,比如军事、航天和工业控制领域。

（4）便于移植和定制,嵌入式系统本身就是一种个性化设备,对 GUI 的需求各不相同,所以它使用的 GUI 也必须是可定制的。

8.1.4　常用的几种嵌入式 GUI

1. 一个简单的 GUI——ucGUI

ucGUI 严格说并不能算 GUI,它只是一种嵌入式应用中的图形支持系统,它独立于处理器及 LCD 控制器,可适用单任务或多任务系统环境。

它的设计架构是模块化的,由一个 LCD 驱动层来包含所有对 LCD 的具体图形操作,可以在任何 CPU 上运行,是由 100% 的标准 C 代码编写的。

它能够适应大多数的使用黑白或彩色 LCD 的应用,带有允许处理灰度的颜色管理,提供一个可扩展的 2D 图形库及占用极少内存的窗口管理体系。

ucGUI 一般用于基于嵌入式操作 UCOS 的应用,它的功能比较简单,不太适合高级的 GUI 应用,一般也不用于 Linux。

2. TinyX

TinyX 是标准 X Windows 在嵌入式系统的小巧实现,作为一个图形环境,它是成功的,但由于在体系接口上的原因,限制了它对游戏、多媒体的支持能力。

3. Microwindows

Microwindows 是嵌入式系统中广为使用的一种图形用户接口,其官方网站是:http://www.microwindows.org。这个项目的早期目标是在嵌入式 Linux 平台上提供和普通个人计算机上类似的图形用户界面。其主要特色在于提供了 C/S 体系结构,同时也提供了相对完善的图形功能;但却无任何硬件加速能力,图形引擎中也存在着许多未经优化的低效算法。

Microwindows 的核心基于显示设备接口,因此可移植性很好,Microwindows 有自己的 Framebuffer,因此它并不局限于 Linux 开发平台,在 eCos、FreeBSD、RTEMS 等操作系统上都能很好地运行。

此外,Microwindows 能在宿主机上仿真目标机。这意味着基于 Linux 的 Microwindows 应用程序的开发和调试可以在普通的个人计算机上进行,而不需要使用普通嵌入式软件的"宿主机-目标机"调试模式,从而大大加快了开发速度。

Mincrowindows 是完全免费的一个用户图形系统。

4. OpenGUI

OpenGUI 基于一个用汇编实现的 X86 图形内核,提供了一个高层的 C/C++图形/窗口接口,它的资源消耗小,可移植性差,不支持多进程。

OpenGUI 提供了二维绘图函数原型、消息驱动的 API 及 BMP 文件格式支持。

OpenGUI 的功能强大,使用方便,支持鼠标和键盘事件,基于 Framebuffer 实现绘图。

5. MiniGUI

MiniGUI 是由北京飞漫软件技术有限公司主持的一个自由软件项目(遵循 GPL 条款)。

MiniGUI 最初是为了满足一个工业控制系统(计算机数控系统)的需求而设计和开发的。这个工业控制系统是清华大学为一台数控机床设计的计算机数控系统(CNC)。

该项目组选择 RT-Linux 作为实时操作系统,以便满足 2 ms 甚至更高的实时性,是为解决图形用户界面问题开发的一套图形用户界面支持系统。

MiniGUI 最早是针对实时系统设计的,在设计之初就考虑到了小巧、高性能和高效率。在考虑到其他不同于数控系统的嵌入式系统时,为了满足千变万化的需求,必须要求 GUI 系统是可配置的。在 CNC 系统中得到成功应用之后,立即着手于 MiniGUI 可配置的设计。

通过 Linux 下的 automake 和 autoconf 接口,实现了大量的编译配置选项,通过这些选项可指定 MiniGUI 库中包括哪些功能而同时不包括哪些功能。

因此,MiniGUI 是一个非常适合于工业控制实时系统以及嵌入式系统的可定制的、小巧的图形用户界面支持系统。

6. QT/E

QT/E 是目前最重要的一种嵌入式 GUI,将在下一节进行介绍。

8.2　QT/E

8.2.1　概述

QT 是挪威 TROLLTECH 公司开发的跨平台 C++工具,在 Unix 下非常出名。QT 的宗旨是"一次编码到处编译",与 Java 的"一次编译到处运行"有着本质上的区别,作为跨平台开发工具,它的运行速度非常快,并不需要虚拟机的支持,开发的 GUI 非常漂亮(有人认为比 VISUAL C++强得多,而且简单)。

QT-x11 是使用 x11 的图形库,比较大,在配置较好的机器上(如 PC)可以运行,QT-Embedded(简称 QtE)使用专门为嵌入式系统设计的图形库,其库文件十分小,适合嵌入式板上资源有限的情况,QtE 就是 Qt 的嵌入式版本。

QT 是跨平台的,可支持 Windows、Unix、Linux、Sun Solaris、HP-UX、IBM AIX、SGI IRIX 及苹果 Mac OSX。

QT 具有可裁减功能:Qt/Embedded 提供了大约 200 个可配置的特征。QT 资源丰富、工具丰富、API 函数丰富,具有面向对象特性,运行需要资源少、功能强大。

Qt 的授权分为商业版和开源版。如果使用商业版的 Qt,那么开发出的程序可以是私有的和商业的;如果使用的是开源版的 Qt,由于其使用的是 GPL,那么可发出的程序也必须是 GPL 的。

8.2.2　Qtopia 及 QT 类

Qtopia 是基于 Qt 编写的一个用于手持设备的用户信息管理软件,它集成了很多实用的程序。

图 8.1 是一个预装 Linux 操作系统的 arm9 开发版,开机后看到的图形界面就是 Qtopia。QTE 和 Qtopia 开发模型如图 8.2 所示。

图 8.1　Qtopia 图形界面

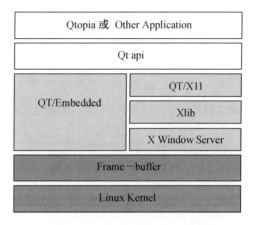

图 8.2　QTE 和 Qtopia 开发模型

Qt 类的整体结构如图 8.3 所示。

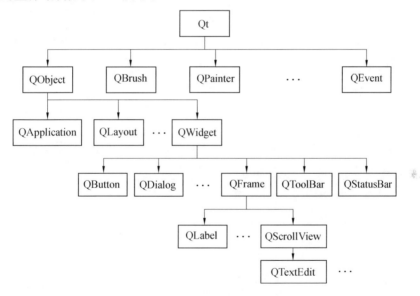

图 8.3　Qt 类的整体结构

（1）QT 类：一方面是 Qt 所有其他类的基类，另一方面在内部定义的其他类共用的常量。

（2）QPainter：在窗口上绘图的接口。

（3）QBrush、QPen：绘图的辅助类，分别定义绘图的填充方式及线条绘制方式。

（4）QPixmap：基于像素、与显示无关的绘图设备，可以和 QImage、QBitmap 配合实现图片的生成等。

（5）QEvent：所有其他事件类的基类。其子类包含鼠标事件 QMouseEvent、键盘事件 QKeyEvent、计时器时间 QTimerEvent 等。

（6）QCursor：定义鼠标显示的外观。

（7）QObject：该类从 Qt 类继承，同时作为大量类的基类。Qt 中的信号和槽机制是以该类为基础的，所有需要用到信号和槽的类都需要从该类继承，并且遵循一定的规则。另外，时间、计时器和国际化等功能都是以该类为基础的。

（8）QApplication：该类从 QObject 类继承，管理 GUI 程序的基本设置及交互。通过该类可以控制窗口的显示风格及设置语言翻译等。

（9）QLayout：窗口布局的基类，其各种子类提供了网格、横向、纵向等各种具体的布局方案。该类可以根据窗口的大小，自动设置各控件在窗口中的大小和布局，极大地简化界面代码的编写。

（10）QWidget：所有窗口类的基类，提供了所有窗口共用的诸多接口函数，类似于 MFC 中的 CWnd 类。

（11）QGLWidget：在该窗口上渲染 OpenGL 图像，提供了 OpenGL 的基本配置以及 OpenGL 程序的基本框架，用户只需要在适当的位置编写渲染代码即可显示 OpenGL 图像。

（12）QGraphView：用于显示 Qgraphsene（画布）的窗口类。画布是由 Qt 提供的基于图元的绘图接口，是一种高层次的绘图手段。

（13）QPopupMenu：弹出菜单类。一个该类的对象对应一个弹出菜单。可以通过该类编写以及显示弹出菜单。

（14）QPushButton、QDialog、QComboBox、QScrollBar、QStatusBar：提供了各种窗口控件（按钮、对话框等）的接口。

8.2.3　Qt 编程特点

1. 初始化

在 Qt 应用程序中，首先要创建一个 QApplication 对象，QApplication 类负责图形用户界面应用程序的控制流和主设置，在 main. cpp 中定义如下：

```
int main( int argc, char * * argv) {
QApplication a( argc, argv) ;
……
}
```

QApplication 包含在 main( )函数的事件循环体中，对所有来自窗口系统和其他源文件的事件进行处理和调度，还包括处理应用程序的初始化和结束，并且提供会话管理。

在 Qt 应用程序中，不管有多少个窗口，QApplication 对象只能有一个，而且必须在其他对象之前创建。

QApplication 类中封装了很多函数。

（1）系统设置：setFont( )用来设置字体。

（2）事件处理：sendEvent( )用来发送事件。

（3）GUI 风格：setStyles( )设置图形用户界面的风格。

（4）颜色使用：colorSpec( )用来返回颜色文件。

（5）文本处理：translate( )用来处理文本信息。

（6）创建组件：setmainWidget( )用来设置窗口的主组件。

2. 窗口的创建

在 Qt 程序中,创建窗口比较简单,只需在 main. cpp 文件中为 ApplicationWindow 建立一个指针:

```
ApplicationWindow * mw = new ApplicatonWindow( ) ;
```

ApplicationWindow 是在 Application. h 中定义的类,它是一个 QmainWindow 的继承类。

3. 组件的创建

组件的创建需要调用相应组件的类,并在头文件中包含此类的头文件或者创建自定义类,继承相应组件类的功能。

```
#include " qpushbutton. h"
class hello: :public Qwidget
{
……
}
```

hello 类继承了 Qwidget 类的特征,并加入了自定义的特征功能。

在 main. cpp 的函数中需要创建 hello 类的实例,或创建 QPushButton 类的实例,才可以使用。

```
hello h( string) ;
QPushButton hcllo( " Hello, world!" ,0) ;
```

如果组件本身为窗口(可以作为应用程序主窗口),则无须设置主组件。上例中下压按钮创建时其构造函数中的第二个参数为 0,表示按钮所在窗口为主窗口;否则需要调用成员函数 setMainWidget( )来进行设置主组件:

```
a. setMainWidget( &h) ;
```

组件创建时一般是不可见的,这样的好处在于避免大量组件创建时造成的屏幕闪烁现象,若使组件可见,需要调用 QWidget 类的成员函数 show( )来显示组件:

```
h. show( ) ;
```

4. 事件

在 Windows 程序中,敲击键盘、鼠标指针在窗口中的移动或鼠标按键动作等,都是事件。

Windows 提供了一种叫作回调的事件处理方式。它通过翻译表,将事件映射为相应的动作,当组件得到事件通知时,就去表中找出相应的动作例程进行处理。这种机制需要应用程序注册有关组件的回调函数或普通的事件处理函数,以分发循环 Windows 的事件。

Qt 事件的处理过程:QApplication 的事件循环体从事件队列中拾取本地窗口系统事件或其他事件,译成 QEvent( ),并送给 QObject: :event( ),最后送给 QWidget: :event( )分别对事件处理。Qt 事件处理流程如图 8.4 所示。

在 Qt 程序中,事件处理的方式也是回调,但与以往不同的是,事件的发出和接收采用了信号(signal)和插槽(slot)机制,无须调用翻译表。利用信号和插槽进行对象间的通信是 Qt 的最主要特征之一。

当对象状态发生改变时,发出 signal 通知所有的 slot 接收 signal,尽管它并不知道哪些

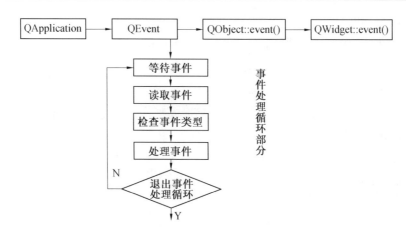

图 8.4　Qt 事件处理流程

函数定义了 slot,而 slot 也同样不知道要接收怎样的 signal。

signal 和 slot 机制真正实现了封装的概念,slot 除了接收 signal 之外,和其他的成员函数没有什么不同,而且 signal 和 slot 之间也不是一一对应的。

5. 退出事件程序

退出事件程序,只需要在程序结束时返回一个 exec( ),例如:

```
return a. exec( );
```

其中 a 为 QApplication 的实例,当调用 exec( )进入主事件的循环中,直到 exit( )被调用或主窗口组件被销毁。

6. 整个 Qt 程序的执行过程

完整的 Qt 程序的执行过程如图 8.5 所示。

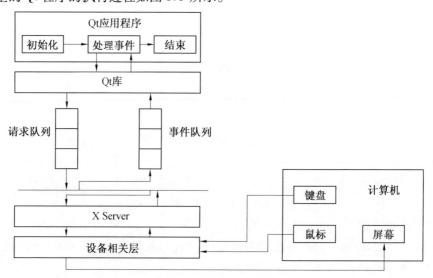

图 8.5　Qt 程序的执行过程

8.2.4　Signal 和 Slot

1. Signal 和 Slot 的声明

在 Qt 程序设计中,凡是包含 signal 和 slot 的类都要加上 Q_OBJECT 的定义。下面的例子给出了如何在一个类中定义 signal 和 slot:

```
class Student:public QObject
{
    Q_OBJECT
  public:
    Student( ) { myMark = 0; }
    int mark( ) const { return myMark; }
  public slots:
    void setMark(int newMark);
  signals:
    void markChanged(int newMark);
  private:
    int myMark;
};
```

signal 的发出一般用于在事件的处理函数中,利用 emit 发出 signal,在下面的例子中在事件处理结束后发出 signal。

```
void Student::setMark(int newMark)
{
  if (newMark! = myMark) {
    myMark = newMark;
    emit markChanged(myMark);
  }
}
```

2. Signal 和 Slot 的连接

在 signal 和 slot 声明以后,需要使用 connect( )函数将它们连接起来。connect( )函数属于 QObject 类的成员函数,它能够连接 signal 和 slot,也可以用来连接 signal 和 signal。函数原形如下:

```
bool QObject::connect
(
    const QObject * sender,      // 发送对象
    const char * signal,         // 信号
    const QObject * receiver,    // 接收对象
    const char * member          // 槽
)
```

在使用 connect( )函数进行连接的时候,还需要用到 SIGNAL( )和 SLOT( )这两个宏,使用方法如下:

```
QLabel * label = new QLabel;
QScrollBar * scroll = new QScrollBar;
QObject::connect(scroll,SIGNAL(valueChanged(int)),label,SLOT(setNum(int)));
```

3. Signal 和 Slot 的连接方式

Signal 和 Slot 的连接方式如图 8.6 所示。

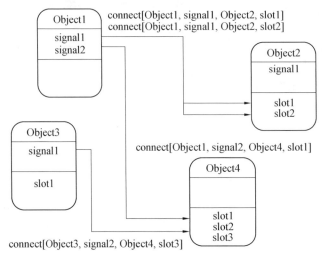

图 8.6　Signal 和 Slot 的连接方式

同一个信号连接多个插槽：

```
connect(slider,SIGNAL(valueChanged(int)),spinBox,SLOT(setValue(int)));
connect(slider,SIGNAL(valueChanged(int)),this,
SLOT(updateStatusBarIndicator(int)));
```

多个信号连接到同一个插槽：

```
connect(lcd,SIGNAL(overflow()),this,SLOT(handleMathError()));
connect(calculator,SIGNAL(divisionByZero()),this,
SLOT(handleMathError()));
```

一个信号连接到另一个信号：

```
connect(lineEdit, SIGNAL(textChanged(const QString &)), this, SIGNAL(updateRecord(const
QString &)));
```

取消一个连接：

```
disconnect(lcd,SIGNAL(overflow()),this,SLOT(handleMathError()));
```

取消一个连接不是很常用，因为 Qt 会在一个对象被删除后自动取消这个对象所包含的所有的连接。

8.2.5　一个 QT 程序

下面通过编写一个"Hello Embedded"程序来了解 Qt。

```
#include <qapplication. h>
#include <qlabel. h>
int main( int argc, char * * argv)
{
    QApplication app( argc,argv) ;
    QLabel  * hello = new QLabel( "hello Qt/Embedded!",0) ;
    app. setMainWidget( hello) ;
    hello->show( ) ;
    return app. exec( ) ;
}
```

程序第一行和第二行包含了两个头文件,这两个头文件中包含了 QApplication 和 QLabel 类的定义。

第五行创建了一个 QApplication 对象,用于管理整个程序的资源,它需要两个参数,因为 Qt 本身需要一些命令行的参数。

第六行创建了一个用来显示"Hello Qt/Embedded!"的组件,如图 8.7 所示。在 Qt 中,组件是一个可视化用户接口,按钮、菜单、滚动条都是组件的实例。组件可以包含其他组件,例如,一个应用程序窗口通常是一个包含 QMenuBar、QToolBar、QStatusBar 和其他组件的一个部件。QLabel 函数中的参数 0 表示所在窗口为主窗口。

第七行设置以 hello 为程序的主组件,当用户关闭主组件后,应用程序将会被关闭。如果没有主组件,即使用户关闭了应用程序,也会在后台继续运行。

第八行使 hello 组件可视。一般来说,组件被创建后都是被隐藏的,因此可以在显示前根据需要来订制组件,这样的好处是可以避免组件创建所造成的闪烁。

第九行把程序的控制权交还给 Qt,这时候程序进入就绪模式,可是随时被用户行为激活,如点击鼠标、敲击键盘等。

图 8.7　显示"Hello Qt/Embedded!"的运行界面

8.2.6　QTE 程序开发全过程

以一个 QT4 为例,其他版本可能会有些不同。

1. 安装

在 PC 上安装 Linux 及 ARM Linux 工具链,下载 QT:

```
qt-embedded-Linux-opensource-src-4.4.0. tar. bz2
tslib-1.4. tar. bz2
qt-x11-opensource-src-4.4.0. tar. gz
```

QT 下载网站:http://qt. nokia. com/downloads。

2. 编译 QT-X11 环境

解压 qt-x11-opensource-src-4.4.0.tar.gz,在源码目录下执行:

```
./configure
gmake
gmake install
```

3. 编译 QT/E

(1)编译 tslib1.4 触摸屏库。解压 tslib-1.4.tar.bz2,修改其中的 bulild.sh,将编译工具链设置成基于 arm-Linux 的,执行 ./build.sh。

(2)编译 QT/E 库。解压 qt-embedded-Linux-opensource-src-4.4.0.tar.bz2,将上一步编译好的库文件和头文件拷贝到相关目录,并利用 ./configure 配置好。

```
make
make install
```

(3)测试触摸屏及 QT/E 程序。设置环境变量,执行触摸屏校准程序 ts_calibrate,进入 5 点触摸屏校准程序并存储配置文件 ts.conf,其他触摸屏测试程序还有 ts_test、ts_print 等。执行 QT/E 带触摸屏的例子程序:例子程序在 examples,可以交叉编译后在 ARM 端执行。

4. 编写 QT-X11 程序

运行 bin 目录下的 designer,利用 Qt Designer 可以方便设计图形界面,一般步骤如下:

(1)创建和初始化组件。

(2)设置组件的布局。

(3)设置 Tab 键的次序。

(4)建立信号与插槽的连接。

然后根据 ui 文件编写包含 main 函数的 cpp 文件,比如:

```cpp
#include "ui_testx11.h"
int main(int argc, char * argv[])
{
    QApplication app(argc, argv);
    QWidget * widget = new QWidget;
    Ui::Form ui;
    ui.setupUi(widget);
    widget->show();
    return app.exec();
}
```

再执行 qmake -project ,生成.pro 文件,执行 qmake 生成 makefile 文件,执行 make 编译生成可执行文件,然后运行。

如果在 ARM 上运行刚才 QTX11 编写的程序代码,无须更改,使用 ARM 工具链重新编译程序,即可生成 Qt/E 的程序,然后在目标平台上执行即可。

8.3　一个通用的轻量级的嵌入式 GUI 设计

目前市场上有许多嵌入式 GUI 产品,如 Microsoft 公司的 Windows CE、VxWorks 集成的 UGL、ZAF 以及 MiniGUI 等,这些嵌入式 GUI 多数是付费产品,功能强大,使用比较复杂。

根据嵌入式应用市场的特殊要求,本节给出了一种通用的轻量级的嵌入式 GUI-Simple-GUI 设计,它使用了一个精简的图形元素集合,可以方便地支持各种控件,体积小,对资源环境要求低,可裁剪,移植简单,使用十分方便,可满足绝大多数嵌入式应用的设计需要。

8.3.1　嵌入式 GUI 的特点与 SimpleGUI 设计

嵌入式 GUI 的设计是和嵌入式应用的特殊性密切相关的,下面从嵌入式 GUI 的特点入手,来理解 SimpleGUI 的设计原则。

1. 系统功能的局限性

Windows 这样的大型 GUI 系统的功能是非常强大的,评价一个这样的 GUI 系统的好坏是和它提供的功能多少密切相关的。但对于嵌入式 GUI 来说,过于完备的功能意味着系统开销增大,甚至可能超过系统的能力。事实上,基于嵌入式 GUI 产品绝大多数只需要很初级的功能支持,例如在 GUI 组件方面,大多数嵌入式应用产品使用的组件数目不超过五个,很多产品甚至只用到按钮这一个组件。

基于这种情况,SimpleGUI 设计目标中只包含最基本的功能,无论是图形 API 还是图形组件,都只是提供最常用的和最基本的;虽然不提供进一步的相关支持,却完全可以利用已有基本的功能去实现更复杂的功能,只不过这并不在我们的设计目标之内。

功能的简化可以带来的另一个好处是使用简单方便,虽然去掉了很多功能,但对于嵌入式应用,SimpleGUI 的这种设计优点是显而易见的。

2. 硬件资源的有限性和独特性

嵌入式系统的另一个特点是硬件资源的有限性,用户不可能要求一个嵌入式的应用系统有通用计算机的内存、外存以及速度,也不能要求所有的嵌入式系统都像 PC 的兼容和标准一样,资源不足和个性化正是嵌入式系统的特点。

GUI 涉及的硬件资源主要是显示设备以及点输入设备,SimpleGUI 只支持最常用的基本硬件。例如,大多数嵌入式应用都在 320×240 的单色或 16 灰度环境下运行,一般不超过 640×480 的像素和 256 种颜色,SimpleGUI 设计目标只要达到这样的指标就已经足够了。

要适应资源的有限性,SimpleGUI 已经对功能做了简化,各功能的独立性也可以保证可裁剪性。Simple 虽然可以在多任务或单任务环境下使用,但本身不去构造多任务环境,这也可以削减它的体积,减少多资源的占用。

3. 可移植性

嵌入式系统使用五花八门的硬件和不同的软件环境,最大限度地保证嵌入式系统的可移植性是一个比较大的难题。

在硬件上,显示设备和点设备的硬件的通用性支持提供几个标准的调用形式,Simple-GUI 将不负责其具体实现,一旦完成这几个和硬件相关的代码,就不再需要做其他工作。

在软件上,无论开发环境多么不同,几乎所有的系统都提供了 C 语言编译环境,Simple-

GUI 完全基于标准 ANSI C 进行开发,在这些系统上重新编译即可运行。

8.3.2　SimpleGUI 的整体设计

从设计思路上,当今的嵌入式 GUI 可大致划分如下几类:

(1)某些大型厂商自己有能力开发满足自身需要的 GUI 的操作系统。较有代表性的如 Microsoft 公司的 Windows CE,Sun 公司的 Personal Java 和 VxWorks 集成的 UGL、ZAF 等。

(2)某些厂商没有将 GUI 作为软件层从应用程序中剥离,GUI 的支持逻辑由应用程序自己负责。这是一种相对临时的解决方案,利用这种手段编写的程序,无法将显示逻辑和数据处理逻辑划分开来,从而导致程序结构不好,不便于调试,并导致大量的代码重复。

(3)采用某些比较成熟的 GUI 系统,比如 MiniGUI、UC/GUI、MicroWindows 或者其他 GUI 系统。嵌入式 GUI 是一种基于操作系统和硬件平台,向应用程序提供用户接口开发的基础性软件,这种软件系统应该遵循一定的标准,并且最好是开放源码的只有软件,从而可以让开发商集中精力开发自己的应用程序。

SimpleGUI 采用第三种类型的设计思路,其整体结构如图 8.8 所示。

图 8.8　SimpleGUI 的整体结构

1. 图形子系统

图形子系统的设计最大限度地支持 GUI 内部对象的与设备无关的图形输出,将底层硬件实现和上层分离:

(1)采取逻辑坐标系到屏幕坐标系的模式映射,解决用户编程坐标空间到设备显示坐标空间的变换。

(2)采取设备无关位图(DIB)和设备相关位图(DDB),解决了多种格式图像的文件的与设备无关支持。

图形子系统自下而上依次是设备驱动层、位于下层的图形抽象层(GAL)和位于上层的图形设备接口层(GDI)。设备驱动层实现硬件初始化和与设备相关的底层原始图形引擎支持;GAL 内部把设备驱动层提供的服务进行封装,从而向 GDI 提供统一的图形设备抽象接口;GDI 使用 GAL 支持的图形设备抽象接口,引入更加复杂的图形处理机制和图形生成算法,对 GUI 对象提供更加高级的图形服务。

(3)图形子系统向 GUI 对象提供图形输出功能。

①基本绘图操作,如点、直线、矩形、多边形等。

②文本和字体支持,如文本输出等。

③图像格式支持,如 BMP 等图像格式文件输出。

④其他高级图形功能等。

2. 事件子系统

在 SimpleGUI 中,GUI 任务和其他任务间的通信需要 GUI 应用程序参与,采用了事件驱动机制和消息队列的消息循环,这些功能是由事件子系统完成的。

（1）事件和消息。GUI 检测事件发生,根据当前事件的类型来产生一个消息,并发送给指定对象处理。GUI 中事件分为鼠标事件、键盘事件和系统事件三类。

（2）消息队列。消息队列的数据结构为一个全局的循环队列,同时定义一组基于该循环队列的操作,如初始化消息队列、清空消息队列、压入消息和弹出消息等。由于单 GUI 任务的单消息队列,消息队列只能在 GUI 任务内部是可访问的,输入设备中断服务程序和其他任务均不能访问。

（3）消息循环。GUI 不断轮询消息队列,把获得的消息根据消息路由算法进行分发和投递,送达目的对象,由目的对象提供消息处理。处理结束后,重新进入消息循环,直至退出消息 PM-EXIT 出现。如果消息队列为空,GUI 将等待外部事件的发生,然后把等待的事件(外部设备事件或者等待超时 timeout 事件)封装为消息压入消息队列。

（4）消息路由算法。GUI 的消息路由基本主线是从主窗口到控件。SimpleGUI 为了精简进行了以下设计:为每个控件提供了一个消息处理函数,然后向父窗体注册,将消息处理函数的入口保存在父窗体的控件链表的消息函数中,这样当父窗体接收到事件时就可以去执行相应的控件的消息处理函数了。

（5）事件子系统支持 GUI 对象间通信和 GUI 系统与 GUI 外部系统间通信。

①GUI 对象点到点间的通信。

②人与 GUI 对象间的通信,人经过输入设备向 GUI 对象通信。

③操作系统与 GUI 对象间的通信,如定时器(Timer)向 GUI 对象通信。

④其他任务与 GUI 对象间的通信,通常是其他任务需要与 GUI 任务的通信来完成与人的输入输出交互。

3. 对象子系统

（1）对象。GUI 对象包括窗口和控件。窗口作为容器,可以内嵌一个或多个控件对象。SimpleGUI 采用面向对象的设计方法,把 GUI 对象的全部属性和全部服务结合在一起,尽可能隐蔽 GUI 对象的内部细节,只保留有限的对外接口使之与外部发生联系。可以通过对象的服务来改变对象的属性。对象的服务主要设计为四类:①设置属性的服务,如 SetColor、SetScrollMode 等;②画自己的服务 Draw;③消息处理函数 Message;④销毁函数 destroy。

（2）对象子系统。对象子系统主要包括 GUI 对象逻辑层次模型和物理显示模型的维护。

① GUI 对象的逻辑层次模型的维护。每个 GUI 对象设计一个指向双亲节点的指针 Parent,为一个窗体提供一个控件链表,于是系统中所有 GUI 对象可以描述为一棵二叉节点树。窗体是作为最原始的对象,在 GUI 对象的逻辑层次模型对应于根节点。对于子对象的添加、删除和移动都要改变对象树的结构。

② GUI 对象的物理显示模型的维护。在多个窗口环境下,对象的创建和销毁、窗口的隐藏、恢复和移动以及焦点切换等操作都需要重新合理组织显示屏幕。为此提出显示组织原则:

• 对象设计中要求每个 GUI 对象有两种属性,即实际显示区域和可见区域。可见区域表示对象当前在屏幕上的显示区域,它是实际显示区域的子区域。

• 子对象将在显示屏幕上覆盖父对象,子对象的可见区域必须被限制在父对象的可视区域中。

● 父窗体是底层窗口,所有控件都作为子对象添加在桌面上,主窗体被其他任何控件覆盖。

● 如果设计多窗体可以覆盖的 GUI 可以用 Z 序来定义窗口之间的层叠顺序。它实际是相对屏幕坐标而言的,屏幕上的所有窗口均有一个坐标系,即原点在左上角,X 轴水平向右,Y 轴垂直向下。Z 序就是相对于一个假想的 Z 轴而言的,这个 Z 轴从屏幕外指向屏幕内。窗口在这个 Z 轴上的位置,确定了其 Z 序。在系统中,Z 序被表示为一个链表,越接近于链表头的节点,叠放顺序越在上。

● 对于屏幕组织发生变化,根据需要修改对象树、焦点对象指针及 Z 序链表,计算对象的显示区域,向显示区域改变的所有 GUI 对象逐级发送刷新消息(PM_Refresh),让对象调用 Draw 操作重绘自己。

(3)对象子系统对窗口环境中的图形元素集合管理和组织。

①GUI 对象的逻辑层次模型的维护,如由子对象的添加、删除和移动引起的对象节点树的更新。

②GUI 对象的物理显示模型的维护,如显示屏幕上窗口的拖动、焦点切换、对象的隐藏和恢复以及对象节点树变化引起的 GUI 窗口 Z 序的更新。

③预定义完整的窗口环境元素集合,含多种属性和风格 Window 和 Control 等,要求这些元素能够对不同的 GUI 事件有不同的响应。

④支持预定义图形元素的拓展,应用程序设计者可以方便地定制(Custom)新图形元素。

8.3.3　SimpleGUI 的实现

1. 图形子系统

图形子系统建立在和硬件相关的两个函数之上,这两个函数为画点(Put Pixel)和区点函数(Get Pixel),它们仅被给出标准的调用形式,具体实现需要根据不同的硬件信息来完成。图形子系统的功能如图 8.9 所示。

清屏支持	直线支持	矩形支持	位图支持	文本支持	字体支持

图 8.9　图形子系统的功能

2. 事件子系统

SimpleGUI 中消息的结构如图 8.10 所示。不同的消息参数所表示的信息不同,例如鼠标消息者参数 2 表示鼠标消息类型,即按下或者移动或者松开,参数 1 表示鼠标的位置。而在键盘消息中,参数 1 则表示键盘消息类型,即按下或者松开。

消息类型	参数 1	参数 2

图 8.10　SimpleGUI 中消息的结构

消息可以在控件之间传递,每个控件有一个消息函数用来处理属于自己的消息,这个函数名为＊＊＊＊＊_Message,其中＊＊＊＊＊代表控件的类型名字。另外提供了一个名为 SendMessage 的函数用来向一个控件发出消息,所以在传递时只要在原控件的消息函数中调用发出消息函数即可。

消息要在 GUI 进程和其他进程之间要进行传递时,SimpleGUI 提供了一个名为 GUI_PostMessage 的函数预,将消息放入一个全局的消息队列中,以便和外部进行通信。

控件的消息处理函数在控件创建时要在父窗体中进行注册,即调用 Ctrl_Register 函数即可。消息的传递过程如下:GUI 检测事件发生,根据当前事件的类型产生一个消息,消息传给父窗口,由于父窗口控件链表中已经有了各个控件的消息函数入口,因此只要执行控件链表中与消息的接收者一致的控件的消息函数即可。

3. 对象子系统

对象子系统的逻辑层次模型是树形结构,每个节点是一个控件,每个控件都包含表 8.1 所示的信息。

表 8.1　控件包含的信息

左上角横坐标	前景色	键盘标识
左上角纵坐标	状态	鼠标标识
宽度	显示方式(是否3D)	Tab 标识
长度	3D 阴影线数	ID 号
父窗体指针	覆盖区域指针	
背景色	焦点标识	

SimpleGUI 提供了七种最基本的控件,如图 8.11 所示。

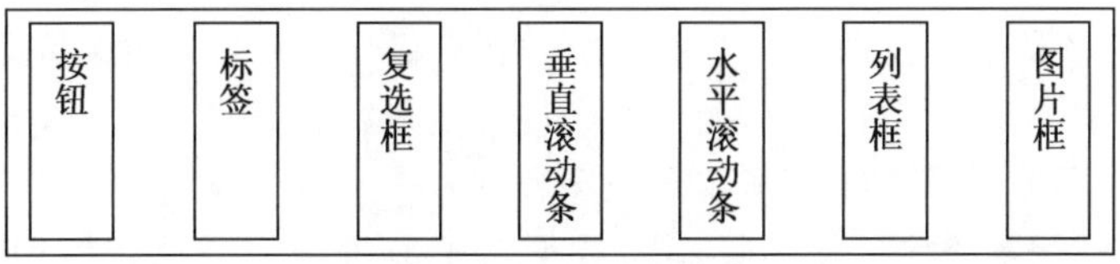

图 8.11　SimpleGUI 支持的控件

SimpleGUI 从系统可移植性的角度设计了层次体系结构。特别是对象子系统的设计,采用了面向组件技术,隔离上层应用程序和不同特性的输出设备,从而达到与设备无关的图形操作的设计目标。

系统简单易用,可移植性好,便于扩展,支持主要的控件,适用于中小型嵌入式系统的开发,对于大型的嵌入式系统,特别是对于有多种 GUI 功能要求的情况,则缺乏完整的支持。

8.4　嵌入式可视化开发模型

8.4.1　可视化开发模式分析

1. 基于 PC 的可视化开发

如图 8.12 所示,在 PC 平台上,硬件配置是标准化的,常用的图形操作系统 Windows 自身带有全部的设备驱动程序,而且拥有完善的通用可视化开发环境,可视化开发主要是利用可视化开发环境生成可视化应用系统,硬件设备对可视化应用程序员是完全透明的。

　　常见的 PC 上运行的多数是 Windows 操作系统及其应用程序,它们向用户提供了友好的界面以及灵活、简便的操作方式。用户之所以能够在 PC 上方便灵活地操作有两个重要的原因。①PC 有高性能的硬件资源,如高性能的 CPU、大容量的内部存储器,这就使得 PC 上能够运行像 Windows 这样复杂的窗口管理程序;②PC 向用户提供了功能强大的输入设备,如鼠标、键盘和其他专用设备等,尤其是鼠标的功能,使得用户与操作系统的交互更为便利。据统计,普通用户使用计算机时 80% 的工作是通过鼠标完成的。

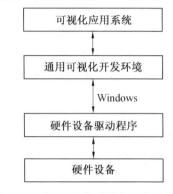

图 8.12　基于 PC 的可视化开发一般模式

　　目前,基于 Windows 平台的可视化工具较多,而且功能也非常强大。其中,比较显著的当属组态软件。组态软件集成了图形技术、人机界面技术、数据库技术、控制技术、网络与通信技术,使控制系统开发人员不必依靠某种具体的计算机语言,只需通过可视化的组态方法,就可完成监控程序设计,降低监控程序开发的难度。组态软件为用户提供了一种界面操作简便、直观,包含大量系统控件,使用户无须代码编程(或少量二次开发),而是通过使用该工具软件对功能控件,如按钮、指示灯、显示仪表、阀门等,对它们进行可视化组装集成来实现应用软件系统,建立以功能构件组态的方式实现应用系统的可视化集成开发支撑环境。

2. 嵌入式系统的可视化开发

　　在嵌入式系统领域,由于其个性化和资源有限等特点,可视化开发与通用 PC 不同,其一般模式如图 8.13 所示。此时,系统中不仅包含嵌入式操作系统能支持的标准设备,也包含其不能支持的个性化的硬件设备,而这些个性化的硬件设备驱动程序的开发是需要程序员自己来完成的,即使是标准的设备驱动程序和嵌入式 GUI,通常也需要针对嵌入式环境进行移植。可视化应用系统除了使用嵌入式 GUI,还必须通过操作系统使用其他设备驱动程序。

　　目前,市场上主流嵌入式 GUI 主要有 MiniGUI、MicroWindows、OpenGUI 和 Qt/Embedded 四种。四种嵌入式 GUI 各有各的特点,也各有各的不足。总体来说,一个成功的嵌入式 GUI 应该具有以下特点:

　　(1)具有比较好的可移植性,这是对一些商业化的系统而言的,包括操作系统可移植性和硬件平台可移植性,即能够支持不同的操作系统与处理器。在操作系统的硬件平台日趋多样化的今天,

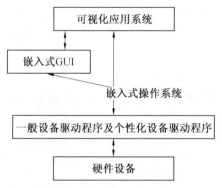

图 8.13　嵌入式系统可视化开发一般模式

能够适应不同的软硬件环境将提供使用者多样化的选择。

　　(2)在一定程度上具有可裁减性,或者提供使用者可配置的能力,这样做在一定程度上

能够减少系统程序占用的空间,节约存储器成本,增加应用程序的可占用空间。

(3)系统资源的消耗越节省越好,这样不仅减少程序的响应时间,还可以减少系统程序的开销。

(4)支持多线程。多线程日益成为操作系统的时髦特性,一个优秀的嵌入式操作系统往往也是支持多任务的,作为与操作系统紧密配合的 GUI 系统,如果不支持多线程,首先在可移植性上就是有缺陷的,对多线程的支持往往还可以带来显示效率和响应速度上的收益。

(5)源代码开放,这一点非常受程序员的欢迎,但是对于商业软件来说是很难做到的。

3. 影响嵌入式系统可视化开发效率的因素

比较以上两种开发模式可以看出,在 PC 环境下,程序员只要熟悉通用可视化开发环境就可以了,而嵌入式系统的可视化开发要复杂得多。以下从三个方面说明这种复杂性。

(1)嵌入式系统是一个精简的系统,很少甚至没有冗余的硬件设备,两个不同的嵌入式系统产品,一般不会有完全相同的硬件设备,这正是个性化设备的由来。换个角度看,嵌入式系统的性质决定其具有专用性,个性化的硬件设备确定了这种“专用”,而“专用”确定了嵌入式系统产品的本质特征。在嵌入式系统的可视化开发中,程序员必须进行个性化设备驱动程序的开发,这不仅是必需的,而且是最关键、最重要的部分。

(2)嵌入式系统运行在资源有限的硬件平台上,没有足够的硬件资源搭建类似 PC 的可视化环境,在嵌入式系统的可视化应用中,通常使用嵌入式 GUI 软件(如 Qt/E、MiniGUI 等)来完成可视化系统的开发,这些 GUI 实际上是通用可视化开发环境针对嵌入式系统的精简,以提供应用层所需要的对基本图形界面元素的支持,GUI 建立在嵌入式系统的基本输入输出设备驱动之上,使程序员在开发过程中实现了对这些设备透明,而对基本输入输出设备之外的其他硬件设备则没有提供支持。这使得程序员在使用这些硬件设备时,必须自己建立与之对应的可视化元素并实现互动关系,从而大大地增加了可视化开发的难度和工作量。

(3)对于嵌入式操作系统和嵌入式 GUI 来说,通常也要经过移植,才能正确运行在嵌入式环境中。例如,嵌入式系统通常使用 LCD 作为其显示设备,而 LCD 可以使用不同的控制器,分辨率等属性也千差万别,这就需要对嵌入式操作系统中的显示驱动程序(通常嵌入式 GUI 要求显示驱动采用帧缓冲方式)进行移植。又如,不同的嵌入式系统中键盘键的意义和数量都不同,这就需要对嵌入式 GUI 中的相应类进行移植。

从上面的论述可以看到,嵌入式可视化开发的难度和工作量主要由以上三个方面决定,而除了第三方面属于嵌入式操作系统和嵌入式 GUI 设计需要解决的问题范畴,前两个方面都是由于当前的可视化开发模式不能适应嵌入式系统的特殊性引起的,只有建立与嵌入式相适应的可视化开发模式并提供相应的开发工具,才能从根本上降低嵌入式可视化开发的难度,减少工作量,提高嵌入式可视化开发的效率。

这里借鉴使用组态软件开发应用程序的模式,即图形联系硬件,通过图形的变化表征底层硬件的变化,提出适应嵌入式系统可视化开发的模型。

8.4.2　可视化开发模型设计

经过前面的分析,为了有效地表征嵌入式系统的本质特征,本小节提出一种嵌入式系统可视化开发模型,该模型底层直接基于硬件设备,上层基于 GUI 可视化控件系统,模型从底层硬件设备开始,把可视化开发自底向上地抽象成三个映射,即硬件基本操作单元到硬件基本应用单元的映射、硬件基本应用单元到可视应用属性的映射以及可视应用属性到可视应用单元的映射,如图 8.14 所示。这样开发抽象出来的模型能有效地支持嵌入式系统的个性化特点,对嵌入式系统可视化开发提供有力的支持。

下面两层前面已有介绍,接下来将用可视化控件的角度介绍模型的上面两个部分。

1. 可视化控件层

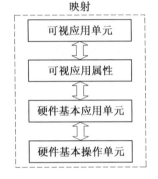

图 8.14　一种嵌入式系统可视化开发模型

在可视化开发模型中,可视化控件完成了可视应用属性到可视应用单元的映射,二者之间的逻辑关系体现在控件内部代码中。对于用户来说,可视化控件相当于一个可视应用单元;对于可视化应用程序员来说,则通过使用可视应用属性及其内部的方法来操作控件。用户使用控件时,可视化界面的变化是其内部逻辑关系和程序员控件操作的外在表现。

可视化控件是支持可视化编程的基础,无论是大型的可视化开发环境,还是嵌入式 GUI,都把可视化控件作为可视化编程的基本组成部分。通过可视化控件,可视化编程转变为对可视化控件的操作,而控件本身又是可重用的,使用已有可视化控件和生成专用可视化控件,能够适应可视化开发的需求。

假定 C 为能够使用的可视化控件集合,并对其进行如下描述:

$$C = \{C_1, C_2, \cdots, C_k\}$$

其中,$C_1 \sim C_k$ 为可视化控件,对于任意一个控件 C_i,其包含的可视应用属性为 V_i,并描述为

$$V_i = \{V_{i1}, V_{i2}, \cdots, V_{is}\}$$

其中,$V_{ij}(j=1,2,\cdots,s)$ 为控件 C_i 的可视应用属性。

要使可视化应用和底层的硬件设备关联,还需要建立硬件基本应用单元和可视应用属性之间的映射,这个映射体现了普通应用到可视化应用的过渡。任意一个 V_{ij} 可以与一个或多个硬件基本应用单元 A_{pq} 相关联,但不是所有的 V_{ij} 都需要做这种关联。例如,一个温度计形式的可视化控件,包含一个能影响温度高低显示的可视应用属性——温度值,只要把它同代表温度传感器的硬件基本应用单元关联起来,就能实现实际温度的显示功能;而控件中除了温度值以外的属性,如控件标题、控件长、控件高等,这些不影响应用结果的属性则不必与底层硬件基本应用单元关联。

同理,也不是所有的硬件基本应用单元都必须与可视应用属性关联,一些硬件的基本应用完全可能不需要可视化,此时这种关联是没有必要的,程序员完全可以直接使用硬件基本应用单元。

可视化控件集主要包括三类控件:

(1)操作系统提供驱动程序的设备,如 USB 等。对于这类硬件设备,控件将直接对其可视化,控件和底层的联系通过系统自带的驱动程序来实现。

(2)简单设备,是指可以由单一属性决定控件关键外观的设备,如某些开关量、模拟量、频率量等类型的设备。这类设备,控件实现时借鉴组态软件,使用硬件基本应用单元连接下层硬件。

(3)复杂设备,是指那些由多个设备组合而成,控件外观的改变需要多个组合控件属性

的共同作用的设备,如提花机、水位控制器等。对于这样的专用设备对应的控件,可使用硬件基本单元、操作系统设备,或二者组合起来,共同构成专有控件,分析控件属性和硬件基本应用单元的映射关系,调用底层驱动程序。

2. 模型各层的动态关系

前面分析了嵌入式可视化开发模型各层的组织原则之后,看似静态、毫无联系的三个部分,事实上是动态的、具有一定逻辑关系的,紧密地联系在一起。这种模型设计方法,把嵌入式系统开发从底层硬件到上层可视化控件,由实体到逻辑,紧密地联系在了一起。图 8.15 所示为模型各层之间的关系,最底层表示硬件操作基本单元,用 O 表示,中间层为硬件应用单元,用 A 表示,最上层为可视化控件,用 L 表示。

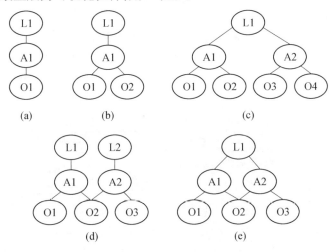

图 8.15　模型各层之间的关系

在图 8.14 中,可视化开发模型给出了嵌入式系统可视化开发从底层硬件到上层可视化控件,共四个层次三个映射的结构,这里为什么只给出了三层? 这是因为最上层的可视化控件本身就实现了可视化应用属性到可视化应用单元的映射。对于用户来讲,一个可视化控件就是一个可视化应用单元,那么,用本身带有固定映射关系的控件代表可视化应用属性,而且是能够影响可视化控件外观、反映底层硬件状态的可视化应用属性,参与嵌入式系统可视化开发模型各层动态关系讨论,这是完全可以的。所以,本书讨论的模型各层之间的动态关系只有三层,对于不影响可视化控件外观、不能够反应底层硬件状态的可视化应用属性不在本小节的讨论范围之内。

在图 8.15 中,图(a)表示的是逻辑关系最为简单的一种映射,即硬件基本操作单元到硬件基本应用单元是一一映射,该硬件基本应用单元的变化能够唯一决定上层控件的外观,与上层可视化控件是一一映射关系。

图(b)是指两种或两种以上硬件基本操作单元共同完成了某一应用,与硬件基本应用单元构成多对一的映射,该硬件基本应用单元又唯一决定了它所对应的可视化控件的外观,与可视化控件构成一一映射关系。

图(c)表示得稍微复杂了一些,与图(b)不同的是,多个硬件基本应用单元的变化共同唯一决定了可视化控件的外观,与可视化控件构成了多对一映射关系。

图(d)涉及硬件基本操作单元的复用问题。硬件基本操作单元 O1 和 O2 共同完成硬件基本应用单元 A1 所代表的应用,同时,O2 又和 O3 共同完成了 A2 的应用,上层硬件基本应用单元 A1 和 A2 分别唯一决定了可视化控件 L1 和 L2 的外观,与可视化控件构成一一映射关系。

图(e)的情况最为复杂,除了底层硬件操作单元存在复用问题外,上层硬件基本应用单元和可视化控件又构成了多对一映射关系。

8.4.3　嵌入式系统可视化开发模型的实现

为了验证本书提出的嵌入式系统可视化开发模型,实现模型各层的映射,首先实现一个设备驱动程序的框架生成工具,可以生成基于 S3C2410 硬件平台的标准化的嵌入式 Linux 设备驱动模块,完成硬件基本操作单元到硬件基本应用单元的最底层映射。在中间层,硬件基本应用单元到可视应用属性的映射由一个属性服务器完成。在最高层,本书通过实现一组 Qt 可视化控件来完成可视应用属性到可视应用单元的映射。可视化开发模型的实现方案如图 8.16 所示。

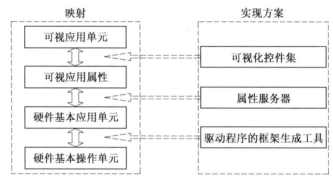

图 8.16　可视化开发模型的实现方案

驱动程序框架生成工具的实现在第 7 章已经介绍。

1. 可视化控件集

可视化控件集主要包括三类控件,即操作系统提供驱动程序的设备控件及简单设备控件、复杂设备控件。后两类设备都属于个性化设备,要通过驱动程序框架生成工具生成驱动程序,第一类设备则根据实际需要,在操作系统提供的设备驱动程序的基础上进行适当修改。

可视化控件的生成完成了可视化应用单元和可视化应用属性的映射,为了方便属性服务器使用可视化应用属性,在生成可视化控件的同时,将可视化控件的属性记录进入一个属性的初始化文件。

(1)控件集设计思想。控件按照其是否容纳其他控件,可以分为容器控件和非容器控件。例如,窗口控件就是容器控件,而按钮控件就是非容器控件。按其构成,可以分为原子控件和组合控件。原子控件,即外形简单但功能完整且独立的控件,如单行文本框。组合控件,即功能和界面都比较复杂、由原子控件组合而成的控件,如组合框。如何在现有控件的基础上生成功能更加强大、界面更加复杂的可视化控件即是本书要考虑的问题。

为使用户能按嵌入式环境来选择和编辑最好效果的风格,可视化控件集提供控件的风格变换功能。将控件从逻辑上分为两部分,即显示和事件处理。控件的显示由很多小的显示单元组合而成,并专门建立显示模块来保存和操作这些显示单元。所谓显示单元,就是一块小的矩形块,其真正的实体是调用窗口层的函数创建窗口。由于显示单元的风格比较少,即只有四条边的变换组合,因此很容易通过对显示单元的风格变化而实现控件风格的变化。控件结构中用一个结构指针指向存储在显示模块中对应的显示单元,此外还包括关于事件处理的属性和函数。

基于控件共性(包括属性和行为)的考虑,采用控件类的思想,把这些公共属性和操作抽象出来,封装到控件类中。对于不同控件的私有属性,则通过在控件类的最后加上一个指向各个控件特有结构的指针来实现。控件类的结构包括:

①指向主显示单元的指针。

②控件类型。

③指向父控件的指针。

④无符号整型的控件标志,用于表示该控件是否显示。

⑤控件的私有数据。

⑥控件标题。

⑦控件的当前坐标、长、宽等。

⑧控件销毁的函数指针。

⑨控件的槽指针。

⑩控件显示或隐藏的函数指针。

⑪设置控件焦点的函数指针。

⑫设置控件标题的函数指针。

⑬设置控件值的函数指针。

⑭指向控件特有结构的指针。

(2)可视化控件的显示。控件的显示由专门的显示模块负责。显示模块主要是为具体控件的开发服务的,其主要设计目标是简化控件的编写过程和美化控件的显示效果。为使用户设计出具有亲和力的、自然的人机交互界面,显示模块具有举足轻重的作用。

①显示单元的类型。为方便理解控件和显示单元的关系,我们来打个比方:控件好比是用积木搭建好的某个模型,那么显示单元就是其中的某些积木。显示模块完成的功能就是积木的搭建,即按照显示单元指定的属性和模式将组合之后的成果在屏幕上显示出来。这样的结构设计清晰简洁,更重要的是,这种设计结构将显示模块和信号处理分离开来,在编写显示模块时只需要考虑如何将它显示出来,而不用考虑信号的影响。显示模块不必关心鼠标点击信号来了该换哪一幅图片,而是由信号处理模块接收信号,并通知显示模块切换外观,所有信号对显示模块而言是透明的。

显示单元分为三种类型,即输入输出型显示单元、只输入型显示单元和零输入输出型显示单元。

a. 输入输出型显示单元。输入输出型显示单元的功能最完善,同时也最耗资源。这种显示单元会响应显示模块的绘图请求并绘制显示模块所要求的背景,能接收任何信号,可以作为容器显示单元,它的孩子可以是任何类型的显示单元。大多数高级控件都是输入输出型的显示单元。

b. 只输入型显示单元。只输入型显示单元通过在父显示单元(必定为输入输出型显示单元)上绘制内容,从而让外部就像是在它上面显示的一样。在接收信号方面,它能接收所有只输入型可以接收的任何信号。在显示模块中,规定只输入型显示单元不能作为容器显示单元。按钮控件就是只输入型显示单元。

c.零输入输出型显示单元。该类型的显示单元只是一种虚拟单元,通过在其父显示单元上指定的位置绘制指定的内容来达到显示的效果,它不接收任何信号,与只输入型显示单元一样,不能作为容器显示单元。静态文本框控件其实就是一个零输入输出型显示单元。

②显示单元的结构体。为了表征显示单元与控件的关系,显示单元结构中定义指向所属控件的指针,为了表征显示单元之间的关系,结构中还定义了指向父亲、孩子和兄弟显示单元的指针,不同的字段表示不同的含义,包括显示单元的类型、边框类型、水平方向和垂直方向的文字、图片对齐格式、文字或图片之间的对齐方式等。

图片拉伸模式主要有正常拉伸、1/3 拉伸、1/2 拉伸及平铺。其中,1/3 拉伸是指只对中间 1/3 部分进行拉伸,即把图片分成 3×3 的九块,四个角的四块不拉伸,其他块拉伸;1/2 拉伸方式是用中间那条线来填充被拉伸的部分,即把图片分成 2×2 的四块,四个角的四块不拉伸,对两条分隔线及其交叉点进行拉伸。其各种拉伸效果如图 8.17 所示,其中箭头左边的是原始图片,右边共有四种效果,从左到右从上到下依次是:正常、1/3、1/2 和平铺拉伸方式。

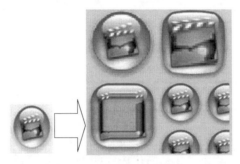

图 8.17　各种拉伸效果图

显示单元的边框类型主要有矩形框、圆角矩形框、凹下矩形框、凸起矩形框、只有底边和右边的半矩形、只有底边、只有底边且底边为虚线和没有边框。各类型效果如图 8.18 所示。

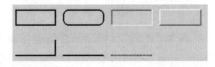

图 8.18　显示单元边框效果图

文字或图片对齐方式主要有水平方向居中、左对齐、右对齐、垂直方向居中、顶端对齐、底端对齐;文字和图片之间位置相对关系主要有文字在图片水平后两个像素和文字在图片竖直后两个像素。

(3)可视化控件的事件处理。事件的产生有两种来源:一种是系统产生的,这时系统不是立刻处理该事件,而是放入系统的消息队列中,Qt 事件循环时读取这些事件,转化为 QEvent,再依次处理;另一种是由 Qt 应用程序自身产生的。程序产生事件有两种方式,一种是调用 QApplication::postEvent( ),这样产生的事件同样放入 Qt 的消息队列中,等待依次被处理;另一种是调用 sendEvent( )函数,这时事件不会放入队列,而是直接被处理。

①控件事件类型。为方便记录控件产生事件时的情况,本书定义了事件的结构,其中控件事件的类型主要如下。

键盘事件:按键按下和松开。

鼠标事件:鼠标移动,鼠标按键的按下和松开。

拖放事件:用鼠标进行拖放。

滚轮事件:鼠标滚轮滚动。

绘屏事件:重绘屏幕的某些部分。

定时事件:定时器到时。

焦点事件:键盘焦点移动。

进入和离开事件:鼠标移入控件之内,或是移出。

移动事件:控件的位置改变。

大小改变事件:控件的大小改变。

显示和隐藏事件:控件显示和隐藏。

窗口事件:窗口是否为当前窗口。

未知事件:专门用于用户自己定义的事件。

用户可以对自己关心的事件建立处理函数,从而当这类事件产生时就调用用户自定义处理函数,从而使控件实现用户所需要的功能。对于某些控件不关心的事件,在控件的事件处理函数中,只要不做处理即可。

②控件事件处理。在本控件集中,控件事件的处理主要在主循环函数中进行,它主要负责检查消息队列,如果有消息,就取出消息并将它转换为控件事件,然后再传到对应的控件的事件处理函数中去。

在循环函数里,首先处理事件队列中的事件,直至为空;然后再处理系统消息队列中的消息,直至为空。并且在处理系统消息时会产生新的事件,需要对其再次进行处理。

处理过程详细描述为:主循环函数首先从事件队列中得到下一事件,然后进入初级事件处理阶段。如果该事件是显示事件或销毁事件,就直接显示或销毁该控件的主显示单元及其孩子显示单元,否则就把该事件转换为控件事件。然后判断该事件是否被安装事件过滤器,即事件过滤列表是否为空,如果非空,则先处理事件过滤列表中的事件。通过事件过滤函数判断事件过滤列表中的事件是否处理完毕。最后再进入通用控件事件处理阶段,即判断该控件是否拥有自己的事件处理函数,如果有,则进入相应的处理函数处理事件,如果控件的私有处理函数没有处理事件或没有私有处理函数,则执行该控件所属类型的控件默认的事件处理函数。以上事件处理完毕之后,进入下一事件的处理。控件事件处理流程如图 8.19 表示。

(4)可视化控件的风格变换。为满足同一控件在不同项目中的风格需求,控件集提供一套完整的控件的风格变换机制。

①控件的风格属性。每种控件规定四种状态,即正常状态、激活状态、选中状态和无效状态,它们对应的状态值可以分别用 N、A、S、D 来表示。正常状态是当鼠标没有位于控件上方或控件没有得到焦点时控件的状态。激活状态是当鼠标处于控件上,且鼠标键被按下。选中状态是指该控件得到焦点。无效状态是指控件被置成无效且不响应任何事件。

控件状态不同时,控件外观也可能不同,因此,应该允许用户为四种状态设置不同的风

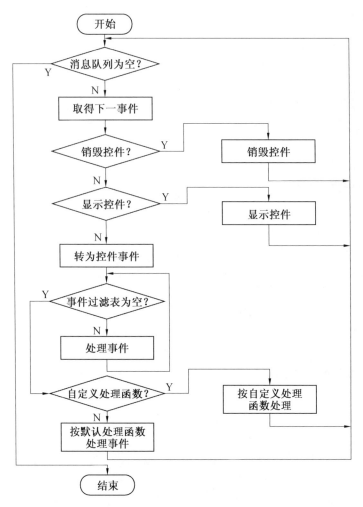

图 8.19 控件事件处理流程图

格。可以设置的风格属性有:控件的边框类型;控件的边框颜色;控件的边框宽度;边框和边框中的内容(文字、图片等)的上面、左边、下面、右边的空白间隔,其中,当文字自动换行时,两行文字之间的空白间隔,当文字和图片并列显示时,文字与图片之间的空白间隔;控件的背景;背景的宽度;背景的高度;背景的拉伸模式;控件使用的字体;控件的字体颜色。控件的边框类型同显示单元的边框类型,共八种。

边框颜色或字体颜色的值以 rgb 的格式给出,边框宽度是整数值,无边框时并不保留边框所占的空间。背景可以为颜色值,也可以为图片。为颜色值时,是 rgb 格式;为图片时,设置成图片的名称。背景图片的拉伸模式同显示单元的拉伸模式,也包括直接拉伸、1/3 拉伸和 1/2 拉伸。

除上述风格属性外,其他备选风格属性还有图片存放路径、字体文件路径及默认字体。

②解析风格配置文件。借鉴控件库 GTK 的主题变换方法,本书采用配置文件的方式来方便用户对控件风格的定制,并有专门的程序来解析配置文件。所谓解析实际上就是把配置文件翻译成相应的控件风格。按以下语句进行设置:单元风格的属性[单元状态]=属性值,其中单元状态可以为 A、N、S、D 其中之一,也可以为它们的组合、属性值严格按照每个属

性规定的方式书写。有些控件是很复杂的,因此把这些控件分成几个小单元进行风格配置,即单元名不一定是控件名。

通过以上的风格配置,只要在创建按钮对象时指定合适的风格配置,就可以把该按钮控件对象的正常和激活状态的背景设为图片,背景图片拉伸方式为 1/2 拉伸,边框是宽度为 3 的绿色矩形框。

使用风格全局指针数组来管理控件的风格。数组中的每个元素指向该类型的控件的风格节点链表的头,该头节点代表该控件类的默认风格,所有不指定风格的该类型的控件都将使用默认属性设置相应的风格。控件初始化时,系统自动进行控件风格的初始化,每种类型的控件按默认风格初始化,解析完风格配置文件后,新的风格将会被添加到相应的链表中。当用户创建新的控件对象时,控件库就会把对应的风格设置到该控件的对象中。风格配置文件解析的简单流程图如图 8.20 所示。

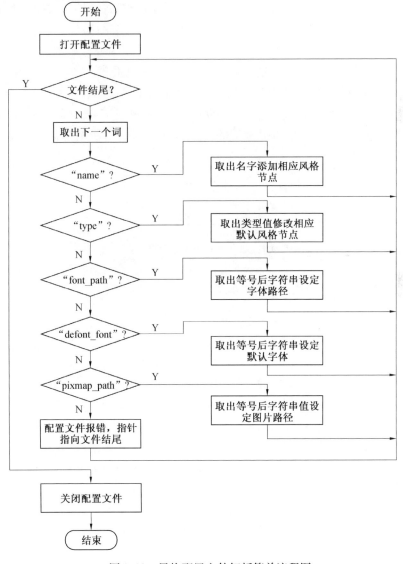

图 8.20　风格配置文件解析简单流程图

（5）用户自定义控件实现。用户自定义控件可以通过继承现有的 Qt 控件实现，也可以直接从 QWidget 继承。前者只需选择一个合理的 Qt 控件，把它作为基类，然后重新实现一些虚函数改变它的行为以满足我们的需要。由现有控件组合而成的用户自定义控件可以用 Qt Designer 实现：

①用模板 Widget 新建一个 form。

②在 form 中加入需要的控件，并对控件进行布局。

③进行信号和槽连接。

④如果还需要更多的信号和槽，可以在 QWidget 的派生类中及 uic 生成的类中添加相关代码。

如果自定义控件没有自己的信号和槽，且不用实现任何虚函数，只要将现有控件组合起来即可；也可以从 QWidget 派生一个类，在新类的构造函数中创建已有的控件。

如果 Qt 控件不能满足需要，也不能通过组合或者编辑现有控件来获得新控件，可以从 QWidget 派生出一个新类，重新实现一些事件处理函数绘制新的控件，响应鼠标的点击，并完全控制控件的外观和行为，并保持平台的无关性。Qt 的绘图处理机制建立在事件驱动的基础上。每种控件都有其自身特定的绘制方法，此方法一般是通过继承并重载父类中的虚函数来实现的。当需要进行控件绘制时，首先调用 update( ) 或 repaint( ) 产生绘制事件，并把该事件添加到事件队列中，然后应用程序的 notify( ) 函数把该事件发送到事件接收者，事件接收者通过函数 paintEvent( ) 调用特定的绘图方法以实现自身的绘制。图 8.21 为控件绘制过程示意图。

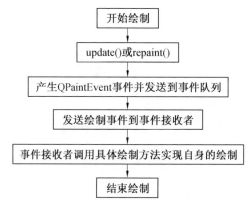

图 8.21　控件绘制过程示意图

（6）控件库的扩建。为了使用自定义控件，需要将自定义控件加入 Qt Designer，以扩建原有控件库。将用户自定义控件加入 Qt Designer 的方法有两种，即升级法和插件法。

插件法需要创建一个插件库，使 Qt Designer 能够实时加载，用来创建控件的实例。这样，Qt Designer 就可以在编辑窗体或者预览时使用自定义控件，Qt Designer 能动态获得自定义控件的全部属性。

2. 属性服务器

属性服务器能建立硬件基本应用单元和可视化应用属性的映射。硬件基本应用单元来自于下层驱动程序层提供的接口函数，可视化应用属性则来源于上层可视化控件。硬件应用单元和可视化应用属性之间的映射关系也存在多种可能。

　　通过属性服务器建立的基本应用单元与可视化应用属性之间的映射关系,实际上是将底层驱动程序和上层可视化控件有效地联系在一起,通过可视化控件可以直观地显示硬件的变化,硬件的改变也可以影响可视化控件的关键属性值。

　　和硬件基本操作单元与硬件基本应用单元的映射关系类似,硬件应用单元和可视化应用属性之间的映射关系也存在多种可能。基本应用单元和可视化应用属性的映射关系如图 8.22 所示。

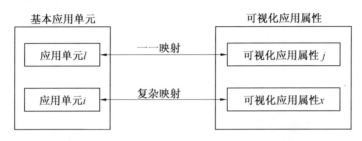

图 8.22　基本应用单元与可视化应用属性的映射

　　映射关系建立后,将结果记录进文件中,文件格式如图 8.23 所示。

【可视应用属性】	【硬件应用单元】	【映射关系】	【传递变量】	【其他…】
属性 1	单元 1	1:1	x	…
属性 2	单元 2	n:1	i	…
属性 3	单元 2	n:1	j	…
…	…	…	…	…

图 8.23　VisualAtt_AppliUnit. in 文件格式示意图

　　映射关系建立流程图如图 8.24 所示。

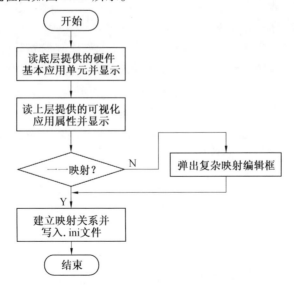

图 8.24　映射关系建立流程图

　　根据上述分析,共享内存操作如图 8.25 所示。其中箭头方向表示数据流方向。由图可以看到,属性服务器使用驱动程序调用接口传递硬件基本应用单元信息,通过共享内存与可视化控件传递可视应用属性信息。

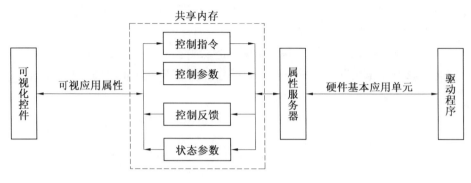

图 8.25　共享内存操作

8.4.4　可视化模型特点

（1）以设备为核心的设计，从底层基本硬件操作单元到顶层的可视应用单元，三层映射关系充分体现了模型对硬件的支持，符合嵌入式具有个性化、专用性的特点，表征了嵌入式系统的本质特征。

（2）充分利用了现有嵌入式 GUI。当前嵌入式系统中的可视化开发是以嵌入式 GUI 为核心的，本书的开发模型在顶层使用了可视控件集的方式，用现有 GUI 构造控件集，兼容目前的开发方式。

（3）开发模型具有广泛的适应性和灵活性，对操作系统无要求，应用层和 GUI 可以直接使用操作系统的提供的功能，也可以越过控件集直接使用硬件基本应用单元，对应用系统的构建无附加约束。

（4）在模型实现过程中，对简单的可标准化部分进行了分析，提供自动生成工具，对其余部分也提供了辅助功能，大大降低了难度和工作量。

（5）和硬件相关部分集中在第一个映射层，上层的两个映射对硬件操作透明，便于软硬件开发人员的分工。分明的逻辑层次，模型底层规划要求简单、实时，而复杂的逻辑在上两层完全可以实现，也符合嵌入式系统软硬件的特点。

（6）实现了可视化开发与非可视化开发的无缝链接。非可视化开发只需要利用本模型中的下两层解决方案，而不使用可视化控件集同样可以实现非可视化开发，从而实现了可视化开发与非可视化开发的无缝链接。

要进一步完善该模型，还有很多工作要做，例如：

（1）各逻辑层次功能的动态性。尤其是硬件操作单元和应用单元的确定，本书只给出了划分的原则，没有给出明确的数量化标准，这部分工作由开发者自主确定，但却无法保证其方案最为合理。

（2）两个工具对映射过程涉及的复杂逻辑，只能给出最简单辅助，对各种特例没有直接支持，这部分工作有待细化，以提供更多的支持，减少开发者的工作量。

第9章　个人移动设备计算机系统

前文已经说过,个人移动设备 PMD 是指一类带有多媒体用户界面的无线设备,比如智能手机、平板电脑等,与 PC 不同,PMD 不提供开发环境,采用主机-目标机的开发模式。

除去智能手机的通话功能,用户使用 PMD 主要用来上网、拍照、听音乐、使用社交软件、玩游戏、收发邮件与信息、录制视频和地图导航等,对于现代生活,PMD 正变得越来越重要。

9.1　PMD 计算机系统硬件组成

PMD 的功能虽然不能像个人计算机一样标准,但已经相对固定,图 9.1 以模块形式给出了一个基本的 PMD 硬件逻辑构成。

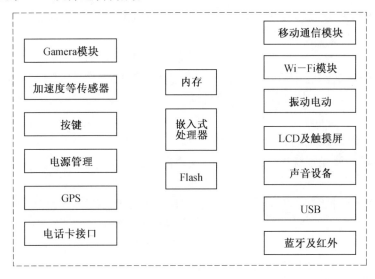

图 9.1　PMD 硬件逻辑构成

1. 嵌入式处理器

嵌入式处理器是 PMD 核心处理器,主要功能是对图像、音频、视频进行处理,ARM 为嵌入式处理器主要类别。据统计,智能手机中,目前 ARM 的核心构架为 100% 的 CDMA 手机和 85% 以上的 WCDMA 手机采用,超过 80% 的 Windows Mobile 智能手机也在使用 ARM 构架的芯片组。

嵌入式处理器通常都集成了强大的运算能力和丰富的多媒体功能,例如,TI 的 OMAP 对移动娱乐使用体验提供了强有力的支持,包括支持 600 万像素的照相功能、提供 DVD 质量的视频、具备高端游戏机功能、HiFi 的 3D 音效、最佳色彩显示以及移动电视。

为了支持更多的移动商务新应用,未来 PMD 中的嵌入式处理器性能会越来越高。嵌入式处理器的发展趋势是:首先能广泛地支持各种多媒体格式,比如 MPEG4 和 H.264 等;其次处理器应具备丰富的接口,如彩色 LCD、蓝牙、USB 2.0 等,还能有效处理移动商务数据传输中的安全问题,比如移动商务中的认证授权和付费机制;最后是芯片的低能耗,处理器拥有高效电源管理电路,能够关闭闲置模块节省电能,尽量延长电池的工作时间。

随着成本的不断下降,各种软件要求处理器的性能越来越高,当前,主流 PMD 中都采用了四核以上处理器。

2. 网络接入

移动通信模块通常包含有一个专用的基带处理器,组成移动通信应用子系统,支持 GPRS/CDMA 等移动通信方式,过去移动通信主要负责语音通话的基本功能,但现在已发生改变。

新型的智能手机都已具备接入 3 G 或 4 G 网络的能力,随着这些网络的正式启用,数据传输速率大大提高,通过移动网络接入 Internet 网,在智能手机上开展大数据量的移动商务正成为现实并得到快速发展。

另外,现在的智能手机已经和平板电脑一样,都带有 Wi-Fi 功能,可利用附近的无线局域网上网,这样将降低上网费用,同样有利于移动商务的开展。

3. Camera 模块

Camera 模块能实现数码拍照、摄像的功能,目前选用高像素、自动聚焦的 Camera 模块,已成为 PMD 的发展重要趋势。

使用 PMD,特别是智能手机照相已经成为很多人出门必不可少的环节,手机已经逐渐替代了非专业级的数码照相机。为了在这方面吸引更多的客户,各大厂商也在拼命升级手机的照相功能。索尼、华为和中兴的新手机均采用相同的相机分辨率,都具备 1 300 万像素的后置摄像头。与此同时,索尼 Xperia Z 和中兴 Grand S 均配置 200 万像素的前置摄像头,支持 1 080 p 的高清视频拍摄。除了分辨率之外,数码照相的其他功能也都植入手机照相中。在智能手机的照相系统中,处理照片的软件也是多种多样的。

4. LCD

PMD 的两个主流产品为智能手机和平板电脑。平板电脑的屏幕大小通常为 10 英寸以内,变化较小,而过去,手机的发展趋势是屏幕越来越小,而现在的智能手机的屏幕却是越来越大,甚至不能单手操控,有的大小甚至接近了平板电脑,为了让用户获得更佳的视觉享受体验,这一趋势已不可扭转。用户之所以选择大屏,是因为他们在移动设备上消费的内容越来越多,大屏对打电话而言是个缺点,但是人们却越来越少打语音电话,并且随着 Wi-Fi 平板越来越流行,一些消费者希望能结合二者的长处,在移动过程中使用平板。

目前,大屏幕和高分辨率已经成为高端智能手机的主要特征,大屏幕手机将成为主流,并且也不仅限于高端配置,一般而言,5 英寸屏幕的智能手机在便携性和视觉效果上具有绝佳的平衡点,而 1 080 P 分辨率也能够带来细腻的显示效果。

从 LCD 制作上看,采用具有直接可视柔性面板,由柔软的材料制成,显示装置可变形、可弯曲,也是一个未来的发展趋势,苹果的弯曲屏幕专利设计草图也刚刚被曝光出来,真正应用到产品中也将只是时间上的问题。

5. 电源管理模块

无论是 LCD 的高分辨率,还是四核以上的处理器,对于电池寿命来讲有一定影响,而无论是微博、微信、视频等应用,或者是高清 3D 的手机游戏,都在时时刻刻地消耗着 PMD 的电量,这就使如何提高电源管理技术并延长电池使用寿命,成为 PMD 开发设计中的主要挑战之一。

对于电源管理,因为 PMD 集合了多个功能模块,各模块都会对电源提出不同的要求,电源管理模块要提供多种不同的电压和特定的上电时序,电源管理在 PMD 的设计中占有非常重要的地位,非常复杂。电源管理通常采用电源管理芯片完成,这不仅大大降低移动设备外围的元件数目,从而大大降低成本,减少占用 PCB 的空间。另外,电源管理芯片还可以满足设备特有的上电时序,降低了设计复杂度。

大容量电池是另一个焦点,在不可换电池的影响下,市场上不可换电池的手机产品越来越多,导致 PMD 的续航能力会在使用过程中随着电池的老化而不断削弱,而厂家从客户体验角度出发,也会更多地使用大容量电池来留住客户,或许,太阳能电池或其他的一些解决方案也会出台,最终目的是让用户能够用到更长时间续航的智能手机。

目前,PMD 一般使用的是可充电的锂离子或锂聚合物电池,该类型电池相对于其他类型具有体积小和储电量大的特点,一般常采用手机通话时间和待机时间两个指标来衡量手机工作时间,智能手机一般通话时间为 3 ~ 5 h,待机时间可达 300 ~ 400 h。

6. 存储器

在 PMD 中存储介质主要有 RAM、ROM 和闪存三种。RAM 常常和 ROM 一起作为 PMD 的内存,其中 ROM 通常用于存储系统基本信息和设备初始程序,而闪存常常用此作为软件和数据的储存器,目前主要有 MMC 卡、SD 卡 SM 卡等。

当 PMD 性能越来越强、屏幕分辨率越来越高时,就意味着它需要更大的空间运行程序。对于高清照片、歌曲、视频、各种各样的游戏软件,需要更大的存储空间,存储器正变得越来越大。

7. 其他

(1)蓝牙:通常支持 V2.0 标准、蓝牙立体声和 EDR 功能,蓝牙芯片一般通过 PCM 接口与 AudioCodec 连接,并支持 mono 语音。

(2)GPS 定位模块:已经成为 PMD 的标准配置,PMD 通常都内置 GPS 芯片,具有 GPS 定位功能,可提供基于位置的商业服务,支持相关的应用,如和电子地图结合进行导航、跑步软件等。

(3)声音设备:主要实现 MP3/MP4 播放、录音、卡拉 OK 等音频功能。

(4)传感器:如测量温度的温度传感器,摇一摇使用加速度传感器等。

(5)按键及触摸屏:PMD 的主要输入设备。

(6)振动电机:实现振动的硬件。

(7)USB:可与个人计算机相连进行通信。

(8)扩展卡:PMD,特别是智能手机都内置了丰富的扩展槽,以支持各种卡。

9.2　安卓操作系统

PMD 的主流操作系统有安卓和 iOS 两种,它们并不是全新的,而是基于现有操作系统的扩展,其中安卓操作系统是基于 Linux 实现的,苹果的操作系统 iOS 是基于 Unix 实现的,当然,它们并不是 Linux 和 Unix。

　　鉴于当前安卓的市场地位，以及 iOS 不开源的特性，本书将以安卓操作系统作范例进行讲解。

9.2.1　安卓操作系统框架

　　安卓操作系统是 Google 于 2007 年 11 月 5 日宣布的基于 Linux 平台的开源手机操作系统的名称，该平台由底层部分（Linux 操作系统内核）、核心部分（库和应用框架）和应用部分组成，如图 9.2 所示。

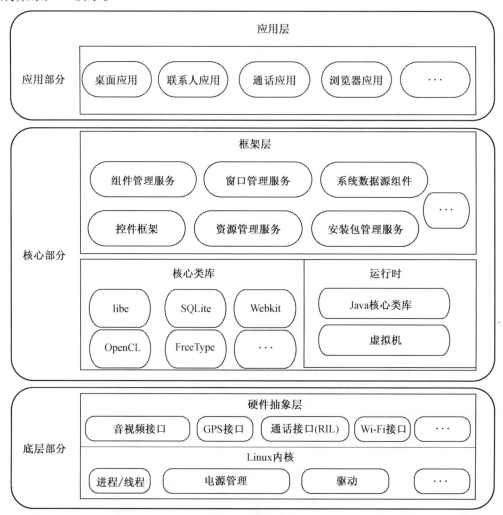

图 9.2　安卓系统框架

1. 应用程序

　　用户使用的应用程序在应用部分，安卓发行时会附带一系列核心应用程序包，包括客户端、SMS 短消息程序、日历、地图、浏览器、联系人管理程序等。所有的应用程序都是使用 Java 语言编写的，APK 是安卓应用的后缀，是 Android Package 的缩写，即安卓安装包（apk）。

2. 应用程序框架

　　支持应用程序运行的是应用框架，可以把框架看作是由一些 API 框架组成，也可以看作

是一些组件,是隐藏在每个应用后面的一系列服务和系统, 其中包括:

(1)丰富而又可扩展的视图(Views):用来构建应用程序,包括列表、网格、文本框、按钮,甚至可嵌入的 Web 浏览器。

(2)内容提供器(Content Providers):使得应用程序可以访问另一个应用程序的数据(如联系人数据库),或者共享它们自己的数据。

(3)资源管理器(Resource Manager):提供非代码资源的访问,如本地字符串、图形和布局文件)。

(4)通知管理器(Notification Manager):使得应用程序可以在状态栏中显示自定义的提示信息。

(5)活动管理器(Activity Manager):用来管理应用程序生命周期并提供常用的导航回退功能。

3. 库

安卓包含一些 C/C++库,这些库能被应用框架中不同的组件使用,为开发者提供服务。以下是一些核心库:

(1)系统 C 库:一个从 BSD 继承来的标准 C 系统函数库 Libc。它是专门为基于 Embedded Linux 的设备定制的。

(2)媒体库:基于 PacketVideo OpenCORE。该库支持多种常用的音频、视频格式回放和录制,同时支持静态图像文件。编码格式包括 MPEG4、H. 264、MP3、AAC、AMR、JPG 及 PNG。

(3)Surface Manager:对显示子系统的管理,并且为多个应用程序提供了 2D 和 3D 图层的无缝融合。

(4)LibWebCore:一个最新的 Web 浏览器引擎,支持安卓浏览器和一个可嵌入的 Web 视图。

安卓运行环境由核心库和 Dalvik 虚拟机组成,每个安卓应用在 Linux 进程中,而每个进程都包含一个 Dalvik 实例,Dalvik 运行 DEX 程序(Dalvik Executable,一种针对小内存设备优化过的格式),Dalvik 是 DEX 的虚拟机,安卓系统将 Java 字节码转换为 DEX 文件,又 Dalvik 运行,apk 即为 Dalvik 字节码格式。

4. Linux 内核

安卓运行于 Linux 内核之上,但并不是 GNU/Linux,在一般 GNU/Linux 里支持的功能,安卓大多没有支持,包括 Cairo、X11、Alsa、FFmpeg、GTK、Pango 及 Glibc 等都被移除掉了,比如,安卓以 Bionic 取代了 Glibc,以 Skia 取代了 Cairo,以 opencore 取代了 FFmpeg 等。

安卓的 HAL(硬件抽象层)是能以封闭源码形式提供硬件驱动模块。HAL 的目的是为了把安卓应用框架与 Linux 内核隔开,让安卓不至过度依赖 Linux 内核,以达成内核独立的概念,也让安卓应用框架的开发能在不考量驱动程序实现的前提下进行发展。

与 Linux 内核相比,安卓最大的改变是将 HAL 移到用户空间,使得安卓 HAL 与 Linux 内核彻底分开。

9.2.2　安卓开发环境搭建

像前面讲的那样,安卓的开发模式是"主机-目标机"模式,主机的环境分为 Linux 和

Windows 两种,安卓的所有开发都可以在 Linux 环境下进行,其中应用程序开发可以在 Windows 下进行开发。

1. Linux 环境

安卓 Linux 开发环境的建立主要包括 Linux 操作系统的安装、常用软件服务、安卓开发工具包及交叉编译器的安装。

Linux 操作系统的安装有两个方案:

(1)在 Windows 下安装虚拟机后,再在虚拟机上安装 Linux 操作系统。

(2)在 PC 上直接安装 Linux 操作系统。

基于 Windows 的环境安装 Linux,要么有兼容性问题,要么对速度有影响,最好使用纯 Linux 操作系统开发环境,当然如果 PC 主机的机器性能优越,用户也可以选择第一种开发方式,使用 Windows 系统运行 Vmware 虚拟机,在虚拟机中运行 Linux,Windows 系统下也有很多好用的开发软件,如 Xshell、Sourceinsight 等。

同普通的嵌入式 Linux 开发类似,要针对"主机-目标机"的开发模式,在 Linux 提供一些服务,比如为通过 BootLoader 下载文件,主机上要提供 tftp 服务支持,为调试方便,主机应设置 nfs 服务,是目标机能够通过网络共享目录等;当然最重要的还是要安装安卓操作系统配套的交叉编译器,它能够提供内核及安卓 Linux 程序的编译。

最后要进行安装的则是安卓应用程序开发支持,包括 JDK 安装、Eclipse 安装,SDK 安装及相关配套插件的安装,这些主要是支持 Java 的开发环境。

Linux 开发环境可用于安卓内核、文件系统及应用程序的所有环节的开发。

2. Windows 开发环境

安卓 Windows 开发环境搭建包括 SDK、Eclipse 及 JDK 安装,主要用于开发安卓 Java 应用程序,其中 JDK 为 Java 提供运行环境,Eclipse 为 Java 集成开发环境,SDK 能提供安卓程序在 Windows 环境下基于虚拟设备 AVD 的运行界面,方便调试 apk 的应用程序。

9.2.3　安卓内核移植与编译

这一部分的开发过程与普通嵌入式 Linux 基本相同,包括安卓 Linux 内核的定制、裁剪、配置和编译过程,以及如何向内核加入自定义功能模块,还有安卓源码的架构、编译及安卓文件系统镜像的制作过程。

和标准的 Linux 内核一样,安卓 Linux 内核主要实现内存管理、进程间通信及进程调度等功能,内核结构和标准 Linux 2.6 内核基本上相同,为了适应嵌入式硬件环境和移动应用程序的开发,安卓在其基础上增加了私有内容。安卓在标准 Linux 内核中增加的内容是一些驱动程序,这些驱动主要分为两种类型,即安卓专用驱动及安卓使用的设备驱动。

总体来说,安卓对 Linux 内核的更改较少。

1. 安卓专有驱动和组件

安卓专有驱动和组件并非 Linux 标准的内容,它们实际上是纯软件的内容和体系结构,与硬件平台无关。安卓专用驱动类似于 Linux 的内存设备驱动程序。随着安卓内核的升级,安卓专用驱动的目录也几经变化,在较新的版本中,主要的驱动程序放在 drivers/staging/android/目录中,另外也有几个驱动程序分布在其他的目录中。安卓主要的专用驱动如下:

①Binder：基于 OpenBinder 系统的驱动，为安卓平台提供 IPC 支持。

②Logger：轻量级的 log 驱动。

③Low Memory Killer：缺少内存的情况下，杀死进程。

④Ashmem：匿名共享内存。

⑤Power Management（PM）：电源管理模块。

⑥PMEM：物理内存驱动。

（1）Binder 驱动程序。Binder 驱动程序是基于 OpenBinder 系统的驱动，为用户程序提供了 IPC（进程间通信）支持，安卓整个系统的运行依赖 Binder 驱动，Binder 提供给用户空间的接口是主设备号为 10 的 Misc 字符设备，其次设备号自动生成。

Binder 驱动程序由 binder. h 和 binder. c 两个文件组成。Binder 设备对用户空间提供 mmap、poll、ioctl 等接口，可以在用户空间 libutil 工具库和 Service Manager 守护进程中调用 Binder 接口对整个系统的支持：

①frameworks/base/cmds/servicemanaer/：Service Manager 守护进程的实现。

②frameworks/base/include/utils/：Binder 驱动在用户空间的封装接口。

③frameworks/base/libs/utils/：Binder 驱动在用户空间的封装实现。

Binder 是安卓中主要使用的 IPC 方式，通常只需要按照模板定义相关的类即可，不需要直接调用 Binder 驱动程序的设备节点。

（2）Logger 驱动程序。Logger 驱动程序是一个轻量级的 log 驱动，安卓的 Logger 驱动程序为用户程序提供 log 支持，这个驱动作为一个工具来使用。提供用户空间的接口是主设备号为 10 的 Misc 字符设备，其次设备号是动态生成。

在用户空间，Logger 有三个设备节点，均在/dev/log/目录中：

①/dev/log/main：主要的 log。

②/dev/log/event：事件的 log。

③/dev/log/radio：Modern 部分的 log。

logger 驱动在内核中的头文件和代码路径如下：

①kernel/include/Linux/logger. h。

②kernel/drivers/misc/logger. c。

system/core/logcat 是一个可执行程序，帮助用户取出系统 log 的信息，这是在系统中使用的一个辅助工具。

PMEM：物理内存驱动。

（3）Low Memory Killer 组件。Low Memory Killer 提供了在低内存状况下，杀死进程的功能。使用 Low Memory Killer 可以为用户空间在内存空间设置一个内存阈值，通过这个阈值来判断进程是不是将要杀死。

Low Memory Killer 只包含了 lowmemorykiller. c 一个源文件。

（4）Ashmem 驱动程序。Ashmem 的含义是匿名共享内存（Anonymous Shared Memery），通过内核的这种机制可以为用户空间程序提供分配内存的机制，Ashmem 提供用户空间的接口是主设备号为 10 的 Misc 字符设备，其次设备号是动态生成的，在用户空间中，Ashmem 的设备节点为/dev/Ashmem。

Ashmem 驱动程序在内核中的头文件和代码路径如上：

①kernel/include/Linux/ashmem. h。

②kernel/mm/ashmem. c。

在用户空间 C libutil 库对 Ashmem 进行封装并提供接口：

①system/core/include/cutils/ashmem. h：简单封装头文件。

②system/core/libcutils/ashmem-dev. c：匿名共享内存在用户空间的调用封装。

③system/core/libcutils/ashmem-host. c：没有使用。

Ashmem 为安卓系统提供内存分配功能，实现类似 malloc 的功能。

（5）Power Management 电源管理。电源管理（Power Management）对于移动设备来说相当重要，因此，在安卓内核中增加了一种新的电源管理策略，通过开关屏幕、开关屏幕背景光、开关键盘背光、开关按钮背光等来实现电源管理。

有三种途径判断调整电源管理策略，即 RPC 调用、电池状态改变和电源设置。它通过广播 inten 或直接调用 API 的方式来与其他模块进行联系。电源管理策略同时还有自动关机机制，当电力低于最低可以接受程度时，系统将自动关机。

2. 安卓相关设备驱动

作为主要为智能手机定制的操作系统，安卓通常使用 Linux 中一些标准的设备驱动程序，安卓使用的设备驱动主要包括 Framebuffer 显示驱动、Event 输入设备驱动、ASLA 音频驱动、Wlan 驱动、蓝牙驱动等。

（1）Framebuffer 显示驱动。在 Linux 中，Framebuffer 驱动是标准的显示设备的驱动，对于 PC 系统，Framebuffer 驱动是显卡的驱动；对于嵌入式系统处理器，Framebuffer 通常作为其 LCD 控制器或者其他显示设备的驱动。

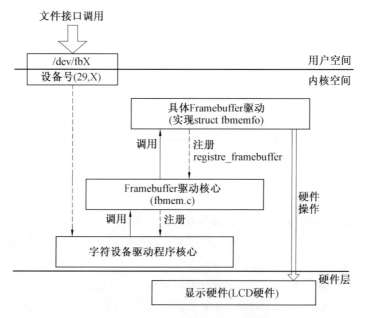

图 9.3 Framebuffer 显示驱动框架

Framebuffer 驱动是一个字符设备，主设备号为 29，其次设备号递增生成。设备节点通常为/dev/fbX。

Framebuffer 驱动在用户空间大多数使用 ioctl、mmap 等文件系统接口进行操作，ioctl 用于获得和设置信息,mmap 可以将 Framebuffer 的内存映射到用户空间。Framebuffer 驱动也可以直接支持 write 操作,直接用写的方式输出显示内容。Framebuffer 显示驱动架构如图9.3 所示。

Framebuffer 驱动的主要头文件为 include/Linux/fs. h,Framebuffer 驱动的核心实现:drivers/video/fsmem. c。

(2)Event 输入设备驱动。Input 驱动程序是 Linux 输入设备的驱动程序,分为游戏杆、鼠标和事件设备三种驱动程序。其中事件驱动程序是目前通用的驱动程序,可支持键盘、鼠标、触摸屏等多种输入设备。

Event 设备在用户空间大多数使用 read、ioctl、poll 等文件系统接口进行操作,read 用于读取输入信息,ipctl 用于获得和设置信息,poll 调用可以进行用户空间的阻塞,当内核有按键等中断时,通过在中断中唤醒 poll 的内核实现,这样在用户空间的 poll 调用也可以返回。

Event 设备在文件系统中的设备节点为/dev/input/eventX,主设备号为13,次设备号递增生成,为64～95,各个具体设备在 misc、touchscreen、keyboard 等目录中。Event 输入驱动的架构如图9.4 所示。

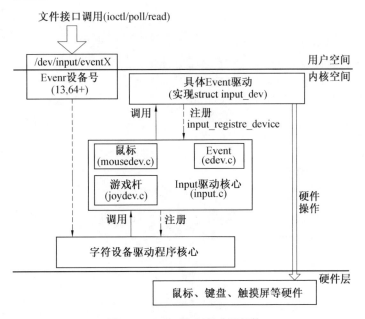

图9.4　Event 输入驱动的架构

Input 驱动程序的头文件为 include/Linux/input. h,Input 驱动程序的核心和 Event 部分代码为:

①Drivers/input/input. c:核心代码。

②Drivers/input/evdev. c:Event 部分的实现。

(3)V4L2 摄像头——视频驱动。V4L2 的主设备号是81,次设备号为0～255,这些次设备号里也有好几种设备(视频设备、Radio 设备、Teletext 及 VBI)。图9.5 为 V4L2 视频驱动架构。

安卓同样没有直接使用,通常是配合安卓中的 Camera 或 Overlay 的硬件层使用。

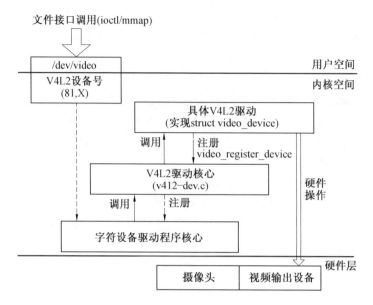

图 9.5　V4L2 视频驱动架构

3. 安卓内核目录结构

安卓内核结构和标准 Linux 2.6 内核基本上相同,在这里只做简单介绍。图 9.6 给出了内核版本为 Linux-2.6.29 的内核源码目录结构示意图。

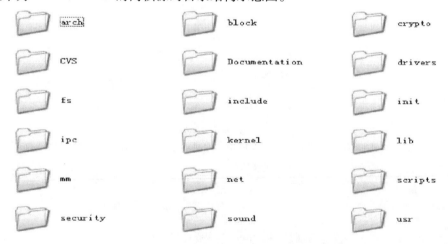

图 9.6　Linux-2.6.29 的内核源码目录结构示意图

这些目录的作用参见 5.2 节,其中安卓专用驱动程序大部分存放在 Drivers/staging 子目录中。

4. 安卓内核配置及裁剪

安卓内核的裁剪、编译与标准 Linux 内核相同,只是对配置菜单的简单选择,具体可以参见 5.5.2 节。但是内核配置菜单本身结构庞大,内容复杂,熟悉与了解该菜单的各项具体含义就显得比较重要,详解见 Linux 内核移植与编译。

和嵌入式 Linux 一样,安卓内核的编译通常使用 make menuconfig 命令,执行效果如图 9.7 所示。

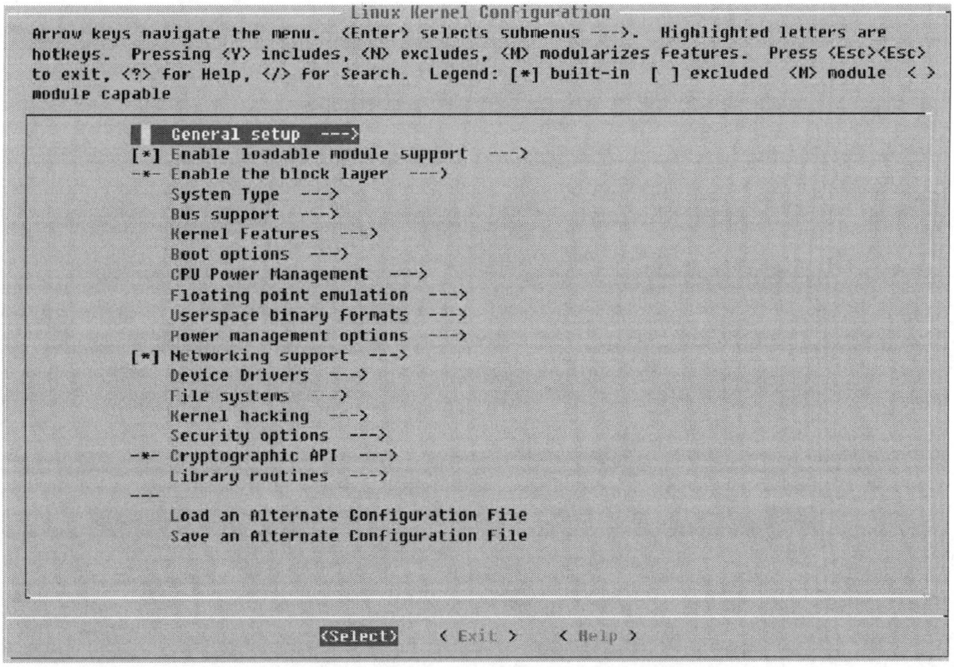

图 9.7　make menuconfig 命令执行效果

5. 移植与编译内核步骤

移植一个与安卓目标板匹配的内核,包含处理器平台的移植、文件系统和驱动程序的移植,通常处理器平台和文件系统的移植由相关厂家提供,用户更多做的是驱动程序的移植,其具体步骤与嵌入式 Linux 相同。

(1)复制基本的安卓内核源码。

(2)移植处理器平台,可能增加新的平台子目录 arch/arm/mach-＊＊＊和 include/arch-＊＊＊。

(3)文件系统支持。假如原来系统中没有 yaffs2 文件系统,相应地增加文件系统相关目录 fs/yaffs2。

(4)为目标板编写驱动程序,例如:

①字符输出设备 drivers/char/＊＊＊_tty. c。

②图像显示设备 drivers/video/＊＊＊fb. c。

③键盘输入设备 drivers/input/keyboard/＊＊＊_events. c。

④RTC 设备 drivers/rtc/rtc-＊＊＊. c。

⑤SD 卡设备 drivers/mmc/host/＊＊＊. c。

⑥FLASH 设备 drivers/mtd/devices/＊＊＊_nand. c 和 drivers/mtd/devices/＊＊＊_nand_reg. h。

⑦电池设备 drivers/power/＊＊＊_battery. c。

⑧音频设备 arch/arm/mach-＊＊＊/audio. c。

⑨电源管理 arch/arm/mach-＊＊＊/pm. c。

⑩时钟管理 arch/arm/mach-＊＊＊/timer。

（5）修改相关目录下 Kconfig。

（6）修改相关目录下 Makefile。

（7）make menuconfig：配置选择处理器平台和驱动程序。

（8）编译内核。

9.2.4　安卓文件系统

1. 安卓根文件系统的目录

安卓下的根文件系统目录结构有习惯的用法和目的，文件系统目录结构及其习惯用法如下：

①dev：硬件设备文件及其他特殊文件。

②etc：系统配置文件，包括启动文件等。

③sys：用于挂载 sysfs 文件系统。在设备模型中，sysfs 文件系统用来表示设备的结构。将设备的层次结构形象地反映到用户空间中，用户空间可以修改 sysfs 中的文件属性及设备属性值。

④data：用户安装的软件及各种数据。

⑤init：文件系统第一个运行的程序。

⑥proc：虚拟文件系统，用来显示内核及进程信息。

⑦sbin：系统管理员目录。

⑧default. prop：属性系统。

⑨cache：缓存临时文件夹。

⑩init. rc：系统的初始化脚本。

⑪sdcard：SD 卡中的 FAT32 文件系统挂载的目录。

⑫sqlite_stmt_journals：一个根目录下的 tmpfs 文件系统，用于存放临时文件数据。

⑬system：基本所有的应用程序和工具。

⑭init. smdk6410. rc：arm6410 的初始化文件。

⑮config。

2. 安卓文件系统的启动过程

系统启动文件系统时运行的第一个程序 init（守护进程），init 程序源码在安卓官方源码的 system／core／init 中，main 在 init. c 里，init 进程做的工作依次为：

（1）安装 SIGCHLD 信号并处理，用于回收僵尸进程的资源。

（2）对 umask 进行清零，清除用户创建文件的默认权限。

（3）为 rootfs 建立必要的文件夹，并挂载适当的分区，例如：／dev（tmpfs）、／proc（proc）。

（4）创建／dev／null 和／dev／kmsg 节点。

（5）解析／init. rc，将所有服务和操作信息加入链表，根据硬件启动相应的服务。

（6）从／proc／cmdline 中提取信息内核启动参数，并保存到全局变量。

（7）初始化属性系统，并导入初始化属性文件。

（8）判断 cmdline 中的参数，并设置属性系统中的参数。

（9）执行所有触发标识为 init 的 action。

（10）确认所有初始化工作完成。

（11）执行所有触发标识为 early-boot 的 action。

（12）基于当前 property 状态，执行所有触发标识为 property 的 action。

（13）进入主进程循环。

图 9.8 所示为 init 执行过程。

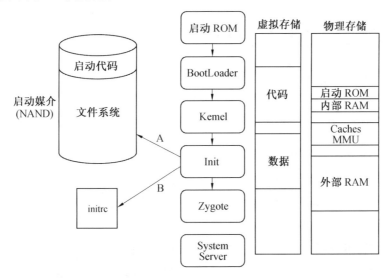

图 9.8　init 执行过程

3. init. rc 初始化脚本

init. rc 中所启动的一个重要进程被称作 zygote 进程，一般将其称为"种子进程"，从进程的角度来看，种子进程仅仅是一个 Linux 进程而已，它和一个只包含 main( ) 函数的 C 程序所产生的进程是同一个级别。

种子进程里面所运行的程序主要完成了两件事情。第一件事情是装载了一段程序代码，这些代码都是用 C 语言编写的。这段代码就是传说中的 Java 虚拟机，在安卓系统中被称为 Dalvik 虚拟机。这段代码的作用只是为了能够执行 Java 编译器编译出的字节码。

第二件事情必须基于第一件事情之后，即当 Dalvik 虚拟机代码初始化完成后，从一个名为 ZygoteInit. java 类中的 main( ) 函数中开始执行，为使 Dalvik 虚拟机能够知道 ZygoteInit 这个 Java 类在哪个 Jar 包里，需要在 init. rc 中给出这个 Jar 包的目录位置信息，这时使用了一个标志符，当这个标志符是"zygote"时，Dalvik 虚拟机就会从"硬编码"的字符串中得到 ZygoteInit 类所在的 Jar 包，而这个 Jar 包正是 framework. jar。

这之后，ZygoteInit 类中 main( ) 函数所做的事情和 Linux 本身就没多大关系了，真正开始启动了安卓的核心功能。

在 ZygoteInit 类中的 main( ) 函数中，首先加载一些类文件，这些类将作为以后所有其他 Apk 程序共享的类，然后会创建一个 Socket 服务端，该服务端将用于通过 Socket 启动新进程。

该进程之所以被称为"种子"进程的原因就是，当其内部的 Socket 服务端收到启动新的 Apk 进程的请求时，会使用 Linux 的一个系统调用 folk( ) 函数从自身复制出一个新的进程，新进程和 Zygote 进程将共享已经装载的类，这些类都是在 framework. jar 中定义的。

ZygoteInit 进程的执行过程如图 9.9 所示。

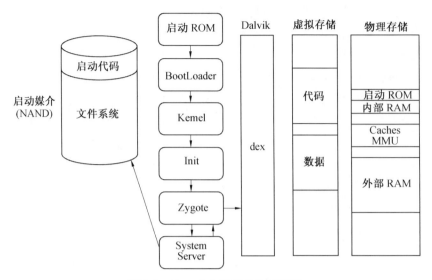

图 9.9　ZygoteInit 进程的执行过程

4. 安卓文件系统的实现

(1)安卓源码包的编译。安卓代码的工程分为三个部分：

①核心工程(Core Project)：建立安卓系统的基础,在根目录的各个文件夹中。

②扩展工程(External Project)：使用其他开源项目扩展的功能,在 external 文件夹中。

③包(Package)：提供安卓的应用程序和服务,在 package 文件夹中。

下面是 Android-2.1_r2 的 Android 源码目录详解：

```
|— Makefile
|— bionic           (bionic C 库)
|— bootable         (启动引导相关代码)
|— build            (存放系统编译规则及 generic 等基础开发包配置)
|— cts              (安卓兼容性测试套件标准)
|— dalvik           (dalvikJava 虚拟机)
|— development      (应用程序开发相关)
|— external         (安卓使用的一些开源的模组)
|— frameworks       (核心框架——Java 及 C++语言)
|— hardware         (部分厂家开源的硬解适配层 HAL 代码)
|— out              (编译完成后的代码输出于此目录)
|— packages         (应用程序包)
|— prebuilt         (X86 和 arm 架构下预编译的一些资源)
|— sdk              (sdk 及模拟器)
|— system           (底层文件系统库、应用及组件——C 语言)
`— vendor           (厂商定制代码)
```

然后在终端中进入 Android-2.1_r2 目录,直接执行 make 即可,但是为了同时编译出配套的 Android SDK,可以使用 make sdk 进行编译,make 过程将递归找到各个目录中的 Android. mk 文件进行编译。

　　安卓编译将搜索所有的目录,编译本身和目录的名称及位置没有关系。首次编译执行时间较长,大约为4 h,可以通过make － j5、make sdk － j5 来并行加速,5 是并行运行的线程数,可自动调整。

　　安卓系统编译完成的结果全部在其根目录下的 out 目录中,原始的各个工程目录不会改动。其中,out/target/product/是目标产品目录;out/host/是主机上运行的一些程序,例如:编译出来的 sdk 就在/out/host/Linux–x86/sdk 目录下。

　　(2)用模拟器运行系统。在模拟器运行之前需要配置 ANDROID_SDK_ROOT 环境变量,ANDROID_SDK_ROOT 目录是安卓软件开发工具包 sdk,模拟器运行时需要从这个目录中找到几个文件系统映象。因此需要修改/etc/bash. bashrc 文件,在 bash. bashrc 文件的最后增加内容,使用下列命令设置环境变量:

export
ANDROID_SDK_ROOT=/home/now/Android–2. 1_r2/out/host/Linux–x86/sdk/android–sdk_eng. root_linux–x86
export PATH= $ PATH: $ ANDROID_SDK_ROOT/tools

　　保存后运行 source/etc/bash. bashrc 使设置生效,重新开一个终端并进入/home/now/andorid–2. 1_r2/目录,便可使用 android、emulator 等命令。

　　AVD 是 Android virtual device 的缩写,就是一个运行 Android 系统的虚拟机器,如果已经配置好环境变量,那么在命令行中运行安卓命令便能弹出一个 GUI 界面的 AVD 创建程序(Android SDK and AVD Manager),如图 9.10 所示。

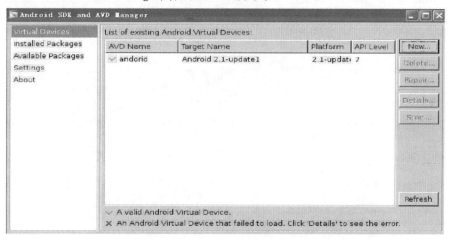

图9.10　AVD 创建程序界面(1)

　　点击 new 创建一个新的 AVD,填写名称,选择 android sdk 版本,在 skin 选项中选择屏幕分辨率,也可以定制分辨率,如图 9.11 所示。

　　之后保存退出就产生了一个名为 android–2. 1_r2 的 avd。这里还可以指定一个虚拟的 SD 卡,使用 mksdcard 命令生成一个 SD 卡镜像:mksdcard 10M sdcard. img 这样便在当前目录下产生一个 SD 镜像文件,在 Android SDK and AVD Manager 中可以找到这个文件作为 avd 的虚拟 SD card,用户还可以使用 loop 方式将这个 sdcard. img 挂载到主机目录下,这样便能将主机下的一些文件通过 sdcard 传递到虚拟机中。

　　然后在终端中运行下面命令运行 emulator:

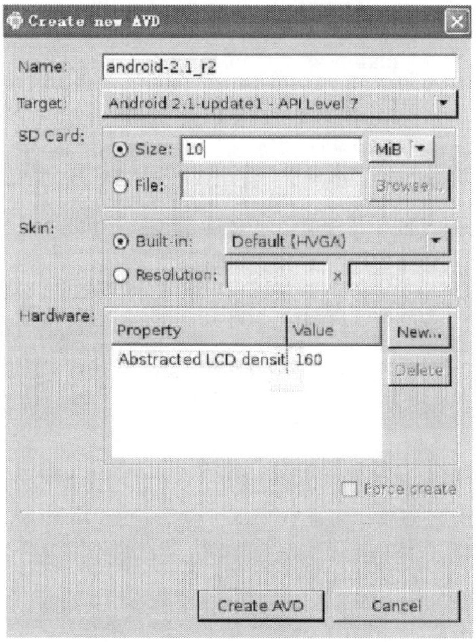

图 9.11　AVD 创建程序界面(2)

emulator –avd android–2.1_r2　–system　out/target/product/generic/system. img　– ramdisk out/target/product/generic/ramdisk. img –show–kernel

其中 out/target/product/generic/system. img 和 out/target/product/generic/ramdisk. img 为编译安卓源码生成的镜像文件,根据自己的路径情况来输入。

Emulator 运行界面如图 9.12 所示。

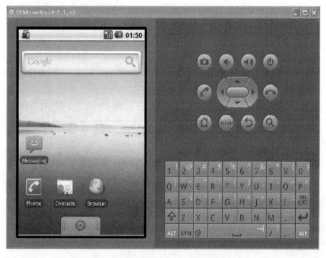

图 9.12　Emulator 运行界面

(3)Android 文件系统的制作。运行模拟器时,在另一个终端中的 root 目录下通过运行 adb 能够实现从虚拟机中(nfs)提取 data 文件:

root@ uptech:~#adb pull/data ~ /shared–disk/Android/nfsboot/data

这样就把模拟器中的 data、system 目录都下载到目标机的目录下,其中 adb 是主机与目标机之间传送文件的工具,使用文法如下:

#adb pull host_path target_path　　//从目标机到主机传送文件

#adb push target_path host_path　　//从主机到目标机传送文件

在主机上将模拟器中的 data 和 system 目录内容复制到 android-2.1_r2/out/target/prod-uct/generic/root 下的 data 和 system 目录,/out/target/product/generic/root 下的内容就是一个完整可用的安卓根文件系统,可以烧写到目标设备中进行测试。

9.2.5　安卓编程

1. 概述

从下至上,安卓系统可以分成四个层次:第一层为 Linux 操作系统及驱动,第二层为本地代码(C/C++)框架,第三层为 Java 框架(Framework),第四层为 Java 应用程序(APP)。

第一层和第二层之间,从 Linux 操作系统的角度来看,是内核空间与用户空间的分界线,第一层运行于内核空间,第 2~4 层运行于用户空间。

第二层和第三层之间,是本地代码层与 Java 代码层的接口。由于安卓系统需要支持 Java 代码的运行,这部分内容是安卓的运行环境(Runtime),由虚拟机和 Java 基本类组成。

第三层和第四层之间,是安卓系统的 API 接口,对于安卓应用程序的开发,第三层次以下的内容是不可见的,仅考虑系统 API 即可。

2. HAL

现有 HAL 架构由 Patrick Brady(Google)在 2008Google I/O 演讲中提出的,如图 9.13 所示。

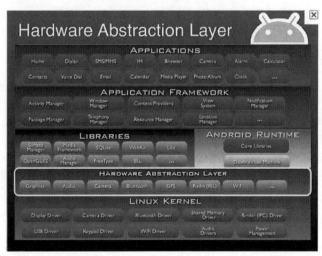

图 9.13　HAL 架构

安卓的 HAL(Hardware Abstraction Layer)是为了保护一些硬件提供商的知识产权而提出的,是为了避开 Linux 的 GPL 束缚。其思路是把控制硬件的动作都放到了 Android HAL 中,而 Linux driver 仅仅完成一些简单的数据交互作用,甚至把硬件寄存器空间直接映射到 user space。而安卓是基于 Aparch 的 license,因此硬件厂商可以只提供二进制代码,所以说安卓只是一个开放的平台,并不是一个开源的平台。也许也正是因为安卓不遵从 GPL,所以 Greg Kroah-Hartman 才在 2.6.33 内核将安卓驱动从 Linux 中删除。GPL 和硬件厂商目前还是有着无法弥合的裂痕。安卓想要把这个问题处理好也是不容易的。硬件抽象 HAL 是位于安卓用户空间和内核空间的一个层次。

HAL 存在的主要原因如下：

（1）并不是所有的硬件设备都有标准的 Linux kernel 的接口。

（2）KERNEL DRIVER 涉及 GPL 的版权，某些设备制造商并不愿意公开硬件驱动，所以才去用 HAL 方式绕过 GPL。

（3）针对某些硬件，安卓有一些特殊的需求。

HAL 主要的储存于以下目录（注意：HAL 在其他目录下也可以正常编译）：

（1）libhardware_legacy/：旧的架构、采取链接库模块的观念进行。

（2）libhardware/：新架构、调整为 HAL stub 的观念。

（3）ril/：Radio Interface Layer。

（4）msm7k QUAL 平台相关。主要包含 GPS、Vibrator、Wi-Fi、Copybit、Audio、Camera、Lights、RIL、Overlay 等模块。

目前存在两种 HAL 架构，即位于 libhardware_legacy 目录下的"旧 HAL 架构"和位于 libhardware 目录下的"新 HAL 架构"，如图 9.14、9.15 所示。

libhardware_legacy 是将 *.so 文件当作 shared library 来使用，在 runtime（JNI 部分）以 direct function call 使用 HAL module。通过直接函数调用的方式来操作驱动程序。应用程序也可以不需要通过 JNI 的方式进行，直接加载 *.so（dlopen）的做法调用 *.so 里的符号（symbol）也是一种方式。这种 HAL 架构实际上是沿用了 Linux 的硬件驱动层使用方式。

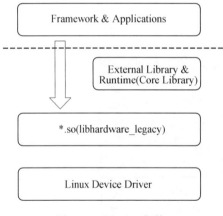

图 9.14　旧 HAL 架构

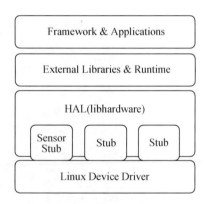

图 9.15　新 HAL 架构

在现在的 libhardware 架构中，HAL stub 是一种代理人（proxy）的概念，stub 虽然以 *.so 的形式存在，但 HAL 已经将 *.so 档隐藏起来了。Stub 向 HAL 提供操作函数（operations），并由安卓 runtime 向 HAL 取得 Stub 的 Operations，再 Callback 这些操作函数。HAL 里包含了许多的 Stub。Runtime 只要说明"类型"，即 Module ID，就可以取得操作函数。对于目前的 HAL，可以认为安卓定义了 HAL 层结构框架，通过几个接口访问硬件，从而统一了调用方式。

安卓的 HAL 的调用需要通过 JNI（Java Native Interface），JNI 简单来说就是 Java 程序可以调用 C/C++ 写的动态链接库，这样 HAL 可以使用 C/C++ 语言编写，效率更高。如图 9.16 和 9.17 所示，在安卓下访问 HAL 大致有以下两种方式：

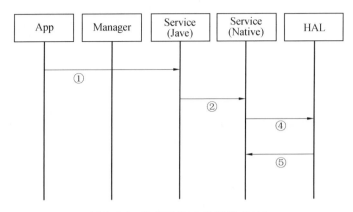

图 9.16　安卓下 HAL 访问形式(1)

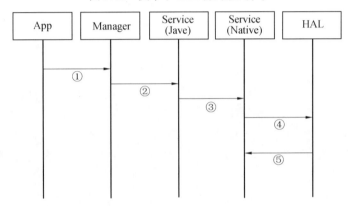

图 9.17　安卓下 HAL 访问形式(2)

①安卓的 App 可以直接通过 service 调用.so 格式的 JNI。

②经过 Manager 调用 service。

上面两种方法各有优缺点:第一种方法简单高效,但不正规;第二种方法实现起来比较复杂,但更符合目前的安卓框架。

针对这两种方法,Jollen 在网上公布的 Modkoid 工程实例,这个工程实例被广泛地作为安卓 HAL 的编程教程使用,在实例中:

第一种方法的编程包括 HAL 层、JNI 层、service(属于 Framework 层)和 APP 测试程序(属于 APP 层)。

第二种方法的编程涉及 HAL 层、JNI 层、Manager(属于 Framework 层)、SystemServer(属于 APP 层)、APP 测试程序(属于 APP 层),最上层的 Manager 和 Service(java)两个进程,需要通过进程通信的方式来通信。

3. 安卓编程

如果算上 Linux 驱动程序编写,上述的 Modkoid 工程实例实际上涵盖了安卓编程可能涉及的全部层次,如图9.18 所示。

(1)应用层程序。狭义的安卓编程可能只包含应用层编程,事实上,很多关于安卓编程的书籍都仅仅介绍了应用层编程,对于一种已经提供完备软件的 PMD 产品,如某品牌的手机和平板电脑,应用层以下是不需要新增任何支持其硬件资源的代码的。

安卓应用层程序可以是一个无界面的后台程序,也可以是一个带有 xml 描述的图形界

图 9.18　安卓编程模型的各个层次

面可交互的程序,还可以是一个前后台通过进程通信协作的程序,这将由应用程序根据应用来决定。

（2）Java 框架层。安卓应用层编码的特点就是框架编程,即编程是基于 Java 框架进行的,每种框架都有其使用细节,由于篇幅所限,本书不提供进一步的介绍,读者可以参见任何一本安卓编程的书籍。

安卓提供的主要框架包括 Activity 管理器、内容提供器、位置管理器、通知管理器、包管理器、资源管理器、电话管理器、视图系统及窗口管理器等。

如果程序员想自己定义一个新的框架,就必须针对这个层次进行编程,在大多数情况下,这是不需要的,如果下层有新的硬件支持加入,这一层也需要相关的简单支持,如 Modkoid 工程中的包含的 Java 框架层代码。

（3）本地代码框架。这部分 C 代码通常是一些库函数或运行在安卓根文件系统之上的程序,如果没有增加新的硬件支持,通常是不需要更改的,Modkoid 工程中的这部分主要是 HAL 注册代码。

（4）安卓 HAL 层。安卓 HAL 层提供了三个关键结构体来统一硬件描述,为上层提供通用的调用方式,这一层次的代码向下要调用 Linux 的驱动程序,向上要给出 HAL 的通用接口。

（5）Linux 驱动程序。其编写方式可见第 7 章的介绍。

安卓应用程序是基于框架的 Java 编程,这里面的两个关键词,一个是"框架",一个"Java",二者缺一不可,一个仅仅学了 Java 语言但不了解安卓框架的程序员,是无法编写安卓程序的。

"框架"这个词其实还有一个更流行的描述,即所谓"中间件"。在 DOS 时代,一个学习了 C 语言的程序员,只需要了解 glibc 提供的库函数,就可以编程了,但到了 Windows 时代,VC 程序员却发现在编程之前还需要了解一个叫作 MFC 的框架。

框架编程带来的最大变化是底层细节被进一步屏蔽,编程难度被大幅度降低,代码可靠性增加,这是因为框架本身包含相当部分的高难度和高可靠性代码,而对应用程序员在这个方面的要求就降低了,可能原来一个本来需要编程高手才有能力完成的程序,现在普通程序员就可以做了,这就是框架的优点。

框架的缺点是框架的使用者可能只会使用框架编程,而完全不知道底层的原理,这会降低程序员处理问题和编程的能力,至少,作为计算机专业的学生,不应该只满足用框架编程,虽然不一定要自己编写框架,但至少也应该掌握框架实现的原理。

第 10 章　嵌入式计算机系统设计案例

1.4.4 节给出了嵌入式计算机系统的开发过程,在完成嵌入式操作系统选型之后,首先进行需求分析和规格说明,然后进行软硬件的功能分割,即体系结构设计,并根据体系结构分别进行软硬构件的设计,最后则是系统集成与调试。本章的嵌入式计算机系统实例并非讲解一个实际项目实现的全过程,而是从设计角度出发,从软硬件体系结构设计开始讲解,并给出实现软硬件构件的具体设计。

10.1　税控机开发平台

税控机开发平台是根据税控机功能和常用硬件构建的一套通用软硬件开发平台,目的是提供一套税控机设计开发所需要的嵌入式计算机系统软硬件开发的基础环境,使开发者能够利用开发平台,进行税控机产品的硬件裁剪和软件应用层设计,硬件平台将提供嵌入式主机板、外围板和主流的税控机外设支持,软件平台包括移植好的系统软件、外设设备驱动程序以及配套的 DEMO 程序。图 10.1 所示为税控机开发平台的结构。

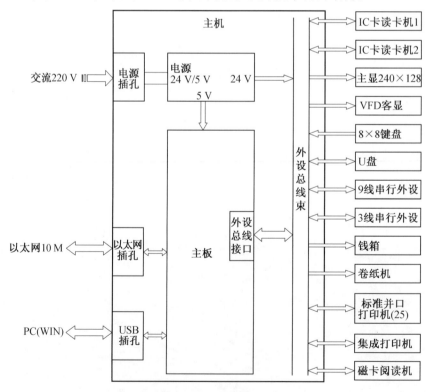

图 10.1　税控机开发平台的结构

10.1.1　硬件整体结构

1. 硬件平台的功能

在硬件设计中采用 SAMSUNG S3C2410A 设计税控机平台,针对税控机具需要的硬件特征和 S3C2410 这款 CPU 所集成的丰富的外设资源进行对比,可以有效降低硬件设计风险和成本。

2. 主板的功能

主板由核心板和外围板构成,如图 10.2 所示。

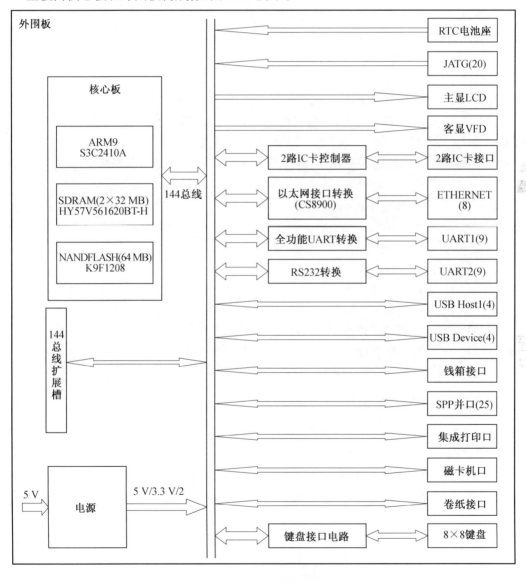

图 10.2　主板结构框图

3. 设备接口

(1)核心板。

①S3C2410A 处理器,32 位处理器,203 MHz。

②64MB NandFlash(K9F1208U0B)(可轻松存放 Linux 用户程序以及用户数据),10 亿次,用于存放操作系统及字库。

③SDRAM,两片 HY57V561620BT-H ,32bit 总线宽度的 64 MB。

④外接总线物理特性:67.6 mm×40 mm×6 mm 尺寸,144 总线接口。

(2)主显:2 色黄绿屏 240×128 和 192×64,背光可控,集成 24 bit LCD 控制器。

(3)客显:典型 VFD,集成的 SPI 接口。

(4)USB Host 及 USB Device:作为 Host 时,要带 U 盘、鼠标、键盘、打印机,集成 USB 主机控制器;作为 Device 时,实现 PC 机 Windows 操作系统可以访问 FLASH、USB 设备及集成 USB 设备控制器。

(5)RTC:采用系统内部时钟,时钟精度为 32.768 kHz;可现实秒/分/时/日/月/年的显示,锂电池供电,供电电流为 0.4 mA。

(6)以太网接口转换:100 M 以太网接口,采用芯片 DM9000。

(7)UART 转换:9 线串行外设,全功能 UART 一个,3 线串行外设,普通 UART 一个,集成 UART 及 GPIO 实现,RS232 转换使用 MAX3232CSA 电平转换芯片。

(8)2 路 IC 卡控制器(ISO7816),选用 ST、PHILIP 等厂家芯片,单独设计,读写 IC 功能。

(9)标准并口(25 针):单独设计,支持 SPP,接并口打印机。

(10)键盘:8×8 矩阵键盘,加键盘控制器,集成 SPI+EINT 及 373 及 537 接口电路来实现。

(11)钱箱及卷纸机:集成 GPIO 和 EINT。

(12)集成打印:接口要单独设计。

(13)JATG 口:为 20 针插座。

(14)总线扩展:引出 144 总线插座。

(15)电源管理:能够支持打印机续打。

(16)磁卡阅读器:单独设计。

(17)电源模块:输入 5 V 输出 3.3 V/2.0 V。

10.1.2　软件模块总览

1.启动代码

启动代码部分采用 vivi,要加入 240×128 和 192×64 屏 Logo 显示模块,使启动代码在运行时能够显示与显示设备对应的 Logo 图案,另加入身份验证模块,在 vivi 进入下载模式,要通过验证后才可以进入。图 10.3 所示为启动代码被修改部分。

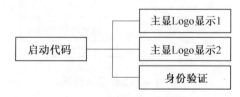

图 10.3　启动代码修改部分

2. Linux 的内核剪裁

这部分在本书的第 5 章已有讲解,不再赘述。

3. 各个设备的驱动及应用测试程序

各个设备的驱动及应用测试程序,共 13 个,如图 10.4 所示。

图 10.4　各个设备的驱动及应用测试程序

10.1.3　具体设计

具体设计按功能分别讲解,对单个功能的软硬件设计做整体说明,由于篇幅所限,以下仅给出了主显 LCD、磁卡和集成打印部分的设计。

1. 主显 STN_LCD 液晶屏

使用的 LCD 液晶屏是 STN 类型的液晶屏,有 240×128 点阵和 192×64 点阵两种、黄绿背光、使用 100 mil 间距双排座接口,本处只介绍 240×128 点阵(不带控制器)设计一种。

(1) STN_LCD_240_128 液晶屏与 S3C2410 的接口。S3C2410 的输出信号如下。

VCLK:刷新时钟。

VM:交流信号。

VD3:LCD 像素数据输出端口 3。

VFRAME:帧同步信号。

VLINE:行同步信号。

GPG4 :GPIO-G 端口 4。

FS-JMK114B:液晶屏的外部信号。

CL1:数据锁存时钟。

M：交流信号。

ED：数据输入、输出。

FLM：帧同步信号。

CLK：数据移位时钟。

A：背光控制。

FS-JMK114B：液晶屏的内部组件。

S6B0086：LCD 显示驱动器。

STN_LCD_240_128 液晶屏与 S3C2410 的接口连接如图 10.5 所示。

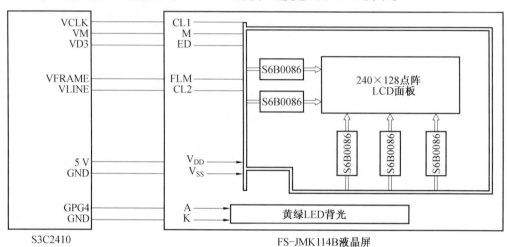

图 10.5　STN_LCD_240_128 液晶屏与 S3C2410 的接口

（2）时序分析。设刷新一次 LCD 屏需要 n 行数据：LINE1-LINEn。图 10.6 是 S3C2410 的四位单扫描的 STN 时序图。

图中信号如下所示：

VFRAME：帧同步信号。

VM：交流信号。

VLINE：行同步信号。

LINECNT：当前行扫描计数器值。

VCLK：刷新时钟。

VD[3:0]：LCD 像素数据输出端口。

信号脉冲：

WDLY：VLINE 和 VCLK 间的延迟。

WLH：VLINE 脉冲宽度。

LINEBLANK：VLINE 的速率。

（3）液晶屏的控制寄存器。LCD 液晶屏是通过 S3C2410 内部的寄存器来控制操作的。本次所使用到的 S3C2410 内部的寄存器有以下几个：

LCDCON1：控制寄存器 1，地址 0x4D000000。

LCDCON2：控制寄存器 2，地址 0x4D000004。

LCDCON3：控制寄存器 3，地址 0x4D000008。

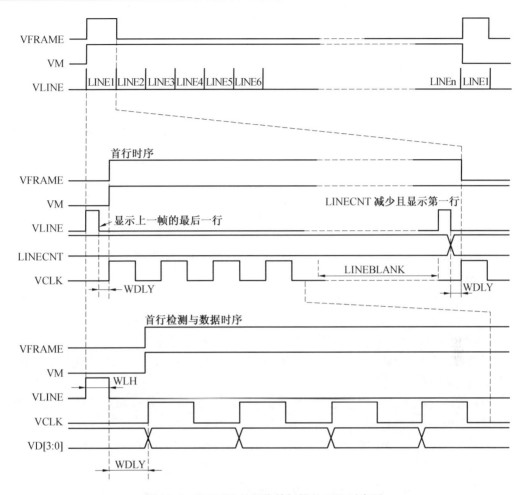

图 10.6　S3C2410 的四位单扫描的 STN 时序图

LCDCON4:控制寄存器 4,地址 0x4D00000C。

LCDCON5:控制寄存器 5,地址 0x4D000010。

详细的寄存器资料请参考三星的 2410 手册(S3C2410.PDF)。

(4)驱动程序概述。驱动程序主要包括以下功能:

①初始化 LCD 端口:由于 LCD 控制端口与 CPU 的 GPIO 端口是复用的,因此必须设置相应的寄存器,将其设置为 LCD 驱动控制端口。

②GPIO 端口恢复:当驱动程序模块被注销以后,应该恢复所使用的 GPIO 端口的值到使用前的状态。

③申请显示缓冲区:申请显示缓冲区,初始化 LCD 控制寄存器,包括设置 LCD 分辨率、扫描频率、显示缓冲区等。

④对点阵进行赋值:本设计核心板只引出 VD[3],VD[2:0]没有引出,所以每个像素点占四位中的最左一位,再赋值时要左移三位。

⑤LCD 控制信号及数据输出的使能控制:通过对 LCDCON1 寄存器的 ENVID 位进行赋值可以实现关闭和开启 LCD 控制信号及数据的输出。

⑥特定命令的执行方法:通过设定 VSCREENINFO(获取屏信息的操作命令)、VM_area

（传递应用程序中申请的显示数组首地址的操作命令）、BRUSHSCREEN（传递刷屏信息的操作命令）、LCDPWREN（开启背光的操作命令）、LCDPWROFF（关闭背光的操作命令）实现应用程序对驱动程序的操作。

⑦LCD 驱动程序初始化及注册设备：当安装该驱动模块时就执行该函数，实现对 LCD 驱动程序的初始化，向内核注册设备文件了。

⑧LCD 驱动程序关闭及撤销操作：当卸载模块时执行该函数，完成注销设备文件及端口恢复操作。

（5）驱动函数接口。

ioctl(int fd, unsigned int cmd, unsigned long arg)

参数说明：

fd：设备文件句柄。

Cmd：VSCREENINFO、VM_area、BRUSHSCREEN、LCDPWREN 及 LCDPWROFF。

arg：地址或指针。

实现功能一：应用程序通过系统调用该函数既执行 ioctl(fd, VSCREENINFO,&vinfo)可以取得当前显示屏幕的参数，如屏幕分辨率、每个像素点的比特数及设备名称。

实现功能二：&vmem 为应用程序开辟了内存地址的首地址。

应用程序通过系统调用该函数，即执行 ioctl(fd, VM_area, &vmem) 可以把应用程序开辟的内存地址传递给驱动程序。

实现功能三：应用程序通过系统调用该函数，即执行 ioctl(fd, BRUSHSCREEN, &fbmem)可以通知驱动程序刷新显存及刷新区域的位置信息。

实现功能四：应用程序通过系统调用该函数，即执行 ioctl(fd, LCDPWREN, 0) 可以通知驱动程序开启背光。

实现功能五：应用程序通过系统调用该函数，即执行 ioctl(fd, LCDPWROFF, 0) 可以通知驱动程序关闭背光。

2. 磁卡驱动程序设计

（1）阅读器连接。阅读器的连接如图 10.7 所示。

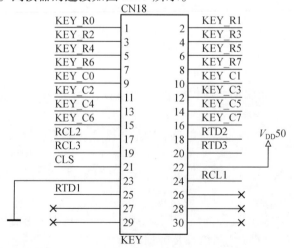

图 10.7　阅读器的连接

磁卡是只读设备,只发出信号,不接收命令,其中:

CLS:低电平有效。下降沿表示信号传输开始,上升沿表示信号传输结束。

CLKn:第 n 条磁轨的时钟线。

DTAn:第 n 条磁轨的数据线。时钟 CLKn 下降沿表示 DTAn 有效。

目前,由于没有支持 1 轨道的磁卡,因此硬件电路包含 1 轨,驱动程序中却没有处理。根据操作者刷卡速度的快慢,CLK 和 DTA 输出并不匀速。所以驱动程序在 CLS 有效期间,需要随时响应 CLK 的变化,及时读取 DTA 信号。而且,操作者可能反方向刷卡。此时 DTA 信号将按照反向次序出现。对于反向刷卡,驱动程序应能够正确识别。

(2)磁卡接口硬件设计。由一片 74LS573 芯片构成,CLS 线、CLK2 线、CLK3 线连接于系统外部中断信号线。CLS 线设置为双沿触发,CLS 中断发生后,由软件读出 MagCard 端口状态,判断刚才发生的是上升跳变还是下降跳变。CLK2 和 CLK3 中断设置为下降沿触发模式。图 10.8 给出了磁卡接口硬件连接情况。

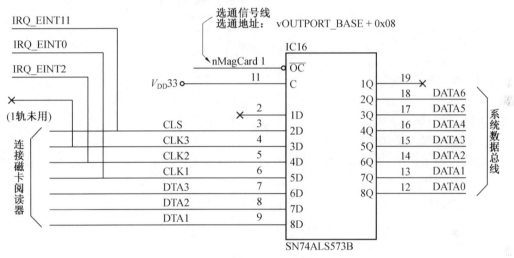

图 10.8　磁卡接口硬件连接

(3)驱动程序。图 10.9 为驱动程序状态图。如果 CLS 信号变低,则将各磁道的 stripX_stat(状态字)设置为 S_START,这时,当 CLK 中断到来时,将开始记录 DTA 信号线上的数据。

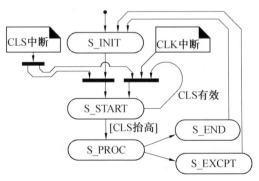

图 10.9　驱动程序状态图

当 CLS 信号由低变高后,将 stripX_stat 设置为 S_PROC 状态,并启动中断处理的 BH(底半部)。该方法是开一个时间为 0 的系统定时器,当下次系统 Timer 到来时,即进行处理。在 S_PROC 状态下,CLK 中断将被忽略。

在 BH 处理中,解析数据,包括正向解析和反向解析。解析成功则设置 stripX_stat 为 S_END,失败状态为 S_EXCPT。

在 S_END 状态下,如果任务队列中有等待的任务,则唤醒任务并返回结果;否则返回错误信息–EFAULT。

对磁卡设备进行读操作将得到一个长度不超过 4 096 字节的数组,格式如图 10.10 所示。

| 2字节
2轨数据
长度 | 2字节
3轨数据
长度 | 2轨数据
如果2轨数据长度
为0,则没有这一段 | 3轨数据
如果2轨数据长度
为0,则没有这一段 |

图 10.10 磁卡数据帧格式

(4)接口函数功能。

①读取 CLS 线的状态:当 CLS 中断发生时(该中断设置为双沿触发),还需要通过端口读取 CLS 线状态,以判断是发生上升跳变还是下降跳变。

②读取 DTA2 和 DTA3 信号值。

③复位磁卡程序:该函数清空各缓冲区,并且将相关计数值清零。在开始磁卡动作之前必须执行此操作。

④检查奇偶校验:奇偶校验正确返回 1,否则返回 0。

⑤将一个字节转换为 7816 格式。

⑥检查磁轨数据的奇偶校验。

⑦转换磁轨 2 数据。

⑧转换磁轨 3 数据。

⑨中断 BH(底半部)处理。

⑩CLS 中断处理。

⑪CLK 中断处理。

⑫磁卡驱动程序模块 init 功能实现。

⑬磁卡驱动程序模块 exit 功能实现。

⑭磁卡驱动程序模块 open 功能实现。

⑮磁卡驱动程序模块 release 功能实现。

⑯磁卡驱动程序模块 read 功能实现。

3. 集成打印

集成打印部分设计采用 EPSON 机芯,目标为实现打印机的基本功能。

(1)硬件部分。硬件电路具体分为以下几个部分:

① 电源控制电路。打印机芯工作在直流 24 V 下,占据整个系统运行的大部分能量,通常在整个系统的运行中,打印机部分作为系统的高电压和高电流部分,需要系统对其状态随

时进行检测并可以控制是否对其供电,因此对于打印机芯需要的 24 V 直流,系统通过 GPIO 对其进行控制。打印机芯 24 电源控制电路如图 10.11 所示。

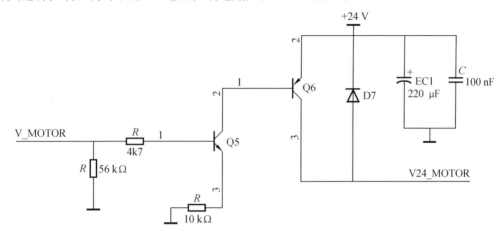

图 10.11　打印机芯 24 电源控制电路

② 马达驱动电路。打印机芯采用两个步进马达作为基本动力,一个采用齿轮和摩擦传动方式驱动打印字车和色带轮的运动;另一个采用齿轮和摩擦方式驱动进纸轮的运动。因为都是采用摩擦传动方式,所以驱动马达的电路直接影响打印机芯的使用寿命。在驱动电路的设计中,两路马达驱动电路一致,马达控制器采用 Allegro 公司的 UDN2916LB 实现,辅以其他的外围电路,字车马达和进纸马达驱动电路如图 10.12 所示。

③ 针头驱动电路。EPSON 打印机芯采用 9 针竖排结构,打印时将消耗大部的 24 V 能量,同时因为发热量巨大,上时间通电将彻底损坏针头,所以对于打印针头的驱动电路的保护措施非常重要。

对针头线圈的驱动采用两片 SanKen 公司的 STA401 实现,对于出针的时序控制采用 74HC123 构成单稳态电路来实现,同时有大量的保护电路来保障系统在任何可能的状态中保持稳定。

打印针头驱动控制电路和打印针头时序控制电路如图 10.13 所示。其中矩形框中电路是保护当针头关断时,针头产生的反向感生电动势对 STA401 的冲击,预防 STA401 在极端情况下被击穿,从而导致针头被烧坏。

同时,为了保障打印机芯所要求的时序和控制要求,增加了部分前级的缓冲器和驱动器电路,如图 10.14 所示。

④ 机芯状态电路。为了更好地实现打印机的基本功能要求,打印机芯提供了字车 Home 位置传感器、缺纸状态传感器、黑标状态判断传感器及针头热状态传感器来配合打印机芯的动作。这些信号需要经过进一步的数字电路调理后才能被系统 CPU 来读取和控制。Home 位置、缺纸传感器、黑标传感器、打印机芯针头热保护传感器信号调理电路如图 10.15 所示。

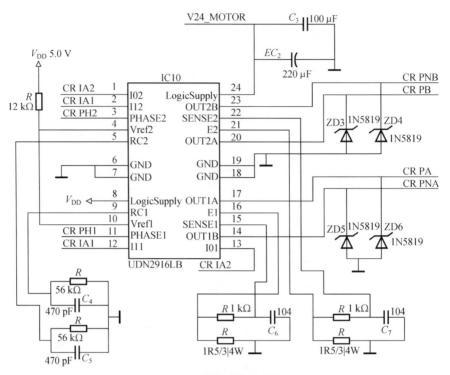

(a) 字车马达驱动电路

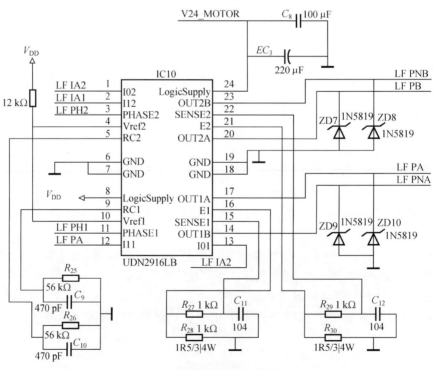

(b) 进纸马达驱动电路

图 10.12　打印机芯 24 马达驱动电路

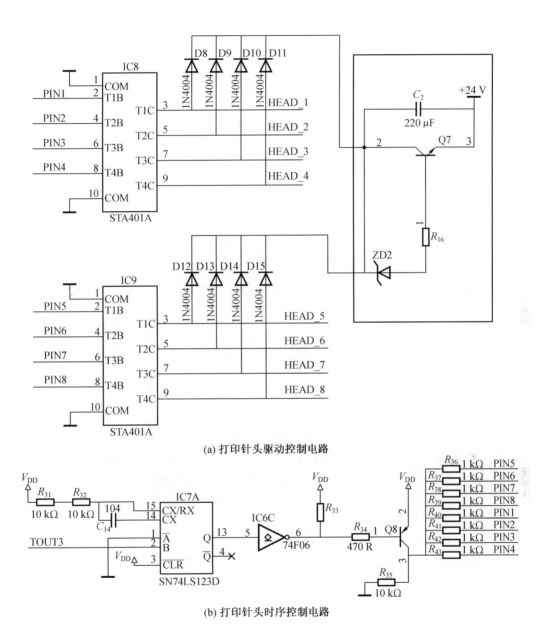

(a) 打印针头驱动控制电路

(b) 打印针头时序控制电路

图 10.13　打印针头驱动控制电路和打印针头时序控制电路

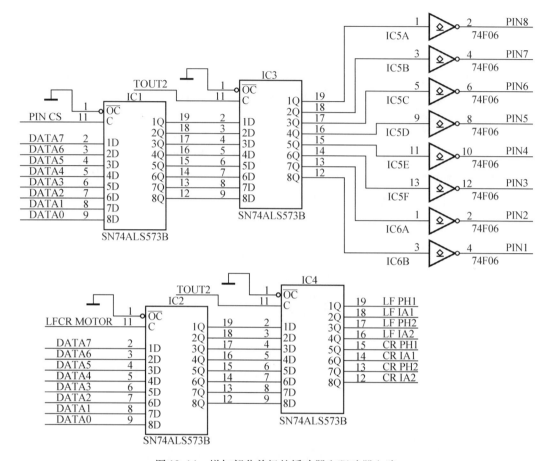

图 10.14　增加部分前级的缓冲器和驱动器电路

（2）驱动程序。在集成打印的驱动程序的设计中采用状态机原理，将目前打印机芯状态分为确定的数个状态，状态机的设计是根据八种打印模式的不同，分别记录了在每种打印模式下，一个动作过程完成后，下一个动作过程的代号。同时把打印机的动作分解为 11 个原子动作，通过原子动作实现打印机不同状态的转换。

图 10.16 所示为驱动程序状态转换过程。

打印机的状态划分如下：

①重启 1 状态：表示打印机正在进行复位动作。

②重启 2 状态：表示当前打印机处于缺纸的等待状态中。

③待机状态：表示当前打印机处于空闲状态，可以进入任何其他状态。

④找黑标：表示打印机走纸到黑标。

⑤检测状态：表示检测字车是否过热。

⑥打印状态：表示当前字车正在运动过程中（又分为八种打印模式）。

⑦进纸状态 1：发现用户插入纸，走纸电机进纸 400 步。

⑧进纸状态 2：打印过程中缺纸，走纸电机进纸吐出纸头。

⑨进/退纸状态：用户应用程序的进纸/退纸命令。

打印机的 11 个原子动作分解如下：

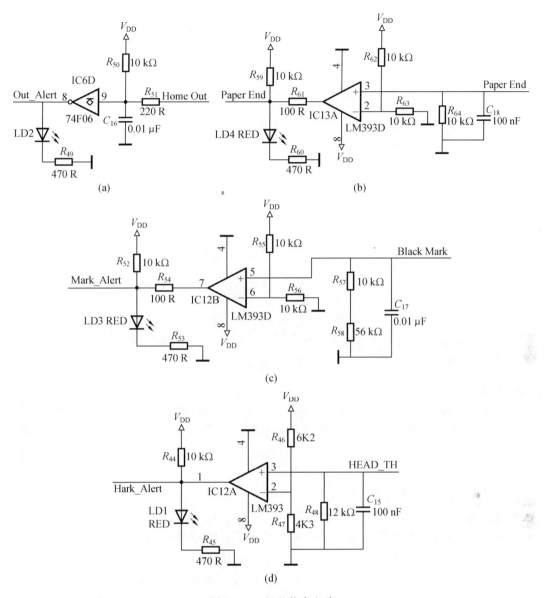

图 10.15　机芯状态电路

①打印字车从左到右运动动作。

②打印字车从右到左运动动作。

③打印纸前进动作。

④打印纸后退动作。

⑤黑标测试动作。

⑥缺纸检测动作。

⑦字车热保护检测动作。

⑧Home 位置检测动作。

⑨复位动作。

⑩慢速进纸操作。

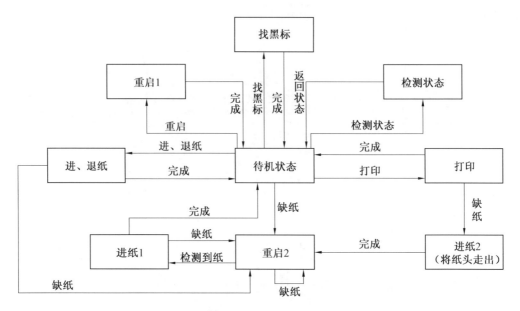

图 10.16 驱动程序状态转换

⑪24 V 电源开关操作。打印机采用系统 Timer2 作为马达的时序控制控制电路,通过 Timer2 的中断服务程序,向打印机芯马达和针头输送数据。外部数据接口不对马达控制时序施加任何控制作用。

外部需要打印的点阵数据通过驱动程序的 write( ) 函数写入到内部的数据缓冲中。

(3)掉电续打功能与实现。在日常使用过程中,总会遇到某些特殊的情况发生。断电就是其中的一种情况。当掉电且发票未能打印完毕时,这要求用户能够在再次来电后,将未曾打印完毕的发票打印完毕。

将打印的动作细分几种基本动作,存储于打印链表中。在打印的过程中,依次从打印链表中提取基本动作,加以实现、返回状态。

图 10.17 所示为掉电前正常打印的流程图。再次上电后续打流程图如图 10.18 所示。

①走纸时掉电。如果在走纸过程中掉电,走纸函数会返回已经走纸的步进数。当应用程序要将打印链表保存为 PrintList 文件时,首先修改原来的第一条走纸函数,然后将打印链表保存为 PrintList 文件。当再次上电后,应用程序从恢复后的打印链表中提取出第一条、已经修改过的走纸函数,继续执行走纸。

将掉电前的走纸函数修改成新的走纸函数,主要是修改其中的参数,即走纸步进数值。在修改过程中,首先,将原来走纸函数中的步进数参数值减去已经走纸的步进数;然后,再减去一个修正值。这个再次减去的修正值是由于在掉电后,由于惯性,走纸电机会继续驱动转轴将发票向前移动一小段距离。这个修正值的大小是根据打印机头生产厂商的不同而有所变化的,具体的值需要通过实验来得出。

例如,正常打印时,走纸函数为 PaperForward(x)。当走纸 t 步时,打印机掉电。如果这个打印机的修正值为 s,则需要在将打印链表存为 PrintList 文件前,将走纸函数修改为 PaperForward($x-t-s$)。

②找黑标时掉电。如果在找黑标的过程中掉电,函数会返回一个值,用以判断是否已经

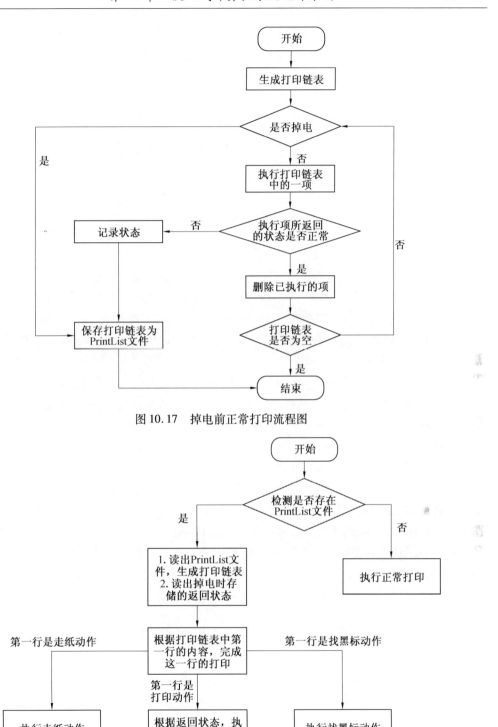

图 10.17　掉电前正常打印流程图

图 10.18　再次上电后续打流程图

找到黑标。如果没找到黑标,则在应用程序将打印链表保存为 PrintList 文件时,同时保存这个返回状态。当再次上电后,应用程序根据这个返回状态,继续执行找黑标动作。

③打印时掉电。如果在打印的过程中掉电,函数会返回一个状态值,用以标示在打印的

哪个过程中、在哪个位置打印机掉电。在应用程序将打印链表保存为 PrintList 文件时,同时保存这个返回状态值。当再次上电后,应用程序根据这个返回状态,继续执行打印动作。

在打印过程中,在三个地方产生的掉电需要在再次上电时给予处理。图 10.19 是对这四个地方的描述。

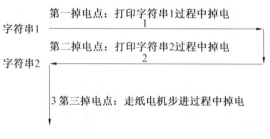

图 10.19　掉电点

第一掉电点:当打印机掉电时,打印函数会返回掉电时进行到哪个过程和已经打印到哪个字符的位置。在应用程序将打印链表保存为 PrintList 文件时,同时保存这两个返回状态值。当再次上电后,应用程序根据这两个返回状态,修改打印链表中第一行函数。

修改打印函数参数时,将打印过的字符全设为空,然后,后续动作都不变。修改完之后,从头执行打印链表中第一行。

第二掉电点:当打印机掉电时,打印函数会返回掉电时进行到哪个过程和已经打印到哪个字符的位置。在应用程序将打印链表保存为 PrintList 文件时,同时保存这两个返回状态值。当再次上电后,应用程序根据这两个返回状态,修改打印链表中第一行函数。

修改打印函数参数时,将原来的打印字符串 2 函数修改成掉电续打组合动作。函数参数是未打印完的字符。其他后续动作都不变。修改完之后,从头执行打印链表中第一行。

第三掉电点:当打印机掉电时,打印函数会返回掉电时进行到哪个过程和已经步进了的步数。在应用程序将打印链表保存为 PrintList 文件时,同时保存这两个返回状态值。当再次上电后,应用程序根据这两个返回状态,修改打印链表中第一行函数。

修改步进函数参数时,将原来走纸函数中的步进数参数值减去已经走纸的步进数;然后,再减去一个步进修正值。修改过程如同走纸时掉电的修改动作。其他后续动作都不变。修改完之后,从头执行打印链表中第一行。

10.2　智能照明控制系统

智能照明系统通过电力线载波方式,管理单元房、别墅或小型楼宇的照明设施,可控制群组灯具的开关、亮度,并记忆为各种照明场景,方便地进行转换,使照明自动化和智能化。

10.2.1　基本组成

控制系统由三个控制设备构成。

1. HOMEPDA

(1)5.7 英寸,320×240 点阵,LED 背光的 LCD 模块。

(2)触摸屏。

（3）arm9 主板,带红外收发、射频收发及 USB 接口,HOME PDA 放在充电座上时,有一 RS232 接口与充电器中的电力线载波模块相连,充电座给 HOMEPDA 充电。

（4）右键盘板,带 SPEAKER 座、温度传感器和八个按键、三个 LED、两个 SPEAKER。

（5）左键盘板,带 MIC 和六个按键及六个 LED 指示。

（6）可带充电 5 号电池六节。

（7）电源开关,为了防止待机时电流消耗,用此开关可将电源切断。

另外,充电器部分主要有:

（1）开关电源。

（2）充电板。

（3）电力线载波模块,同时带 232 口可用来下载升级程序。专线口在电力线载波模块受到干扰时接专线通信。

（4）电源开关可以关掉充电器的电源。

HOMEPDA 硬件的整体布局图如图 10.20 所示。

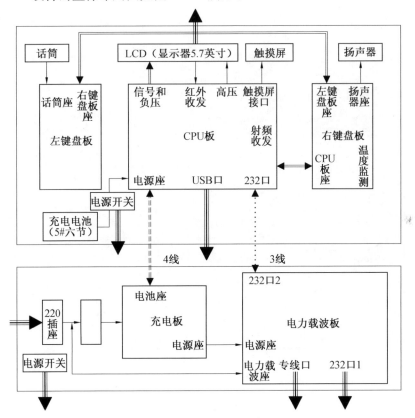

图 10.20　HOMEPDA 硬件的整体布局图

2. WALL PAD

WALL PAD 的大部分功能同 PDA,不同部分主要有以下几点:

（1）没充电器,但有开关电源。

（2）红外只有收,没有发。

3. 简易型控制器

设有 LCD、触摸屏、SPEAKER 及 MIC,按键数目为 30,27 个 LED,其他部分同 WALL
PAD。

10.2.2　主要硬件

1. 温度检测

温度检测的硬件电路设计图如图 10.21 所示。

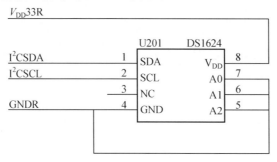

图 10.21　温度检测的硬件电路设计图

2. LCD

图 10.22 所示为 LCD 液晶屏显示器接口电路设计图。

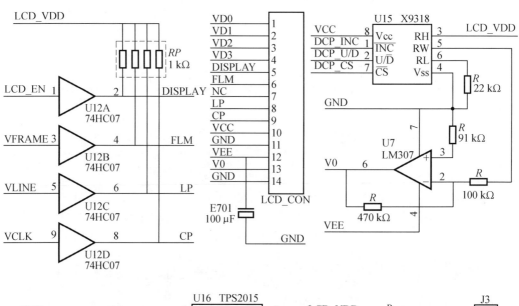

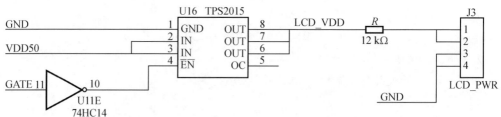

图 10.22　LCD 液晶屏显示器接口电路设计图

3. 红外通信

红外通信接口电路图如图 10.23 所示。

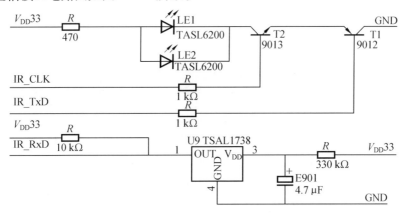

图 10.23　红外通信接口电路图

4. RF 通信

图 10.24 所示为 RFF 通信接口电路图。

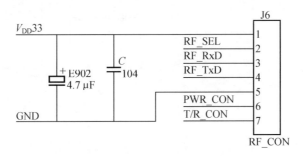

图 10.24　RF 通信接口电路图

5. 触摸屏

触摸屏接口电路图如图 10.25 所示。

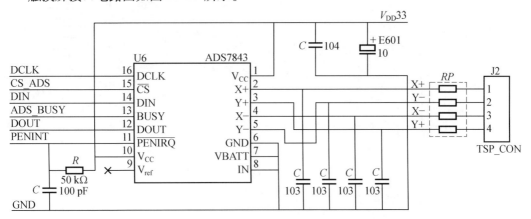

图 10.25　触摸屏接口电路图

6. 电力线载波模块

采用韩国 Xeline 公司的电力线载波模块,电力线载波芯片为 XPLC30,其接口电路图如图10.26 所示。

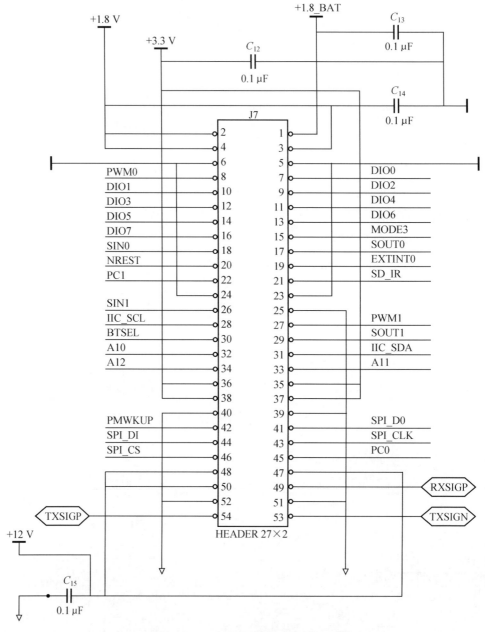

图 10.26　电力线载波模块接口电路图

10.2.3　HOME PDA 软件

1. HOME PDA 软件系统功能与结构

HOME PDA 软件系统主要由三部分组成,即 Linux 操作系统、HOME PDA 控制管理软件和 HOME PDA PC 管理软件。

Linux 操作系统提供对 HOME PDA 的设备管理、内存管理、文件管理、和通信管理等功能。

HOME PDA 控制管理软件运行在 HOME PDA(下位机)中,提供方便友好的操作界面,在 Linux 操作系统的支持下,完成对设备的控制(学习)功能。

HOME PDA PC 管理软件运行在上位机(PC)中,为 HOME PDA 生成参数数据,通过USB 接口下载到 HOME-PDA 中。此外,在上位机中要制作 HOME PDA 的演示程序。

图 10.27 所示为 HOME PDA 软件系统结构图。

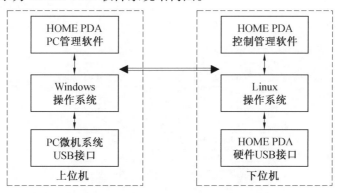

图 10.27　HOME PDA 软件系统结构图

2. HOME PDA 控制管理软件

该软件运行在 HOME PDA(下位机)中,是建立在 Linux 操作系统之上的应用软件,使用 QTE 进行开发,在 PC Linux 机上编程,最后编译并下载到 HOME PDA 上执行。

该软件主要由主控程序、界面管理、输入/输出管理、上位机通信及实时控制等几大模块构成。

HOME PDA 控制管理软件结构图如图 10.28 所示。

(1)主控程序负责调用并控制各模块执行。

(2)界面管理模块,主要负责操作界面的显示和链接,并通过用户操作生成控制参数送数据区 2。

(3)输入/输出管理模块,与两个数据区进行数据交换,数据区 1 中主要为设备参数数据,通过上位机通信模块与上位机进行数据交换(双向),有些设备的控制参数是通过学习得到的;数据区 2 中为控制参数数据,通过实时控制模块发出控制信号。

(4)上位机通信模块实现与上位机(PC)通信功能。

(5)实时控制模块,将数据区 2 中的控制参数按着优先级发送到外部设备。

3. HOME PDA PC 管理软件

该软件运行在上位机(PC)中,主要为 HOME PDA 生成设备参数,由于在 HOME-PDA 中也可以对设备参数进行设置,因此在上位机中设置参数,主要是对设备参数进行初始化,

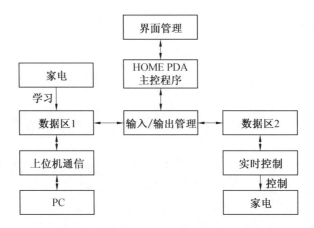

图 10.28　HOME PDA 控制管理软件结构图

具体运行时,若需要变动个别参数,可以在 HOME-PDA 中进行设备参数的微调。

软件主要包括主控程序、运行界面、数据管理、通信管理、HOME-PDA 演示程序等模块。HOME PDA PC 管理软件结构图如图 10.29 所示。

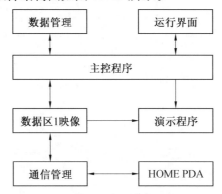

图 10.29　HOME PDA PC 管理软件结构图

(1)主控程序负责调用并控制各模块执行。

(2)运行界面,主要建立用户的使用环境,界面要友好,操作要简单,运行界面的后台数据,由数据管理模块来操作,数据设置完成后保存为数据区 1 的映象,下载到 HOME PDA 中执行,HOME PDA 数据区 1 中的数据也可以上传到 PC 中形成数据区 1 的映象。演示程序也可以调用数据区 1 的数据映象,进行模拟演示。

(3)通信管理模块,实现与下位机通信,完成数据区 1 的映象与 HOME-PDA 的数据传输(下载与上传)。

(4)演示程序,在 Windows 环境中建立一个模拟 HOME PDA 的运行环境,调用数据区 1 映象中的数据,模拟下位机操作,并建立模拟的数据区 2,实时显示运行结果。

4. HOME PDA 控制管理软件的具体功能

图 10.30 所示为 HOME PDA 控制管理软件功能架构。

HOME-PDA 控制管理软件是软件系统的主要组成部分,运行在下位机中,具有全部的设置及控制功能,功能模块图如图 10.30 所示。

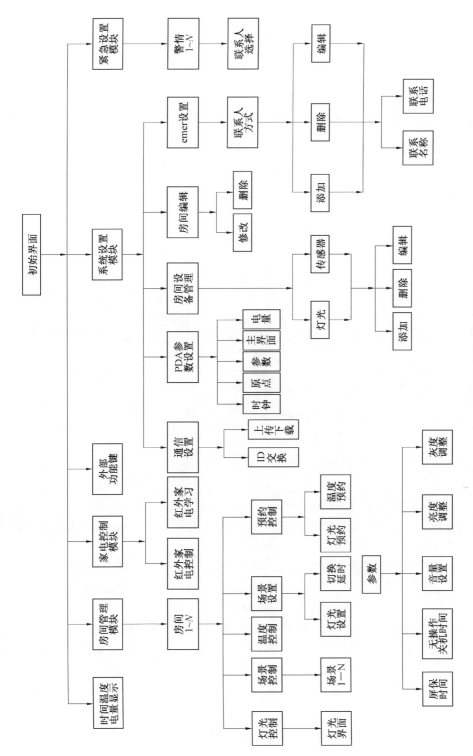

图10.30 HOME PDA控制管理软件功能架构

（1）房间管理：控制房间的灯光、场景控制与设置、预约设置。

（2）家电控制：完成家电控制与学习功能。

（3）系统设置：通信设置、PDA 参数设置、房间设备管理、房间编辑及紧急状态设置。

（4）紧急处理：根据警情选择处理方式。

（5）外部功能键操作：场景、全开、全关及方向键。

主界面中设状态栏，显示日期、时间、温度、电量等信息。

10.2.4 WALLPAD 软件

WALLPAD 软件主要由主控程序、界面管理、通信管理、数据管理等模块构成。WALL-PAD 软件结构如图 10.31 所示。

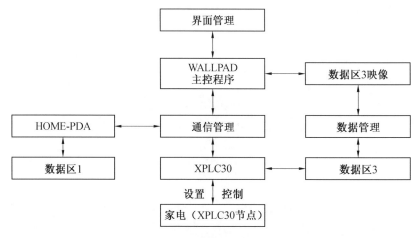

图 10.31　WALLPAD 软件结构

其中：

①主控程序负责调用并控制各模块执行。

②界面管理模块，主要负责操作界面的显示和链接，并通过用户操作生成设备控制参数送入数据区 3 映象。

③通信管理模块，与 HOME-PDA 和 XPLC30 进行通信。与 HOME-PDA 通过无线方式（射频和红外）通信，接收数据区 1 中的设备参数数据；与 XPLC30 芯片通过内部函数调用方式通信。

④数据管理模块，从 HOME-PDA 中接收数据，形成数据区 3 映象，与 XPLC30 芯片进行通讯后，在 XPLC30 芯片中建立数据区 3，XPLC30 芯片通过数据区 3 对节点进行设置或控制。

WALLPAD 控制管理软件是软件系统具有全部的设置及控制功能，其功能模块如图 10.32所示。

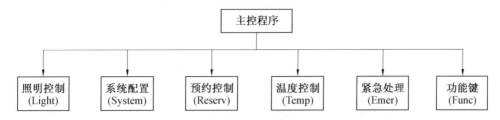

图 10.32　WALLPAD 控制软件功能模块

控制管理软件在功能上主要分为照明控制、预约控制、温度控制、紧急处理、系统设置和外部功能键操作等几大模块。

(1)照明控制:控制房间的灯光、场景,如图 10.33 所示。

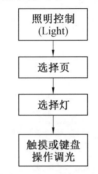

图 10.33　照明控制流程

(2)预约控制:灯光预约、温度预约、其他预约等,如图 10.34 所示。

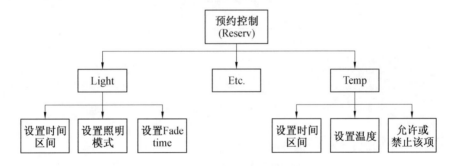

图 10.34　预约控制功能结构

(3)温度控制:选择按自动(预约)或手动方式控制温度,如图 10.35 所示。

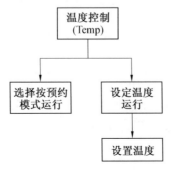

图 10.35　温度控制流程

（4）紧急处理：根据警情选择处理方式，如图 10.36 所示。

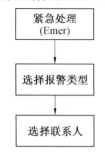

图 10.36　紧急处理流程

（5）外部功能键操作：场景（1～6）、全开、全关、AUTO 及方向键。

（6）系统设置：实现场景、房间设备、紧急状态及 PDA 参数设置，如图 10.37 所示。

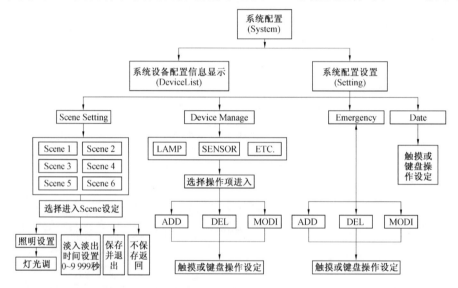

图 10.37　系统设置流程

10.2.5　简易型控制器软件

按键式墙壁控制器控制管理软件具有全部的设置及控制功能，其功能模块如图 10.38 所示。

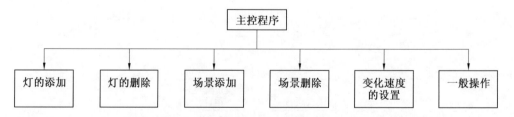

图 10.38　墙壁控制器控制管理软件功能模块

控制管理软件在功能上主要分为灯的添加、灯的删除、场景添加、场景删除、变化速度的设置和外部功能键操作等模块。

1. 灯的添加

(1)按 SET 键,该键的 LED 指示灯亮,进入设置状态。

(2)按 GET/LOCK 键,该键的 LED 指示灯闪烁,同时整个房间里的灯按随机顺序一个接一个开始闪烁,一次闪一个,每个持续 5 s,每个灯闪烁完之后回到原来闪烁前的状态。

(3)再次按下 GET/LOCK 键,当前闪烁的灯被选中,变闪烁为全亮,此时该键的 LED 指示灯常亮。

(4)点击数字键(支持 1~9),被选择的数字键将作为该灯的号码键。

(5)再按 SET 键,蜂鸣器连响两声添加完该灯。此时 SET 键和 GET/LOCK 键的 LED 指示灯均熄灭。

(6)用同样的办法可以增加完所有的灯;一个号码只能控制一个点。例如,1 号键已经添加完一个灯,如果还想用 1 号键添加另外一个灯,则上一个灯被冲掉。

2. 灯的删除

(1)按 SET 键,该键的 LED 指示灯亮,进入设置状态。

(2)按 0 号键,再按下将要删除对应的灯的号码键。

(3)再按 SET 键,蜂鸣器连响两声删除该灯。此时 SET 键的 LED 指示灯熄灭。

(4)用同样的办法可以删除所有的灯。

3. 场景的添加

(1)调整房间里所有的灯至需要的场景效果。

(2)按 SET 键,该键的 LED 指示灯亮,进入设置状态。

(3)按 SCENE 键,该键的 LED 指示灯闪烁,再选择数字键作为定义的场景号(支持 1~6,最多六个场景,直接对应到外部左边的六个场景按钮)。此时 SCENE 键的 LED 指示灯常亮。

(4)再按 SET 键,蜂鸣器连响两声即完成该场景设置。此时 SET 键和 SCENE 键下的 LED 指示灯均熄灭。

(5)用同样的办法可以设置完所有的场景。

4. 场景的删除

(1)按 SET 键,该键的 LED 指示灯亮,进入设置状态。

(2)按 SCENE 键,该键的 LED 指示灯闪烁,再选择数字键作为将要删除的场景号。此时 SCENE 键的 LED 指示灯常亮。

(3)按数字 0 号键,再按 SET 键,蜂鸣器连响两声即完成了该场景的删除操作。此时 SET 键和 SCENE 键的 LED 指示灯均熄灭。

(4)用同样的办法可以删除所有的场景。

5. 变化速度的设置

(1)选择场景或者调整至想要的最终场景效果。

(2)按 SET 键,该键的 LED 指示灯亮,进入设置状态。

(3)按 FADE 键,该键的 LED 指示灯闪烁。

(4)按数字键盘 0~9 输入变化时间,范围为 1~9 999 s(如果输入 0 s,就认为没有 FADE 功能,或认为删除 FADE 功能)。

(5)SCENE 键,该键的 LED 指示灯灯闪烁。开始选择对应的场景号。同时 FADE 键的

LED 指示灯常亮。

（6）选择数字键作为响应的场景号码（如果与原有的场景号相同则替换原来的场景）。

（7）再次按 SET 键，则 SET、SCENE、FADE 三个按键的 LED 均熄灭，蜂鸣器连响两声就完成了带 Fade 效果的场景设置。

（8）用同样的办法可以设置完任意带"FADE"功能的场景，或删除带"FADE"功能的场景。

以上操作如果中途退出，则按一下"ON/OFF"键即可。

6. 一般操作

在退出设置状态时，按以下操作可以控制灯或场景：

（1）按 ALL ON 对灯全开。

（2）按 ALL OFF 对灯全关。

（3）进入指定场景：按 SCENE 键，该键的 LED 亮，选择对应的 SCENE 号码即可（如果是 1~6 号可以直接在外部按 SCENE1~SCENE 6 中的键直接进入，对应 SCENE 键盘下的 LED 亮，如果该场景带有 FADE 功能，则在设定的 FADE 时间段内，该 SECNE 键盘下的 LED 以 1 Hz的频率闪烁）。

（4）操作某个灯：按相应的数字键，此时符合此号码的灯被选中，同时此号码包含的相应类型的灯的指示灯被点亮，再按 ON/OFF 键，可以开关单个灯，按 BRIGHT、DIM 键可以调光，按 WARM、COOL 键可以调色温。

10.3　一个水资源监测的物联网系统设计

本节给出一个开放式的水资源监测物联网系统设计，它支持多种类型的水资源监测设备，在能够提供基本的水资源监测应用的基础上，还给出统一的数据视图和服务接口，支持二次开发。

10.3.1　总体结构

1. 拓扑结构

在实际的水资源监测中，监测区域被划分成若干个监测点，每个监测点自主采集水资源信息，通过有线或无线的方式上传监测数据至远程监测中心（中心站），再由远程监测中心对监测数据进行统一存储和维护，对监测点监测设备进行统一管控。每个监测点通常使用成熟的监测仪器如水温传感器、水压计、流量计、流速计等采集水资源数据，使用数据传输终端（遥测终端）来上报数据，水资源监测物联网系统还采用了无线传感器网络采集水资源信息，对应的水资源监测网络拓扑结构如图所示。监测网络以监测点为水资源监测的基本单位，各个监测点相互独立地分布在不同的地理位置，由远程监测中心对所有监测点中的设备进行统一管理和维护，对监测点获取的水资源信息进行统一存储和管理，从而形成一个大规模自动化、网络化、智能化的水资源监测网络。其网络拓扑结构如图 10.39 所示。

每个水资源监测点都由一个遥测终端、若干个水资源监测仪表和无线传感器网络组成，其中遥测终端是整个监测点的传输控制中心，用于汇总监测仪表和传感器节点采集的数据，将数据上报到远程监测中心。遥测终端可以通过 GPRS 网络和局域网连接到互联网，上报

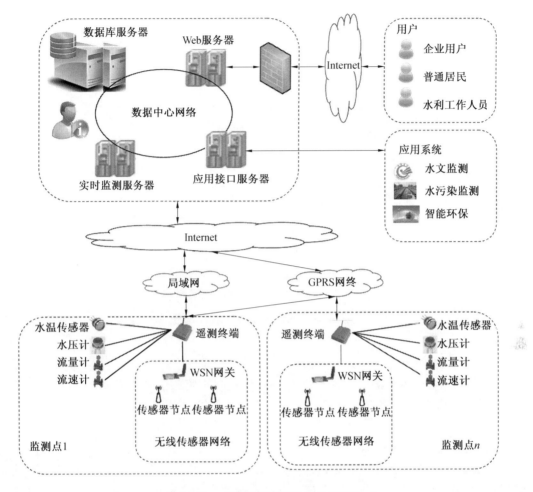

图 10.39 水资源监测网络拓扑结构图

数据。遥测终端既可以使用水资源仪表采集水资源信息,也可以使用无线传感器网络中传感器节点采集信息,两种采集信息的方式可以根据监测水域的实际情况来决定采取哪种方式。在用于水资源信息采集的无线传感器网络中,传感器节点用于采集信息,WSN 网关用于将数据汇总至遥测终端。WSN 网关通过通用 I/O 接口与遥测终端进行数据传输。在本系统中,传感器节点使用 ZigBee 技术实现无线通信,因此监测点中的传感器节点也被称为 ZigBee 采集节点。

2. 数据流图

在水资源远程监测中心,部署实时通信服务器、数据库服务器、Web 服务器和应用接口服务器。实时通信服务器用于与监测点的遥测终端进行网络通信,接收遥测终端上报的数据,对遥测终端进行统一的控制和管理;数据库服务器用于对遥测终端上报的数据进行统一的存储和维护;Web 服务器能够对水资源监测数据进行展现、分析和整理,为多种用户提供数据查询平台;应用接口服务器使用中间件技术为其他应用如水污染监测、智能环保等提供统一的数据操作服务和设备管理接口,为开发者提供二次开发能力,能够让开发者基于该水资源监测物联网系统实现更高级的应用。水资源监测网络的数据流图如图 10.40 所示。

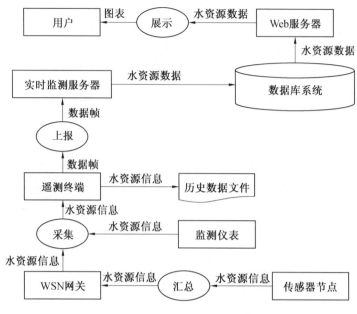

图 10.40　水资源监测网络数据流图

3. 总体结构

基于拓扑结构,物联网系统分为感知层、网络层和应用层。感知层实现水资源信息采集与汇总;网络层实现水资源信息的传输;应用层实现对水资源信息的管理、水资源监测设备的管理以及为第三方应用提供智能接口。水资源监测物联网平台总体结构图如图 10.41 所示。

感知层设备可以分为采集设备和接入设备两种,其中采集设备用于采集水资源信息,接入设备用于汇总、上报采集到的数据,包括遥测终端和 WSN 网关两类设备。应用层分为存储层、处理层和服务层三部分。存储层可存储系统监测的水资源数据和用户信息以及系统所需的配置信息,部署在数据库服务器上;处理层能够采集感知层硬件数据、控制感知层硬件设备、维护水资源信息、管理系统用户信息、实现应用接口服务等,主要包括设备接入、数据采集、设备管理、数据维护、用户管理等部分,部署在实时通信服务器和应用接口服务器上;服务层实现与用户和应用系统之间的交互,主要包括 Web 应用和接口服务两部分,分别部署在 Web 服务器和应用接口服务器上。

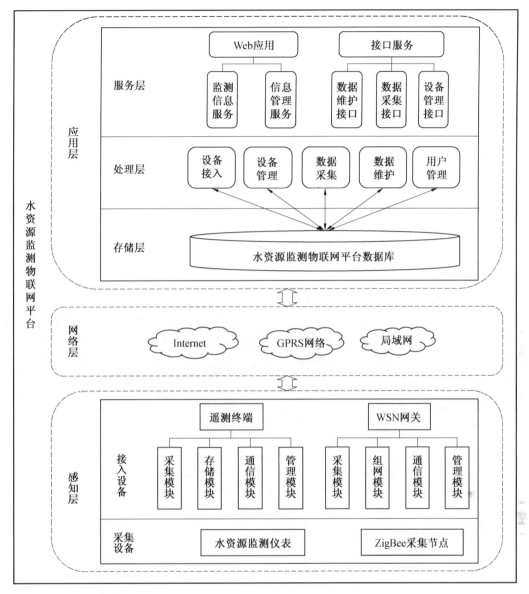

图 10.41　水资源监测物联网平台总体结构图

10.3.2　感知层设计

水资源监测物联网系统感知层实现对水资源信息的采集,通过感知层遥测终端来兼容多种类型的水资源监测仪表,实现监测仪表的全面联网,同时也实现平台向下兼容多种类型的水资源监测仪表。平台感知层总体规划示意图如图 10.42 所示。

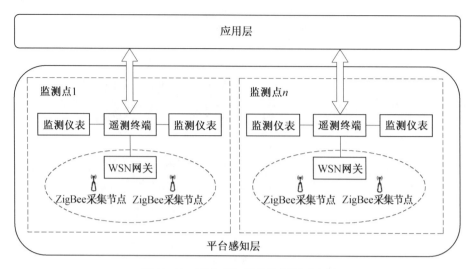

图 10.42　平台感知层总体规划示意图

1. 遥测终端

在感知层,使用市场上成熟的水资源监测仪表,并设计一款遥测终端,以支持多种类型的智能监测仪表,设计用于水资源信息采集的 ZigBee 无线传感器网络。智能监测仪表一般具备通用 I/O 接口,能够使用通用 I/O 接口将监测数据输出。因此,遥测终端使用串行接口与监测仪表连接后,按照双方约定数据传输格式,即可获取水资源监测仪表采集的数据。图 10.43 所示为遥测终端与仪表连接示意图。遥测终端硬件系统结构示意图如图 10.44 所示。遥测终端也可使用串行接口与 WSN 网关进行通信。

图 10.43　遥测终端与仪表连接示意图

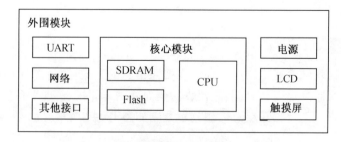

图 10.44　遥测终端硬件结构示意图

图 10.45 给出了遥测终端 GPRS 模块电路设计图。

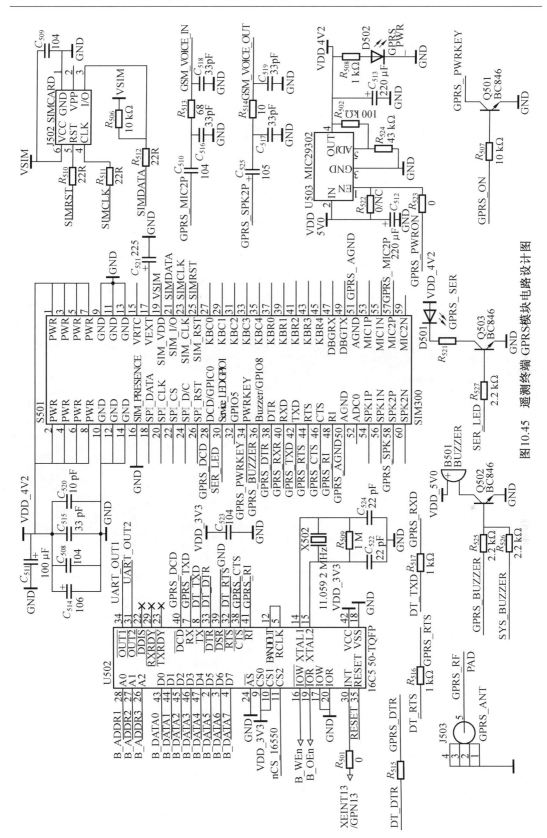

图10.45 遥测终端 GPRS模块电路设计图

遥测终端设计遵循 SZY206—2012《水资源监测数据传输规约》,具有数据采集、数据显示、数据存储、数据查询、网络通信与数据传输、定时自动上报数据、现场和远程报警、实时在线等功能,这些功能需要遥测终端在硬件和软件层面上都给予支持。遥测终端通过通用的I/O 接口和规定的数据传输格式,实现对各类水资源监测仪表的支持,从而实现本平台向下支持多类水资源监测仪表。遥测终端是一个嵌入式计算机系统,运行 Linux 操作系统,在其基础上运行应用程序。遥测终端软件系统结构框图如图 10.46 所示。

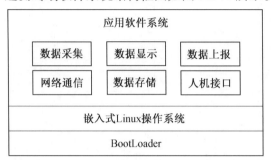

图 10.46　遥测终端软件系统结构框图

遥测终端的应用软件总体结构框图如图 10.47 所示。

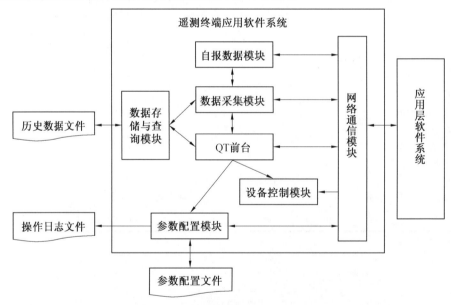

图 10.47　遥测终端应用软件结构框图

网络通信模块是遥测终端应用软件系统直接与上层应用层进行通信的子模块,可接收应用层发来控制指令和查询指令,并根据指令类型分类处理,该模块与应用层软件系统通信的数据帧格式满足传输规约。自报数据模块可实现遥测终端自动上报数据功能,用于遥测终端自报工作模式。数据采集模块用于采集各类水资源信息,为了支持多类水资源监测仪表,数据采集模块需要针对不同的监测仪表设计不同的数据采集子模块。参数配置模块用来现场或远程设置遥测终端运行参数。遥测终端的各类参数均保存在配置文件中,当对其参数进行配置时需要将操作记录保存在日志中。数据存储与查询模块用于将采集到的数据存储在历史数据文件中,从历史数据文件中提取历史数据。QT 前台用于人机交互,能够为用户提供数据显示、数据采集、数据上报、参数配置等功能,如图 10.48 所示。

遥测终端应用软件系统主流程如下:

(1)提取遥测终端配置信息,初始化遥测终端参数。

(2)启动网络通信模块。

(3)启动自报数据模块。

(4)启动 QT 前台模块。

(5)等待子模块运行结束。

图 10.48　QT 前台模块主界面示意图

网络通信模块、自报数据模块和 QT 前台模块使用多线程方式运行。自报数据模块根据遥测终端工作模式和参数配置来自动上报数据,用在遥测终端的自报工作模式下。在其他工作模式下,自报数据模块处于休眠状态。当自报数据模块检测到遥测终端切换到自报工作模式下,该模块根据自报数据种类和时间间隔启动若干个定时器,定时采集对应的水资源数据,自动上报数据。图 10.49 和 10.50 分别给出了数据采集模块主流程示意图和网络通信模块主流程示意图。

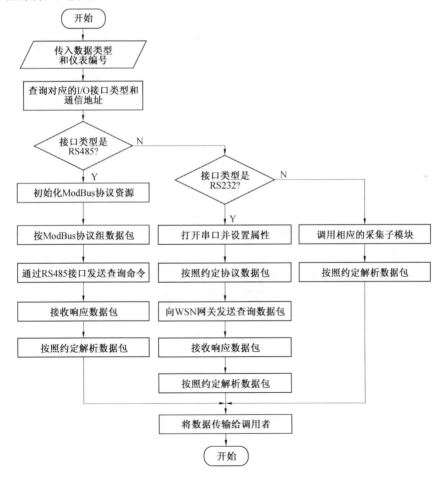

图 10.49　数据采集模块主流程示意图

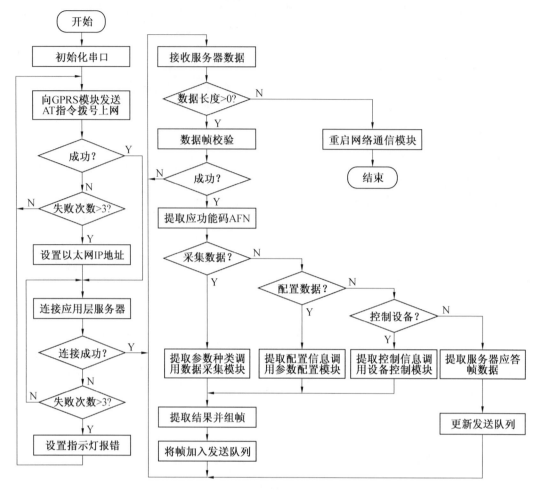

图 10.50　网络通信模块主流程图

2. ZigBee 节点

用于水资源信息采集的无线传感器网络使用 ZigBee 技术实现传感器节点的无线通信，使用 ZigBee 采集节点进行数据采集，使用 WSN 网关组建 ZigBee 网关、汇总监测数据，将监测数据传输至遥测终端。WSN 网关和 ZigBee 采集节点硬件组成基本相同，软件系统功能略有差别。ZigBee 节点整体软硬件架构如图 10.51 所示。

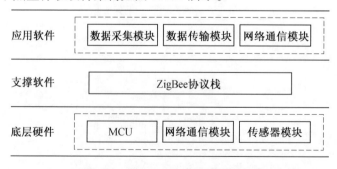

图 10.51　ZigBee 节点整体软硬件架构

ZigBee 节点有 WSN 网关和 ZigBee 采集节点两种,使用相同的核心主控系统电路,参考电路图如图 10.52 所示。

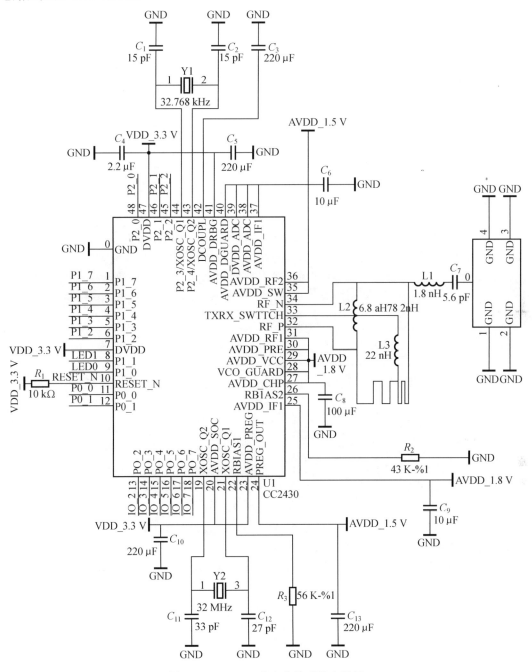

图 10.52 ZigBee 节点主控系统电路图

WSN 网关使用 RS232 与遥测终端连接,将 ZigBee 采集节点采集的数据传输至遥测终端,本身不具备数据采集能力,WSN 网关硬件可作为 ZigBee 路由节点硬件系统使用。

ZigBee 采集节点能够采集水资源数据,其中温度采集电路使用温度传感器 SHT10 采集温度,接口电路如图 10.53 所示。

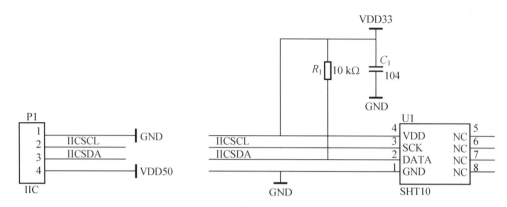

图 10.53 ZigBee 采集节点 SHT10 接口电路

10.3.3 应用层

应用层包括数据库系统和软件系统两部分,数据库系统对感知层获取的水资源信息、感知层设备信息以及系统运行参数进行统一的存储和维护,应用软件系统对感知层感知设备的数据采集和管理,对感知数据进行存储、融合与挖掘,提供通用的监测数据查询平台,提供二次开发的接口,提高平台的扩展性。平台应用软件系统功能框图如图 10.54 所示。

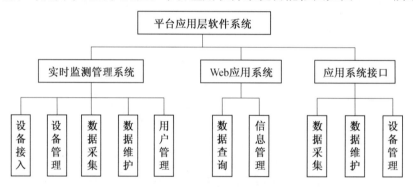

图 10.54 平台应用层软件系统功能框图

应用层实现对感知层感知设备的数据采集和管理,对感知数据进行存储、融合与挖掘,提供通用的监测数据查询平台及二次开发的接口,提高平台的扩展性。应用层软件系统由实时监测管理系统、应用系统接口和 Web 应用系统三部分组成,其总体结构如图 10.55 所示。

图 10.56 和 10.57 分别给出了两个关键模块流程,由于篇幅所限,这里不再做全面介绍。

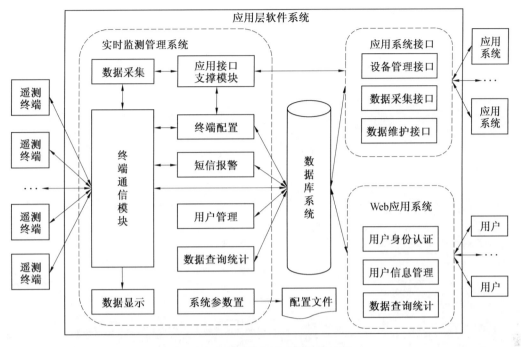

图 10.55　应用层软件系统总体结构

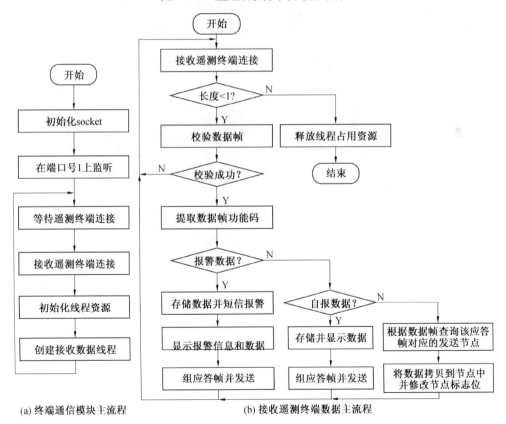

(a) 终端通信模块主流程　　　　　　　　(b) 接收遥测终端数据主流程

图 10.56　终端模块通信主流程图

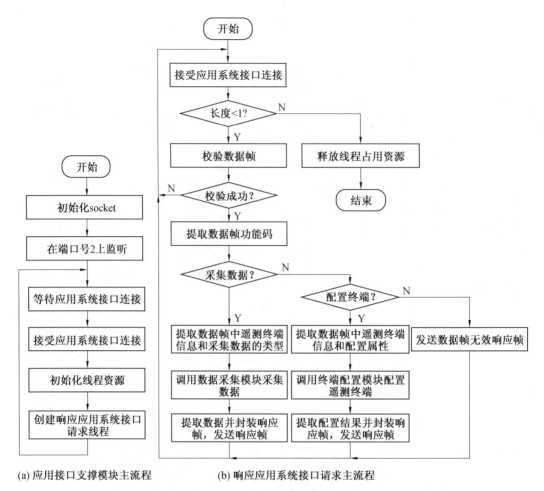

(a) 应用接口支撑模块主流程　　　(b) 响应应用系统接口请求主流程

图 10.57　实时监测管理系统应用接口支撑模块主流程

附录　S3C2410 寄存器

下面介绍 S3C2410 的寄存器使用,包括存储器配置寄存器、NandFlash 控制器的寄存器、时钟和电源管理控制寄存器、DMA 控制器寄存器、GPIO 控制寄存器、定时器控制寄存器、UART 控制寄存器、USB 寄存器、中断控制器专用寄存器和 ADC 触摸屏专用寄存器。

1. 存储器配置寄存器

存储器配置寄存器包括总线宽度和等待控制寄存器 BWSCON、存储器组控制寄存器 BANK0-5、存储器组 6/7 控制寄存器 BANK6/7、刷新控制寄存器 REFRESH、BANK6/7 组大小控制寄存器 BANKSIZE 和 BANK6/7 模式设置寄存器 MRSRB6/7。

(1)BWSCON:总线宽度和等待控制寄存器。

31	30	29	28	27	26	25	24	23	22	21	20	19	18	17	16
ST7	WS7	DW7		ST6	WS6	DW6		ST5	WS5	DW5		ST4	WS4	DW4	

15	14	13	12	11	10	9	8	7	6	5	4	3	2	1	0
ST3	WS3	DW3		ST2	WS2	DW2		ST1	WS1	DW1		X	DW0		X

其中各项含义如下:

STn:控制存储器组 n 的 UB/LB 引脚输出信号	1:使 UB/LB 与 nBE[3:0]相连;0:使 UB/LB 与 nWBE[3:0]相连
WSn:使用/禁用存储器组 n 的 WAIT 状态	1:使能 WAIT;0:禁止 WAIT
DWn:控制存储器组 n 的数据线宽	00:8 位;01:16 位;10:32 位;11:保留

(2)BANK0-5:存储器组控制寄存器。

15	14	13	12	11	10	9	8	7	6	5	4	3	2	1	0
	Tacs		Tcos		Tacc			Tcoh		Tcah		Tacp		PMC	

其中各项含义如下:

Tacs:设置 nGCSn 有效前地址的建立时间	00:0 个;01:1 个;10:2 个;11:4 个时钟周期
Tcos:设置 nOE 有效前片选信号的建立时间	00:0 个;01:1 个;10:2 个;11:4 个时钟周期

Tacc:访问周期(时钟周期数)	000:1 个;001:2 个;010:3 个;011:4 个 100:6 个:101:8 个;110:10 个;111:14 个
Tcoh:nOE 无效后片选信号的保持时间	00:0 个;01:1 个;10:2 个;11:4 个时钟
Tcah:nGCSn 无效后地址信号的保持时间	00:0 个;01:1 个;10:2 个;11:4 个时钟
Tacp:页模式的访问周期	00:2 个;01:3 个;10:4 个;11:6 个时钟
PMC:页模式的配置,每次读写的数据数	00:1 个;01:4 个;10:8 个;11:16 个 注:00 为通常模式

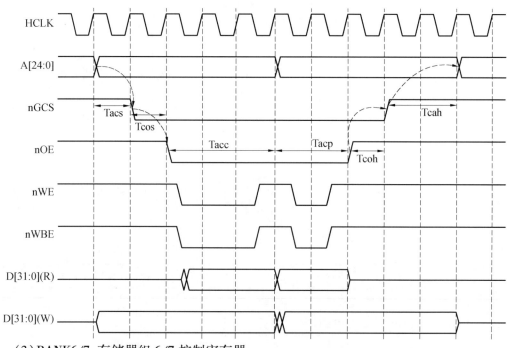

（3）BANK6/7:存储器组 6/7 控制寄存器。

31	30	29	28	27	26	25	24	23	22	21	20	19	18	17	16	15
保留															MT	

14	13	12	11	10	9	8	7	6	5	4	3	2	1	0
Tacs		Tcos		Tacc			Tcoh		Tcah		Tacp/Trcd		PMC/SCAN	

其中各项含义如下：

MT：设置存储器类型	00：ROM 或者 SRAM，［3：0］为 Tacp 和 PMC；11：SDRAM，［3：0］为 Trcd 和 SCAN；01、10：保留
Trcd：由行地址切换到列地址信号的延时时钟数	00：2 个时钟；01：3 个时钟；10：4 个时钟
SCAN：列地址位数	00：8 位；01：9 位；10：10 位

（4）REFRESH 刷新控制寄存器。

31	30	29	28	27	26	25	24	23	22	21	20	19	18	17	16
保留								REFEN	TREFMD	Trp		Tsrc		保留	
15	14	13	12	11	10	9	8	7	6	5	4	3	2	1	0
保留					Refresh_count										

其中各项含义如下：

REFEN：刷新控制	1：使能刷新；0：禁止刷新
TREFMD：刷新方式	1：自刷新 0：自动刷新
Trp：设置 SDRAM 行刷新时间（时钟数）	00：2 个时钟；01：3 个；10：4 个；11：不支持
Tsrc：设置 SDRAM 行操作时间（时钟数）	00：4 个时钟；01：5 个；10：6 个；11：7 个时钟 注：SDRAM 的行周期 = Trp + Tsrc Refresh_count：刷新计数值 Refresh_count：刷新计数器值 计算公式：刷新周期 = $(2^{11} - \text{Refresh\_count} + 1)/\text{HCLK}$。例子：设刷新周期 = 15.6 μs，HCLK = 60 MHz 则刷新计数器值 = $(2^{11}+1) - 60 \times 15.6 = 1\ 113$ $1\ 113 = 0 \times 459 = 10001011001b$

（5）BANKSIZE：BANK6/7 组大小控制寄存器。

7	6	5	4	3	2	1	0
BURST_EN	X	SCKE_EN	SCLK_EN	X	BK76MAP		

其中各项含义如下：

高 24 位未用	
BURST_EN：ARM 突发操作控制	0：禁止突发操作；1：可突发操作
SCKE_EN：SCKE 使能控制 SDRAM 省电模式	0：关闭省电模式；1：使能省电模式

SCLK_EN:SCLK 省电控制,使其只在 SDRAM 访问周期内使能 SCLK	0:SCLK 一直有效;1:SCLK 只在访问期间有效
BK76MAP:控制 BANK6/7 的大小及映射	100:2 MB;101:4 MB;110:8 MB;111:16 MB;000:32 MB;001:64 MB;010:128 MB

（6）MRSRB6/7:BANK6/7 模式设置寄存器。

15	14	13	12	11	10	9	8	7	6	5	4	3	2	1	0
						WBL	TM		CL			BT		BL	

其中各项含义如下:

WBL:突发写的长度	0:固定长度;1:保留
TM:测试模式	00:模式寄存器集;其他保留
CL:列地址反应时间	000:1 个时钟;010:2 个时钟;011:3 个时钟;其他保留
BT:猝发类型	0:连续;1:保留
BL:猝发时间	000:1 个时钟;其他保留

2. Nand Flash 控制器的寄存器

Nand Flash 控制器的寄存器包括 Flash 配置寄存器 NFCON、Flash 命令寄存器 NFCMD、Flash 地址寄存器 NFADDR、Flash 数据寄存器 NFDATA、Flash 状态寄存器 NFSTAT 和 Flash 错误校正码寄存器 NFECC。

（1）NFCON:Flash 配置寄存器。

15	14	13	12	11	10	9	8	7	6	5	4	3	2	1	0
NFEN	X		IECC	NFCE	TACLE			X	TWRPH0			X	PWRPH1		
0	—		0	0	0			—	0			—	0		

其中各项含义如下:

NFEN:NF 控制器使能控制	0:禁止使用;1:允许使用
IECC:初始化 ECC 编码/解码器控制位	0:不初始化 ECC;1:初始化 ECC
NFCE:NF 片选信号 nFCE 的使能控制	0:nFCE 为低(有效);1:nFCE 为高(无效)
TACLE:CLE/ALE 持续时间设置值(0~7)	持续时间 = HCLK×(TACLE + 1) CLE/ALE:命令/地址锁存允许
TWRPH0:写信号持续时间设置值(0~7)	持续时间 = HCLK×(TWRPH0+1) TWRPH1:写信号无效后 CLE/ALE 保持时间设置值(0~7) 续时间 = HCLK×(TWRPH1+1)

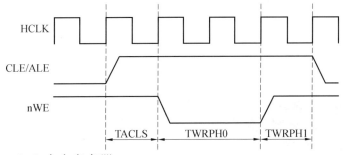

（2）NFCMD：Flash 命令寄存器。

15	14	13	12	11	10	9	8	7	6	5	4	3	2	1	0
保留								命令字							

下面给出了 K9F1208 命令集：

功能	1st. Cycle	2nd. Cycle	3rd. Cycle	Acceptable Command during Busy
Read 1	00h/01h	—	—	
Read 2	50h	—	—	
Read ID	90h	—	—	O
Reset	FFh	—	—	
Page Program（True）	80h	10h	—	
Page Program（Dummy）	80h	11h	—	
Copy-Back Program（True）	00h	8Ah	10h	
Copy-Back Program（Dummy）	03h	8Ah	11h	
Block Erase	60h	D0H	—	
Mulyi-Plane Block Erase	60h~60h	D0H	—	
Read Status	70h	—	—	O
Read Multi-Plane Status	71h	—	—	O

（3）NFADDR：Flash 地址寄存器。

15	14	13	12	11	10	9	8	7	6	5	4	3	2	1	0
保留								地址值							

（4）NFDATA：Flash 数据寄存器。

15	14	13	12	11	10	9	8	7	6	5	4	3	2	1	0
保留								输入输出数据							

（5）NFSTAT:lash 状态寄存器。

15	14	13	12	11	10	9	8	7	6	5	4	3	2	1	0
保留															RnB

RnB:Nand Flash 存储器状态位。

0:存储器忙;1:存储器准备好。

（6）NFECC:Flash 错误校正码寄存器。

15	14	13	12	11	10	9	8	7	6	5	4	3	2	1	0
错误校验码#1								错误校验码#0							
31	30	29	28	27	26	25	24	23	22	21	20	19	18	17	16
保留								错误校验码#2							

（7）Nand Flash 读写时序。

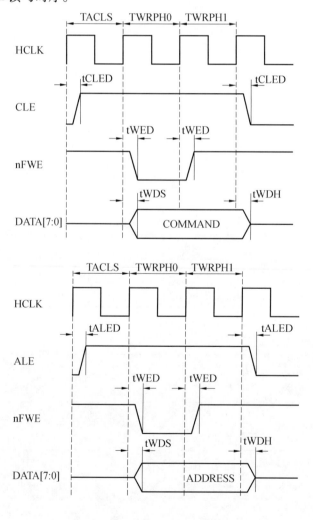

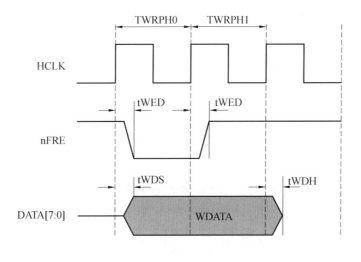

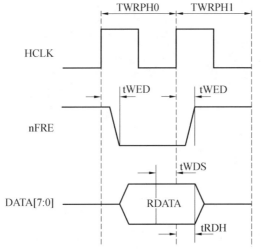

（8）系统引导和 Nand FLASH 配置。

OM[1:0] = 00b：

　　　使能 Nand Flash 控制器自动导入模式。

OM[1:0] = 01b、10b：

　　　bank0 数据宽度为 16 位、32 位。

OM[1:0]=11b：测试模式。

　　　Nand Flash 的存储页面大小应该为 512 字节。

NCON：Nand Flash 寻址步骤数选择（板上接 V_{DD}）

　　　0：3 步寻址；1：4 步寻址。

3. 时钟和电源管理控制寄存器

时钟和电源管理控制寄存器主要包括 LOCK 计数寄存器、锁相环配置寄存器、时钟信号生成控制寄存器 CLKCON、慢时钟控制寄存器和时钟分频控制寄存器。

（1）LOCK 计数寄存器。

寄存器	地址	操作	说明	复位后的值
LOCKTIME	0x4C000000	读/写	PLL 计数器	0x00FFFFFF

其中各位含义如下：

位名	位	说明	初始状态
U_LTIME	[23:12]	UPLL lock time count value for UCLK	0xFFF
M_LTIME	[11:0]	MPLL lock time count value for FCLK, HCLK, and PCLK	0xFFF

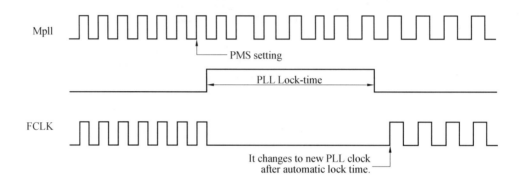

（2）锁相环配置寄存器。

寄存器	地址	操作	说明	复位后的值
MPLLCON	0x4C000004	读/写	MPLL 的配置寄存器	0x0005C080
UPLLCON	0x4C000008	读/写	UPLL 的配置寄存器	0x00028080

其中各项含义如下：

$$Mpll = (m * Fin) / (p * 2^s)$$
$$m = (MDIV + 8), p = (PDIV + 2), s = SDIV$$
注意：虽然给出了选 PLL 值的规则，但我们仅仅推荐在下面的 S3C2410 可设定频率表中的值。如果你使用其他值，请联系厂家

注意：当需要同时设定 MPLL 和 UPLL 时，要先设定 UPLL 值后设定 MPLL 值。（需七个 NOP 指令执行的时间间隔）

厂家提供的可设定频率如下：

输入频率	输出频率	MDIV	PDIV	SDIV
12.00 MHz	33.75 MHz	82(0x52)	2	3
12.00 MHz	45.00 MHz	82(0x52)	1	3

输入频率	输出频率	MDIV	PDIV	SDIV
12.00 MHz	50.70 MHz	161(0xa1)	3	3
12.00 MHz	48.00 MHz	120(0x78)	2	3
12.00 MHz	56.25 MHz	142(0x8e)	2	3
12.00 MHz	67.50 MHz	82(0x52)	2	2
12.00 MHz	79.00 MHz	71(0x47)	1	2
12.00 MHz	84.75 MHz	105(0x69)	2	2
12.00 MHz	90.00 MHz	112(0x70)	2	2
12.00 MHz	101.25 MHz	127(0x7f)	2	2
12.00 MHz	113.00 MHz	105(0x69)	1	2
12.00 MHz	118.50 MHz	150(0x96)	2	2
12.00 MHz	124.00 MHz	116(0x74)	1	2
12.00 MHz	135.00 MHz	82(0x52)	2	1
12.00 MHz	147.00 MHz	90(0x5a)	2	1
12.00 MHz	152.00 MHz	68(0x44)	1	1
12.00 MHz	158.00 MHz	71(0x47)	1	1
12.00 MHz	170.00 MHz	77(0x4d)	1	1
12.00 MHz	180.00 MHz	82(0x52)	1	1
12.00 MHz	186.00 MHz	85(0x55)	1	1
12.00 MHz	192.00 MHz	88(0x58)	1	1
12.00 MHz	202.80 MHz	161(0xa1)	3	1
12.00 MHz	266.00 MHz	125(0x7d)	1	1
12.00 MHz	268.00 MHz	126(0x7e)	1	1
12.00 MHz	279.00 MHz	127(0x7f)	1	1

（3）时钟信号生成控制寄存器 CLKCON。

寄存器	地址	操作	说明	复位后的值
CLKCON	0x4C00000C	读/写	时钟信号生成的控制寄存器	0x00FFFFFF

其中各位含义如下：

位名	位	说明	初始状态
SPI	[18]	控制 PCLK 输入到 SPI 模块。0＝禁止,1＝允许	1
IIS	[17]	控制 PCLK 输入到 I^2S 模块。0＝禁止,1＝允许	1
IIC	[16]	控制 PCLK 输入到 I^2C 模块。0＝禁止,1＝允许	1

位名	位	说明	初始状态
ADC（和触摸屏）	[15]	控制 PCLK 输入到 ADC 模块。0＝禁止,1＝允许	1
RTC	[14]	控制 PCLK 输入到 ADC 控制模块。即使这一位被清零,RTC 定时器还是激活的。0＝禁止,1＝允许	1
GPIO	[13]	控制 PCLK 输入到 GPIO 模块。0＝禁止,1＝允许	1
UART2	[12]	控制 PCLK 输入到 UART2 模块。0＝禁止,1＝允许	1
UART1	[11]	控制 PCLK 输入到 UART1 模块。0＝禁止,1＝允许	1
UART0	[10]	控制 PCLK 输入到 UART0 模块。0＝禁止,1＝允许	1
SDI	[9]	控制 PCLK 输入到 SDI 接口模块。0＝禁止,1＝允许	1
PWMTIMER	[8]	控制 PCLK 输入到 PWMTIMER 模块。0＝禁止,1＝允许	1
USB 设备	[7]	控制 PCLK 输入到 USB 设备模块。0＝禁止,1＝允许	1
USB 主机	[6]	控制 HCLK 输入到 USB 主机模块。0＝禁止,1＝允许	1
LCDC	[5]	控制 HCLK 输入到 LCDC 模块。0＝禁止,1＝允许	1
NAND Flash 控制器	[4]	控制 HCLK 输入到 NAND Flash 控制器模块。0＝禁止,1＝允许	1
POWER_OFF	[3]	控制 S3C2410 的 POWER_OFF 模式。0＝禁止,1＝转换到 POWER_OFF 模式	0
IDLE BIT	[2]	进入 IDLE 模式。这一位不会自动清零。0＝禁止,1＝转换到 IDLE 模式	0
保留	[1]	保留	0
SM_BIT	[0]	SPECIAL 模式。0 是标准推荐值。这一位仅在特殊条件下（OM3＝1 且 nRESET 被唤醒时）能够被用于进入特殊模式。使用这一位时请联系厂家	0

（4）慢时钟控制寄存器

寄存器	地址	操作	说明	复位后的值
CLKSLOW	0x4C000010	读/写	SLOW 时钟的控制寄存器	0x00000004

其中各位含义如下:

位名	位	说明	初始状态
UCLK_ON	[7]	0:UCLK ON(UPLL 被开启且 UPLL 锁定时间被自动插入) 1:UCLK OFF(UPLL 被关闭)	0
保留	[6]	保留	—
MPLL_OFF	[5]	0:PLL 被开启。在 PLL 稳定时间(最少 150us)过后,SLOW_ BIT 可以被清零 1:PLL 被关闭。仅在 SLOW_BIT 为 1 时,PLL 被关闭	0
SLOW_BIT	[4]	0:FCLK = Mpll(MPLL 输出) 1:SLOW mode FCLK =输入时钟/(2 x SLOW_VAL)(SLOW_VAL > 0) FCLK =输入时钟(SLOW_VAL = 0) 输入时钟 = XTIpll or EXTCLK	0
保留	[3]	—	—
SLOW_VAL	[2:0]	在 SLOW_BIT 开启时慢时钟的分频值	0x4

(5)时钟分频控制寄存器

寄存器	地址	操作	说明	复位后的值
CLKDIVN	0x4C000014	读/写	时钟分频的控制寄存器	0x00000000

其中各位含义如下:

位名	位	说明	初始状态
HDIVN1	[2]	可利用的特殊总线时钟比例(1∶4∶4) 0:保留 1:HCLK 时钟频率是 FCLK 的 1/4 PCLK 时钟频率是 FCLK 的 1/4 注意:如果这一位为 1,HDIVN 和 PDIVN 必须设置为 0	0
HDIVN	[1]	0:HCLK 时钟频率和 FCLK 相同。 1:HCLK 时钟频率是 FCLK 的一半	0
PDIVN	[0]	0:PCLK 时钟频率和 HCLK 相同。 1:PCLK 时钟频率是 HCLK 的一半	0

4. DMA 控制器寄存器

每个 DMA 通道有九个控制寄存器(四个通道,共计 36 个寄存器),六个用来控制 DMA 传输,其他三个监视 DMA 控制器的状态。

寄存器	地址	操作	说明	复位后的值
DISRCn	0x4B0000x0	读/写	初始源基地址寄存器	0x00000000
DISRCCn	0x4B0000x4	读/写	初始源控制寄存器	0x00000000
DIDSTn	0x4B0000x8	读/写	初始目的基地址寄存器	0x00000000
DIDSTCn	0x4B0000xC	读/写	初始目的控制寄存器	0x00000000
DCONn	0x4B0000y0	读/写	DMA 控制寄存器	0x00000000
DSTATn	0x4B0000y4	读	状态/计数寄存器	0x00000000
DCSRCn	0x4B0000y8	读	当前源地址寄存器	0x00000000
DCDSTn	0x4B0000yC	读	当前目的地址寄存器	0x00000000
SKTRIGn	0x4B0000z0	读/写	DMA 掩码/触发寄存器	0b000

（1）DISRCn：DMA 源基地址寄存器。

寄存器	地址	操作	说明	初值
DISRC0	0x4B000000	读/写	DMA0 源基地址寄存器	0x00000000
DISRC1	0x4B000040	读/写	DMA1 源基地址寄存器	0x00000000
DISRC2	0x4B000080	读/写	DMA2 源基地址寄存器	0x00000000
DISRC3	0x4B0000C0	读/写	DMA3 源基地址寄存器	0x00000000

其中各位含义如下：

31	30…0
0	S_ADDR：源数据基地址 （在 CURR_SRC 为 0、并且 DMA ACK 为 1 时装载入 CURR_SRC）

（2）DISRCCn：DMA 源控制寄存器。

寄存器	地址	操作	说明	初值
DISRCC0	0x4B000004	读/写	DMA0 初始源控制寄存器	0x00000000
DISRCC1	0x4B000044	读/写	DMA1 初始源控制寄存器	0x00000000
DISRCC2	0x4B000084	读/写	DMA2 初始源控制寄存器	0x00000000
DISRCC3	0x4B0000C4	读/写	DMA3 初始源控制寄存器	0x00000000

其中各位含义如下：

31…2	1	0
保留（为 0）	LOC：源总线选择	INC：源地址变化设置

其中各项含义如下：

LOC：源所在总线选择	0：AHB；1：APB
INC：源地址变化设置	0：源地址增加；1：源地址不变

（3）DIDSTn：DMA 目的基地址寄存器。

寄存器	地址	操作	说明	初值
DIDST0	0x4B000008	读/写	DMA0 目的基地址寄存器	0x00000000
DIDST1	0x4B000048	读/写	DMA1 目的基地址寄存器	0x00000000
DIDST2	0x4B000088	读/写	DMA2 目的基地址寄存器	0x00000000
DIDST3	0x4B0000C8	读/写	DMA3 目的基地址寄存器	0x00000000

其中各位含义如下：

31	30…0
0	D_ADDR：目标基地址，会被载入 CURR_DST （当 CURR_DST 的值为 0，并且 DMA ACK 的值为 1 时）

（4）DIDSTCn：DMA 初始目的控制寄存器。

寄存器	地址	操作	说明	初值
DIDSTC0	0x4B00000C	读/写	DMA0 初始目的控制寄存器	0x00000000
DIDSTC1	0x4B00004C	读/写	DMA1 初始目的控制寄存器	0x00000000
DIDSTC2	0x4B00008C	读/写	DMA2 初始目的控制寄存器	0x00000000
DIDSTC3	0x4B0000CC	读/写	DMA3 初始目的控制寄存器	0x00000000

其中各位含义如下：

31…2	1	0
保留（为 0）	LOC：目的总线选择	INC：目的地址变化设置

其中各项含义如下：

LOC：目的地址所在总线选择	0：AHB；1：APB
INC：目的地址地址变化设置	0：目的地址增加；1：目的地址不变

（5）DCONn：DMA 控制寄存器。

寄存器	地址	操作	说明	初值
DCON0	0x4B000010	读/写	DMA 0 控制寄存器	0x00000000

寄存器	地址	操作	说明	初值
DCON1	0x4B000050	读/写	DMA 1 控制寄存器	0x00000000
DCON2	0x4B000090	读/写	DMA 2 控制寄存器	0x00000000
DCON3	0x4B0000D0	读/写	DMA 3 控制寄存器	0x00000000

其中各位含义如下：

31	30	29	28	27	26	25	24	23	22	21	20
DMD_HS	SYNC	INT	TSZ	SERV MODE		HWSRCSEL		SWHW_SEL	RELOAD	DSZ	

19	18	17	16	15	14	13	12	11	10	9	8	8	7	6	5	4	3	2	1	0
										TC—传输次数初值										

其中各项含义如下：

DMD_HS：DMA 与外设握手模式选择	0:需求模式;1:握手模式
SYNC：DREQ 和 DACK 信号与系统总线时钟同步选择	0:与 PCLK 同步;1:与 HCLK 同步
INT：CURR_TC 的中断请求控制	0:禁止 CURR_TC 产生中断请求; 1:当所有的传输结束时,CURR_TC 产生中断请求
TSZ：传输长度类型选择	0:执行单数据传输;1:执行四数据长的突发传输
SERVMODE：传输模式选择:	0:单服务传输模式,每次都要查询 DREQ; 1:全服务传输模式,不查询 DREQ
HWSRCSEL：各 DMA 通道请求源设置	
SWHW_SEL：DMA 源选择方式（软件或硬件）设置	0:软件方式产生 DMA 请求,用 DMASKTRIG 控制寄存器中的 SW_TRIG 位设置触发 1:由位[26:24]提供的 DMA 源触发 DMA 操作
RELOAD：再装载选择	0:自动再装载,当传输次数减为 0 时自动装载初值;1:不自动再装载,传输结束关闭 DMA 通道
DSZ：传输数据类型设置	00:字节;01:半字;10:字;11:保留

（6）DSTATn：DMA 状态/计数寄存器。

寄存器	地址	操作	说明	初值
DSTAT0	0x4B000014	读	DMA0 状态/计数寄存器	0x00000000
DSTAT1	0x4B000054	读	DMA1 状态/计数寄存器	0x00000000
DSTAT2	0x4B000094	读	DMA2 状态/计数寄存器	0x00000000
DSTAT3	0x4B0000D4	读	DMA3 状态/计数寄存器	0x00000000

其中各位含义如下：

21	20	19	18	17	16	15	14	13	12	11	10	9	8	8	7	6	5	4	3	2	1	0
STAT		CURRTC:当前传输次数计数值																				

其中各项含义如下：

STAT:DMA 状态 00:就绪态,可进行传输	01:DMA 正在传输;1X:保留
CURRTC:当前传输计数值	每传输一次其值减1。其初值在 DCONn 中低 20 位

(7)DCSRCn:DMA 当前源地址寄存器。

寄存器	地址	操作	说明	初值
DCSRC0	0x4B000018	读	DMA0 当前源地址寄存器	0x00000000
DCSRC1	0x4B000058	读	DMA1 当前源地址寄存器	0x00000000
DCSRC2	0x4B000098	读	DMA2 当前源地址寄存器	0x00000000
DCSRC3	0x4B0000D8	读	DMA3 当前源地址寄存器	0x00000000

其中各位含义如下：

31	30···0
0	CURR_SRC:当前数据源地址

其中各项含义如下：

CURR_SRC:当前数据源地址	1. 每传输一次,地址可能增加(1、2、4)或不变; 2. 在 CURR_SRC 为 0,且 DMA ACK 为 1 时,将 S_ADDR 源基地址的值装入

(8)DCDSTn:DMA 当前目的地址寄存器。

寄存器	地址	操作	说明	初值
DCDST0	0x4B00001C	读	DMA0 当前目的地址寄存器	0x00000000
DCDST1	0x4B00005C	读	DMA1 当前目的地址寄存器	0x00000000
DCDST2	0x4B00009C	读	DMA2 当前目的地址寄存器	0x00000000
DCDST3	0x4B0000DC	读	DMA3 当前目的地址寄存器	0x00000000

其中各位含义如下：

31	30…0
0	CURR_DST:当前数据目的地址

其中各项含义如下：

CURR_DST:当前数据目的地址	1. 每传输一次,地址可能增加(1,2,4)或不变; 2. 在 CURR_DST 为 0,且 DMA ACK 为 1 时,将 D_ADDR 的值装入

(9) DMASKTRIGn:DMA 掩码(Mask)触发寄存器。

寄存器	地址	操作	说明	初值
DMASKTRIG0	0x4B000020	读/写	DMA0 掩码触发寄存器	0x00000000
DMASKTRIG1	0x4B000060	读/写	DMA1 掩码触发寄存器	0x00000000
DMASKTRIG2	0x4B0000A0	读/写	DMA2 掩码触发寄存器	0x00000000
DMASKTRIG3	0x4B0000E0	读/写	DMA3 掩码触发寄存器	0x00000000

其中各位含义如下：

31…3	2	1	0
保留(为0)	STOP	ON/OFF	SW_TRIG

其中各项含义如下：

STOP:DMA 运行停止位	1:将当前数据传输完立即停止,并且 CURR_TC 置 0
ON/OFF:DMA 通道屏蔽位	0:关闭通道;1:开放通道
如果 DCONn[22]设为非自动重装,DMA 则传输完成后 STOP 位置 1,并且关闭通道。在 DMA 运行期间,不要改变其值,停止 DMA 传输应该使用 STOP 位	
SW_TRIG：DMA 软件触发位	1:软件触发 DMA 请求。DCONn[23]设为软件触发时有效
在 DMA 运行中改变 DISRCn、DIDSTn 寄存器、DCONn 中 TC 的值,对当前的传输没有影响。其他寄存器或位值的改变,则立即影响传输	

(10) DMA 时序要求。

DMA 请求信号和响应信号的建立时间与延迟时间在所有的模式下是相同的。

如果 DMA 请求信号的建立时间满足要求,则在两个周期内实现同步,然后 DMA 响应信号变得有效。

在 DMA 响应信号有效后就执行数据传送操作,操作完成后,DMA 响应信号变得无效。

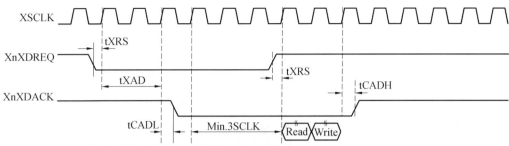

DMAC 有三种类型的外部 DMA 请求/响应规则：

①单服务请求(对应于需求模式)。

②单服务握手(握手模式)。

③全服务握手(全服务模式)。

在一次传输结束时，DMA 检查 xnxDREQ(DMA 请求)信号的状态：

①在请求模式下。如果 DMA 请求(xnxDREQ)信号仍然有效,则传输马上再次开始。否则等待。

②在握手模式下。如果 DMA 请求信号无效,DMA 在两个时钟周期内将 DMA 响应(xnxDACK)信号变得无效。否则,DMA 等待直到 DMA 请求信号变得无效。每请求一次传输一次。

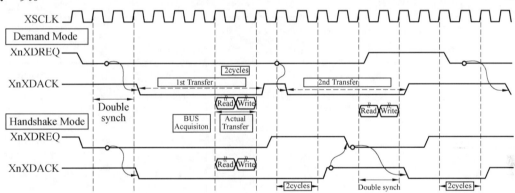

四单元突发传送：

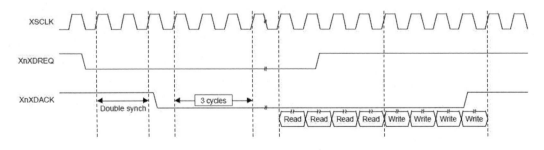

5. GPIO 控制寄存器

（1）PORT A 控制寄存器。

寄存器	地址	操作	说明	复位后的值
GPACON	0x56000000	读/写	端口 A 引脚配置寄存器	0x7FFFFF
GPADAT	0x56000004	读/写	端口 A 数据寄存器	—
RESERVED	0x56000008	—	端口 A 保留寄存器	—
RESERVED	0x5600000C	—	端口 A 保留寄存器	—

GPADAT 寄存器为准备输出的数据,其值为 23 位[22：0],当 A 口引脚配置为非输出功能时,其输出无意义;从引脚输入没有意义。

位号	位名	位值		位号	位名	位值	
		0	1			0	1
22	GPA22	输出	nFCE	10	GPA10	输出	ADDR25
21	GPA21	输出	nRSTOUT	9	GPA9	输出	ADDR24
20	GPA20	输出	nFRE	8	GPA8	输出	ADDR23
19	GPA19	输出	nFWE	7	GPA7	输出	ADDR22
18	GPA18	输出	ALE	6	GPA6	输出	ADDR21
17	GPA17	输出	CLE	5	GPA5	输出	ADDR20
16	GPA16	输出	nGCS5	4	GPA4	输出	ADDR19
15	GPA15	输出	nGCS4	3	GPA3	输出	ADDR18
14	GPA14	输出	nGCS3	2	GPA2	输出	ADDR17
13	GPA13	输出	nGCS2	1	GPA1	输出	ADDR16
12	GPA12	输出	nGCS1	0	GPA0	输出	ADDR0
11	GPA11	输出	ADDR26				

其中各信号含义如下:

信号	说明	备注
CLE	命令锁存使能信号	
ALE	地址锁存使能信号	
nFCE	芯片使能信号	
nFRE	读使能信号	
nFWE	写使能信号	
nRSTOUT	外部设备复位控制 (nRSTOUT = nRESET & nWDTRST & SW_RESET)	

信号	说明	备注
nRESET	nRESET 会停止正在执行的任何操作,使 S3C2410 进入复位状态。对于复位而言,nRESET 必须在处理器电源稳定之后,给出至少四个 FCLK 周期的低电平	外部引脚
nWDTRST	看门狗复位。复位信号来自于看门狗定时器,通过向该位写 1 来清除	无外部引脚
SW_RESET	软件复位控制 MISCCR[16]:nRSTCON	无外部引脚

（2）PORT B 控制寄存器。

寄存器	地址	操作	说明	复位后的值
GPBCON	0x56000010	读/写	端口 B 引脚配置寄存器	0x0
GPBDAT	0x56000014	读/写	端口 B 数据寄存器	—
GPBUP	0x56000018	读/写	端口 B 上拉寄存器	0x0
RESERVED	0x5600001C	—	端口 B 保留寄存器	—

其中各项含义如下:

GPBDAT:准备输出或输入的数据	其值为 11 位[10:0]
GPBUP:端口 B 上拉寄存器,位[10:0]有意义	0:对应引脚设置为上拉 1:无上拉功能
当 B 口引脚配置为非输入/输出功能时,其数据寄存器中的值没有意义	

其中配置寄存器各位含义如下:

位号	位名	位值			
		00	01	10	11
21、20	GPB10	输入	输出	nXDREQ0	Reserved
19、18	GPB9	输入	输出	nXDACK0	Reserved
17、16	GPB8	输入	输出	nXDREQ1	Reserved
15、14	GPB7	输入	输出	nXDACK1	Reserved
13、12	GPB6	输入	输出	nXBACK	Reserved
11、10	GPB5	输入	输出	nXBREQ	Reserved
9、8	GPB4	输入	输出	TCLK0	Reserved
7、6	GPB3	输入	输出	TOUT3	Reserved
5、4	GPB2	输入	输出	TOUT2	Reserved
3、2	GPB1	输入	输出	TOUT1	Reserved
1、0	GPB0	输入	输出	TOUT0	Reserved

（3）PORT C 控制寄存器。

寄存器	地址	操作	说明	复位后的值
GPCCON	0x56000020	读/写	端口 C 引脚配置寄存器	0x0
GPCDAT	0x56000024	读/写	端口 C 数据寄存器	—
GPCUP	0x56000028	读/写	端口 C 上拉寄存器	0x0
RESERVED	0x5600002C	—	端口 C 保留寄存器	—

其中各项含义如下：

GPCDAT:准备输出或输入的数据	其值为 16 位[15：0]
GPCUP:端口 C 上拉寄存器,位[15：0]有意义	0:对应引脚设置为上拉,1:无上拉功能
当 C 口引脚配置为非输入/输出功能时,其数据寄存器中的值没有意义	

其中配置寄存器各位含义如下：

位号	位名	位值				位号	位名	位值			
		00	01	10	11			00	01	10	11
31,30	GPC15	输入	输出	VD7	保留	15,14	GPC7	输入	输出	LCDVF2	保留
29,28	GPC14	输入	输出	VD6	保留	13,12	GPC6	输入	输出	LCDVF1	保留
27,26	GPC13	输入	输出	VD5	保留	11,10	GPC5	输入	输出	LCDVF0	保留
25,24	GPC12	输入	输出	VD4	保留	9,8	GPC4	输入	输出	VM	保留
23,22	GPC11	输入	输出	VD3	保留	7,6	GPC3	输入	输出	VFRAME	保留
21,20	GPC10	输入	输出	VD2	保留	5,4	GPC2	输入	输出	VLINE	保留
19,18	GPC9	输入	输出	VD1	保留	3,2	GPC1	输入	输出	VCLK	保留
17,16	GPC8	输入	输出	VD0	保留	1,0	GPC0	输入	输出	LEND	保留

（4）PORT D 控制寄存器。

寄存器	地址	操作	说明	复位后的值
GPDCON	0x56000030	读/写	端口 D 引脚配置寄存器	0x0
GPDDAT	0x56000034	读/写	端口 D 数据寄存器	—
GPDUP	0x56000038	读/写	端口 D 上拉寄存器	0xF000
RESERVED	0x5600003C	—	端口 D 保留寄存器	—

其中各项含义如下：

GPDDAT:准备输出或输入的数据	其值为 16 位[15：0]
GPDUP:端口 D 上拉寄存器,位[15：0]有意义	0:对应引脚设置为上拉,1:无上拉功能
启动时,[15：12]无上拉功能,而[11：0]有上拉;当 D 口引脚配置为非输入/输出功能时,其数据寄存器中的值没有意义	

其中配置寄存器各位含义如下：

位号	位名	位值				位号	位名	位值			
		00	01	10	11			00	01	10	11
31,30	GPD15	输入	输出	VD23	nSS0	15,14	GPD7	输入	输出	VD15	保留
29,28	GPD14	输入	输出	VD22	nSS1	13,12	GPD6	输入	输出	VD14	保留
27,26	GPD13	输入	输出	VD21	保留	11,10	GPD5	输入	输出	VD13	保留
25,24	GPD12	输入	输出	VD20	保留	9,8	GPD4	输入	输出	VD12	保留
23,22	GPD11	输入	输出	VD19	保留	7,6	GPD3	输入	输出	VD11	保留
21,20	GPD10	输入	输出	VD18	保留	5,4	GPD2	输入	输出	VD10	保留
19,18	GPD9	输入	输出	VD17	保留	3,2	GPD1	输入	输出	VD9	保留
17,16	GPD8	输入	输出	VD16	保留	1,0	GPD0	输入	输出	VD8	保留

（5）PORT E 控制寄存器。

寄存器	地址	操作	意义	复位后的值
GPECON	0x56000040	读/写	端口 E 引脚配置寄存器	0x0
GPEDAT	0x56000044	读/写	端口 E 数据寄存器	—
GPEUP	0x56000048	读/写	端口 E 上拉寄存器	0x0
RESERVED	0x5600004C	—	端口 E 保留寄存器	—

其中各项含义如下：

GPEDAT:准备输出或输入的数据	其值为 16 位[15：0]
GPEUP:端口 E 上拉寄存器,位[15：0]有意义	0:对应引脚设置为上拉;1:无上拉功能
启动时,各个引脚都有上拉功能。当 E 口引脚配置为非输入/输出功能时,其数据寄存器中的值没有意义	

其中配置寄存器各位含义如下：

位号	位名	位值				位号	位名	位值			
		00	01	10	11			00	01	10	11
31,30	GPE15	输入	输出	IICSDA	保留	15,14	GPE7	输入	输出	SDDAT0	保留
29,28	GPE14	输入	输出	IICSCL	保留	13,12	GPE6	输入	输出	SDCMD	保留
27,26	GPE13	输入	输出	SPICLK0	保留	11,10	GPE5	输入	输出	SDCLK	保留
25,24	GPE12	输入	输出	SPIMOSI0	保留	9,8	GPE4	输入	输出	IISSDO	保留
23,22	GPE11	输入	输出	SPIMISO0	保留	7,6	GPE3	输入	输出	IISSDI	nSS0
21,20	GPE10	输入	输出	SDDAT3	保留	5,4	GPE2	输入	输出	CDCLK	保留

位号	位名	位值				位号	位名	位值			
		00	01	10	11			00	01	10	11
19,18	GPE9	输入	输出	SDDAT2	保留	3,2	GPE1	输入	输出	IISSCLK	保留
17,16	GPE8	输入	输出	SDDAT1	保留	1,0	GPE0	输入	输出	IISLRCK	保留

①I²C 总线控制器寄存器。

寄存器	地址	操作	说明	复位后的值
I²CCON	0x54000000	读/写	I²C 总线控制寄存器	0x0
I²CSTAT	0x54000004	读/写	I²C 总线控制/状态寄存器	0x0
I²CADD	0x54000008	读/写	I²C 总线地址寄存器	0xXX
I²CDS	0x5400000C	读/写	I²C 总线发送/接收数据移位寄存器	0xXX

②SPI 总线控制器寄存器。

寄存器	地址	操作	说明	复位后的值
SPCON0,1	0x59000000,20	读/写	SPI 通道控制寄存器	0x00
SPSTA0,1	0x59000004,24	读/写	SPI 通道状态寄存器	0x01
SPPIN0,1	0x59000008,28	读/写	SPI 通道引脚控制寄存器	0x02
SPPRE0,1	0x5900000C,2C	读/写	SPI 通道波特率预分频寄存器	0x00
SPTDAT0,1	0x59000010,30	读/写	SPI 通道 Tx 数据寄存器	0x00
SPRDAT0,1	0x59000014,34	读/写	SPI 通道 Rx 数据寄存器	0x00

③SD 主机控制器寄存器。

寄存器	地址	操作	说明	复位后的值
SDICON	0x5A000000	读/写	SDI 控制寄存器	0x0
SDIPRE	0x5A000004	读/写	SD 波特率预分频寄存器	0x0
SDICmdArg	0x5A000008	读/写	SDI 命令变量寄存器	0x0
SDICmdCon	0x5A00000C	读/写	SDI 命令控制寄存器	0x0
SDICmdSta	0x5A000010	读/写	SDI 命令状态寄存器	0x0
SDIRSP0	0x5A000014	读	SDI 响应寄存器 0	0x0
SDIRSP1	0x5A000018	读	SDI 响应寄存器 1	0x0
SDIRSP2	0x5A00001C	读	SDI 响应寄存器 2	0x0
SDIRSP3	0x5A000020	读	SDI 响应寄存器 3	0x0
SDIDTimer	0x5A000024	读/写	SDI 数据/忙定时器寄存器	0x2000

寄存器	地址	操作	说明	复位后的值
SDIBSize	0x5A000028	读/写	SDI 块大小寄存器	0x0
SDIDatCon	0x5A00002C	读/写	SDI 数据控制寄存器	0x0
SDIDatCnt	0x5A000030	读	SDI 数据保持计数器寄存器	0x0
SDIDatSta	0x5A000034	读/写	SDI 数据状态寄存器	0x0
SDIFSTA	0x5A000038	读	SDI FIFO 状态寄存器	0x0
SDIDAT	x5A00003C,3F	读/写	SDI 数据寄存器	0x0
SDIIntMsk	0x5A000040	读/写	SD 中断屏蔽寄存器	0x0

④I^{2}S 总线控制器寄存器。

寄存器	地址	操作	说明	复位后的值
I^{2}SCON	0x54500000,02	读/写	I^{2}S 控制寄存器	0x100
I^{2}SMOD	0x55000004,06	读/写	I^{2}S 模式寄存器	0x0
I^{2}SPSR	0x55000008,0A	读/写	I^{2}S 预分频寄存器	0x0
I^{2}SFCON	0x5500000C,0E	读/写	I^{2}S FIFO 接口寄存器	0x0
I^{2}SFIFO	0x55000010,12		I^{2}S FIFO 寄存器	0x0

(6)PORT F 控制寄存器。

寄存器	地址	操作	意义	复位后的值
GPFCON	0x56000050	读/写	端口 F 引脚配置寄存器	0x0
GPFDAT	0x56000054	读/写	端口 F 数据寄存器	—
GPFUP	0x56000058	读/写	端口 F 上拉寄存器	0x0
RESERVED	0x5600005C	—	端口 F 保留寄存器	—

其中各项含义如下:

GPFDAT:准备输出或输入的数据	其值为 8 位[7:0]
GPFUP:端口 F 上拉寄存器,位[7:0]有意义	0:对应引脚设置为上拉;1:无上拉功能
启动时,各个引脚都有上拉功能。当 F 口引脚配置为非输入/输出功能时,其寄存器中的值没有意义	

其中配置寄存器各位含义如下:

位号	位名	位值			
		00	01	10	11
15,14	GPF7	输入	输出	EINT7	保留
13,12	GPF6	输入	输出	EINT6	保留

位号	位名	位值			
		00	01	10	11
11,10	GPF5	输入	输出	EINT5	保留
9,8	GPF4	输入	输出	EINT4	保留
7,6	GPF3	输入	输出	EINT3	保留
5,4	GPF2	输入	输出	EINT2	保留
3,2	GPF1	输入	输出	EINT1	保留
1,0	GPF0	输入	输出	EINT0	保留

（7）PORT G 控制寄存器。

寄存器	地址	操作	说明	复位后初值
GPGCON	0x56000060	读/写	端口 G 引脚配置寄存器	0x0
GPGDAT	0x56000064	读/写	端口 G 数据寄存器	—
GPGUP	0x56000068	读/写	端口 G 上拉寄存器	0xF800
RESERVED	0x5600006C	—	端口 G 保留寄存器	—

其中各项含义如下：

GPGDAT:准备输出或输入的数据	其值为 16 位[15：0]
GPGUP:端口 G 上拉寄存器,位[15：0]有意义	0:对应引脚设置为上拉;1:无上拉功能
启动时,[15：11]引脚无上拉功能,其他引脚有。当 G 口引脚配置为非输入/输出功能时,其寄存器中的值没有意义	

其中配置寄存器各位含义如下：

位号	位名	位值				位号	位名	位值			
		00	01	10	11			00	01	10	11
31,30	GPG15	输入	输出	EINT23	nYPON	15,14	GPG7	输入	输出	EINT15	SPICLK1
29,28	GPG14	输入	输出	EINT22	YMON	13,12	GPG6	输入	输出	EINT14	SPIMOSI1
27,26	GPG13	输入	输出	EINT21	nXPON	11,10	GPG5	输入	输出	EINT13	SPIMISO1
25,24	GPG12	输入	输出	EINT20	XMON	9,8	GPG4	输入	输出	EINT12	LCD-PEN
23,22	GPG11	输入	输出	EINT19	TCLK1	7,6	GPG3	输入	输出	EINT11	nSS1
21,20	GPG10	输入	输出	EINT18	保留	5,4	GPG2	输入	输出	EINT10	nSS0
19,18	GPG9	输入	输出	EINT17	保留	3,2	GPG1	输入	输出	EINT9	保留
17,16	GPG8	输入	输出	EINT16	保留	1,0	GPG0	输入	输出	EINT8	保留

（8）PORT H 控制寄存器。

寄存器	地址	操作	说明	复位后的值
GPHCON	0x56000070	读/写	端口 H 引脚配置寄存器	0x0
GPHDAT	0x56000074	读/写	端口 H 数据寄存器	—
GPHUP	0x56000078	读/写	端口 H 上拉寄存器	0x0
RESERVED	0x5600007C	—	端口 H 保留寄存器	—

其中各项含义如下：

GPHDAT：准备输出或输入的数据	其值为 11 位[10:0]
GPHUP：端口 H 上拉寄存器，位[10:0]有意义	0：对应引脚设置为上拉；1：无上拉功能
当 H 口引脚配置为非输入/输出功能时，其寄存器中的值没有意义	

其中配置寄存器各位含义如下：

位号	位名	位值			
		00	01	10	11
21,20	GPH10	输入	输出	CLKOUT1	Reserved
19,18	GPH9	输入	输出	CLKOUT0	Reserved
17,16	GPH8	输入	输出	UEXTCLK	Reserved
15,14	GPH7	输入	输出	RXD2	nCTS1
13,12	GPH6	输入	输出	TXD2	nRTS1
11,10	GPH5	输入	输出	RXD1	Reserved
9,8	GPH4	输入	输出	TXD1	Reserved
7,6	GPH3	输入	输出	RXD0	Reserved
5,4	GPH2	输入	输出	TXD0	Reserved
3,2	GPH1	输入	输出	nRTS0	Reserved
1,0	GPH0	输入	输出	nCTS0	Reserved

CLKOUT0,1 为时钟信号输出引脚，可用 MISCCR 寄存器的[6:4]和[8:10]选择时钟源其他控制寄存器，如果串口使用外部时钟信号，则由 UEXTCLK 提供。

（9）其他控制寄存器。

①MISCCR。

寄存器	地址	操作	意义	复位后的值
MISCCR	0x56000080	读/写	混合控制寄存器	0x10330

其中各位含义如下：

31	⋯⋯	20	19	18	17	16
保留(为0)			nEN_SCKE	nEN_SCLK1	nEN_SCLK0	nRSTCON

15	14	13	12	11	10	9	8	7
保留		USBSUSPND1	USBSUSPND0	保留	CLKSEL1			保留

6	5	4	3	2	1	0
CLKSEL0			USBPAD	MEM_HZ_CON	SPUCR_L	SPUCR_H

其中各项含义如下：

nEN_SCKE：SCLK 使能位。在电源关闭模式下对 SDRAM 做保护	0：正常状态；1：低电平
nEN_SCLKx：SCLKx 使能位。在电源关闭模式下对 SDRAM 做保护	0：SCLKx = SCLK；1：低电平
nRSTCON：对 nRSTOUT 软件复位控制位	0：使 nRSTOUT 为低；1：使 nRSTOUT 为高

其中各位含义如下：

MISCCR	位	说明
USBSUSPND1	[13]	[13] USB Port 1 模式　　0 = 标准　　1 = 挂起
USBSUSPND0	[12]	[12] USB Port 0 模式　　0 = 标准　　1 = 挂起
CLKSEL1	[10 : 8]	CLKOUT1 输出信号源 000 = MPLL CLK　　001 = UPLL CLK　　010 = FCLK 011 = HCLK　　100 = PCLK　　101 = DCLK1 11x = 保留
CLKSEL0	[6 : 4]	CLKOUT0 输出信号源 000 = MPLL CLK　　001 = UPLL CLK　　010 = FCLK 011 = HCLK　　100 = PCLK　　101 = DCLK0 11x = 保留
USBPAD	[3]	0 = Use pads related USB for USB device 1 = Use pads related USB for USB host
SPUCR_L	[1]	DATA[15 : 0] 端口上接寄存器　0 = 允许　1 = 禁止
SPUCR_H	[0]	DATA[31 : 16] 端口上接寄存器　0 = 允许　1 = 禁止

②DCLK 控制寄存器。

31	…	28	27	26	25	24	23	22	21	20	19	18	17	16
保留			DCLK1CMP				DCLK1DIV				保留		DCLK1SEL	DCLK1EN

15	…	12	11	10	9	8	7	6	5	4	3	2	1	0
保留			DCLK0CMP				DCLK0DIV				保留		DCLK0SelCK	DCLK0EN

其中各项含义如下:

DCLK1(0)CMP:DCLK1(0)低电平时间所占比例数	设该位值为 m,m< DCLK1(0)DIV。则低、高电平持续时间的源周期数分别为:m+1、DCLK1(0)DIV−m
DCLK1(0)DIV:DCLK1(0)分频值	
DCLK1(0) frequency = source clock/(DCLK1(0)DIV+1)	
DCLK1(0)SelCK:DCLK1(0) source clock 选择	0:源时钟选择 PCLK1:源时钟选择 UCLK(USB)
DCLK1(0)EN:DCLK1(0) Enable	0:禁止;1:允许

③外部中断控制寄存器。

寄存器	地址	操作	说明	复位后的值
EXTINT0	0x56000088	读/写	外中断触发方式寄存器 0	0x0
EXTINT1	0x5600008C	读/写	外中断触发方式寄存器 1	0x0
EXTINT2	0x56000090	读/写	外中断控制寄存器 2	0x0

主要设置各个外中断源的触发方式、滤波。

a. EXTINT0。

31	30	29	28	27	26	25	24	23	22	21	20	19	18	17	16
X	EINT7		X	EINT6			X	EINT5			X	EINT4			

15	14	13	12	11	10	9	8	7	6	5	4	3	2	1	0
X	EINT3		X	EINT2			X	EINT1			X	EINT0			

其中各项含义如下:

EINT0～7:中断请求信号触发方式选择	000:低电平触发;01:高电平触发;01x:下降沿触发;10x:上升沿触发;11x:双边沿触发
第 3,7,11,15,19,23,27,31 位:保留	

b. EXTINT1。

31	30	29	28	27	26	25	24	23	22	21	20	19	18	17	16
X	EINT15			X	EINT14			X	EINT13			X	EINT12		

15	14	13	12	11	10	9	8	7	6	5	4	3	2	1	0
X	EINT11			X	EINT10			X	EINT9			X	EINT8		

其中各项含义如下:

EINT8~15:中断请求信号触发方式选择	000:低电平触发;001:高电平触发;01x:下降沿触发;10x:上升沿触发;11x:双边沿触发
第3,7,11,15,19,23,27,31位:保留	

c. EXTINT2。

31	30	29	28	27	26	25	24	23	22	21	20	19	18	17	16
F23	EINT23			F22	EINT22			F21	EINT21			F20	EINT20		

15	14	13	12	11	10	9	8	7	6	5	4	3	2	1	0
F19	EINT19			F18	EINT18			F17	EINT17			F16	EINT16		

其中各项含义如下:

EINT16~23:外中断请求信号触发方式选择	000:低电平触发;001:高电平触发;01x:下降沿触发;10x:上升沿触发;11x:双边沿触发
第3,7,11,15,19,23,27,31位:为FILTEN各引脚滤波控制位	0:禁止滤波;1:使能滤波

④外部中断滤波寄存器。

寄存器	地址	操作	说明	复位后的值
EINTFLT0	0x56000094	读/写	保留	—
EINTFLT1	0x56000098	读/写	保留	—
EINTFLT2	0x5600009C	读/写	外中断滤波控制寄存器2	0x0
EINTFLT3	0x560000A0	读/写	外中断滤波控制寄存器3	0x0

主要设置各个外中断源的滤波器设置。

a. EINTFLT2。

31	30	……	24	23	22		16
FLTCLK19	EINTFLT19			FLTCLK18	EINTFLT18		
15	14	……	8	7	6	……	0
FLTCLK17	EINTFLT17			FLTCLK16	EINTFLT16		

其中各项含义如下：

FLTCLK16~19:外中断16~19滤波器时钟选择	0:PCLK1:外部/振荡时钟(由OM引脚选择)
EINTFLT16~19	外中断16~19滤波器宽度(频带宽度)

b. EINTFLT3。

31	30	……	24	23	22		16
FLTCLK23	EINTFLT23			FLTCLK22	EINTFLT22		
15	14	……	8	7	6	……	0
FLTCLK21	EINTFLT21			FLTCLK20	EINTFLT20		

其中各项含义如下：

FLTCLK20~23:外中断20~23滤波器时钟选择	0:PCLK;1:外部/振荡时钟(由OM引脚选择)
EINTFLT20~23	外中断20~23滤波器宽度(频带宽度)

⑤外部中断屏蔽寄存器。

寄存器	地址	操作	说明	复位后的值
EINTMAK	0x560000A4	读/写	外中断屏蔽寄存器	0x00FFFFF0

其中各位含义如下：

位号	含义	位号	含义	位号	含义
23	EINT23	15	EINT15	7	EINT7
22	EINT22	14	EINT14	6	EINT6
21	EINT21	13	EINT13	5	EINT5
20	EINT20	12	EINT12	4	EINT4
19	EINT19	11	EINT11	3	保留
18	EINT18	10	EINT10	2	保留
17	EINT17	9	EINT9	1	保留

位号	含义	位号	含义	位号	含义
16	EINT16	8	EINT8	0	保留

各位:0:允许中断1:禁止中断。

EINT0 ~ EINT3:不能在此被屏蔽,在 SRCPND 中屏蔽。

⑥外部中断标志寄存器。

寄存器	地址	操作	说明	复位后的值
EINTPEND	0x560000A8	读/写	外中断标志寄存器	0x0

其中各位含义如下:

位号	含义	位号	含义	位号	含义
23	EINT23	15	EINT15	7	EINT7
22	EINT22	14	EINT14	6	EINT6
21	EINT21	13	EINT13	5	EINT5
20	EINT20	12	EINT12	4	EINT4
19	EINT19	11	EINT11	3	保留
18	EINT18	10	EINT10	2	保留
17	EINT17	9	EINT9	1	保留
16	EINT16	8	EINT8	0	保留

各位: 0:无中断请求 1:有中断请求。

对某位写 0,能清除相应标志。

⑦通用状态寄存器。

寄存器	地址	操作	说明	复位后的值
GSTATUS0	0x560000AC	读	外部引脚状态寄存器	不确定
GSTATUS1	0x560000B0	读	芯片 ID(标识)寄存器	0x32410000
GSTATUS2	0x560000B4	读/写	复位状态寄存器	0x1
GSTATUS3	0x560000B8	读/写	信息保存寄存器	0x0
GSTATUS4	0x560000C0	读/写	信息保存寄存器	0x0

a. GSTATUS3,4。

复位(nRESET 或看门狗复位)时被清 0,其他情况下其数据不变。用户可以用于保存数据。

b. GSTATUS0。

31	...	4	3	2	1	0
保 留			nWAIT	nCON	RnB	nBATT_FLT

引脚 nWAIT、nCON、R/nB、nBATT_FLT 状态。

各位的数值 0、1,随着对应引脚变化。

信号	I/O	说明
nWAIT	I	nWAIT 请求会延长现行总线周期,当它为低时,现行总线周期不能被完成。如果系统不使用 nWAIT 信号,则必须接上拉电阻
NCON	I	Nand Flash 配置。如果不使用 Nand Flash 控制器,它必须接上拉电阻
R/nB	I	Nand Flash 准备好/忙。如果不使用 Nand Flash 控制器,它必须接上拉电阻
nBATT_FLT	I	取样电池状态(关机模式时,电池处于低电平状态并不唤醒系统),不使用时,要接 3.3 V 高电平

c. GSTATUS2。

31	...	3	2	1	0
保 留			WDTRST	OFFRST	PWRST

其中各项含义如下:

PWRST:上电复位控制状态	该位为 1,则上电复位;对该位写 1,则清除复位
OFFRST:掉电模式复位状态	该位为 1,则 Power_OFF 复位(从 Power_OFF 模式被唤醒时出现);对该位写 1,则清除复位
WDTRST:看门狗复位状态	该位为 1,则看门狗定时器复位;对该位写 1,则清除复位

6. 定时器控制寄存器

寄存器	地址	操作	说明	复位后的值
TCFG0	0x51000000	读/写	配置寄存器 0	0x00000000
TCFG1	0x51000004	读/写	配置寄存器 1	0x00000000
TCON	0x51000008	读/写	控制寄存器	0x00000000
TCNTBn	0x510000xx	读/写	计数初值寄存器(5 个)	0x0000
TCMPBn	0x510000xx	读/写	比较寄存器(4 个)	0x0000
TCNTOn	0x510000xx	读	观察寄存器(5 个)	0x0000

共有 6 种、17 个寄存器,其中:

TCNTBn:Timern 计数初值寄存器(计数缓冲寄存器),16 位
TCMPBn:Timern 比较寄存器(比较缓冲寄存器),16 位
TCNTOn:Timern 计数读出寄存器,16 位

（1）TCFG0。

31	…	24	23	…	16	15	…	8	7	…	0
保留（为 0）			Dead zone length			Prescaler1			Prescaler0		

其中各项含义如下:

Dead zone length:死区宽度设置位	其值 N 为: 0～255,以 timer0 的定时时间为单位;死区宽度为:(N+1)×timer0 的定时时间
Prescaler1:timer2,3,4 的预分频值	其值 N 为: 0～255;输出频率为 PCLK ÷(N+1)
Prescaler0: timer0,1 的预分频值	其值 N 为: 0～255;输出频率为 PCLK ÷(N+1)

（2）TCFG1。

31 … 24	23 … 20	19…16	15…12	11…8	7 … 4	3 … 0
保留（为 0）	DMA mode	MUX4	MUX3	MUX2	MUX1	MUX0

其中各项含义如下:

DMA mode:DMA 通道选择设置位	0000:不使用 DMA 方式,所有通道都用中断方式 0001:选择 timer00010:选择 timer10011:选择 timer20100:选择 timer30101:选择 timer4011x:保留
MUX4～ MUX0:timer4～timer0 分频值选择	0000:1/2; 0001:1/4; 0010:1/8; 0011:1/16;01xx:选择外部 TCLK0、1（对 timer0,1 是选 TCLK0,对 timer4,3,2 是选 TCLK1）

（3）TCON。

31…23	22	21	20	19	18	17	16	15	14	13
保留	TL4	TUP4	TR4	TL3	TO3	TUP3	TR3	TL2	TO2	TUP2
12	11	10	9	8	7…5	4	3	2	1	0
TR2	TL1	TO1	TUP1	TR1	保留	DZE	TL0	TO0	TUP0	TR0

其中各项含义如下：

TL4 ~ TL0：计数初值自动重装控制位	0：单次计数；1：计数器值减到 0 时，自动重新装入初值连续计数
TUP4 ~ TUP0：计数初值手动装载控制位 如果没有执行手动装载初值，则计数器启动时无初值	0：不操作；1：更新 TCNTBn
TR4 ~ TR0：TIMER4 ~ TIMER0 运行控制位	0：停止；1：启动对应的 TIMER
TO3 ~ TO0：TIMER4 ~ TIMER0 输出控制位	0：正相输出；1：反相输出
DZE：TIMER0 死区操作控制位	0：禁止死区操作；1：使能死区操作

7. UART 控制寄存器

（1）列控制寄存器。

寄存器	地址	操作	说明	复位后的值
ULCON0	0x500000000	读/写	UART0 列控制寄存器	0x00
ULCON1	0x500004000	读/写	UART1 列控制寄存器	0x00
ULCON2	0x500008000	读/写	UART2 列控制寄存器	0x00

其中各位含义如下：

ULCONn	位	说明	复位后的值
保留	[7]		0
红外模式	[6]	决定是否使用红外模式。 0 = 标准模式操作；1 = 红外 Tx/Rx 模式	0
校验模式	[5:3]	说明 UART 发送和接收操作使用的校验类型。 0xx = 无校验；100 = 奇校验；101 = 偶校验 110 = 校验位强制为 1；111 = 校验位强制为 0	000
停止位数	[2]	说明帧结束信号使用的停止位数。 0 = 每帧一个停止位；1 = 每帧两个停止位	0
字长	[1:0]	指出每帧发送和接收的数据位数。 00 = 5 位；01 = 6 位；10 = 7 位；11 = 8 位	00

（2）控制寄存器。

寄存器	地址	操作	说明	复位后的值
UCON0	0x500000004	读/写	UART0 控制寄存器	0x00
UCON1	0x500004004	读/写	UART1 控制寄存器	0x00
UCON2	0x500008004	读/写	UART2 控制寄存器	0x00

其中各位含义如下：

UCONn	位	说明	复位后的值
时钟选择	[10]	选择 PCLK 或 UEXTCLK 作为 UART 的波特率时钟。 0 = PCLK；UBRDIVn =（int）（PCLK/（bps x 16））−1 1 = UEXTCLK（@ GPH8）：UBRDIVn =（int）（UEXTCLK /（bps x 16））−1	0
发送中断类型	[9]	发送中断请求类型。 0 = 脉冲（Non-FIFO 模式时发送缓冲区为空，或 FIFO 模式时达到触发级别） 1 = 电平（Non-FIFO 模式时发送缓冲区为空，或 FIFO 模式时达到触发级别）	0
接收中断类型	[8]	接收中断请求类型。 0 = 脉冲（Non-FIFO 模式时接收缓冲区满，或 FIFO 模式时达到触发级别） 1 = 电平（Non-FIFO 模式时接收缓冲区满，或 FIFO 模式时达到触发级别）	0
接收超时允许	[7]	在 UART FIFO 被允许时,禁止/允许接收超时中断。 这个中断是一个接收中断 0 = 禁止；1 = 允许	0
接收错误状态中断允许	[6]	允许生成一个错误中断,例如接收过程中的一个帧错误或溢出错误 0 = 不生成接收错误状态中断 1 = 生成接收错误状态中断	0
回环模式	[5]	回环位设为 1 时,UART 进入回环模式,仅用于测试。 0 = 标准模式；1 = 回环模式	0
保留	[4]		0
发送模式	[3:2]	决定当前是否能向 UART 发送缓冲寄存器发送数据。（UART Tx 允许/禁止） 00 = 禁止；01 = 中断请求或查询模式 10 = DMA0 请求（仅用于 UART0）,DMA3 请求（仅用于 UART2） 11 = DMA1 请求（仅用于 UART1）	00
接收模式	[1:0]	决定当前是否能从 UART 接收缓冲寄存器接收数据。（UART Rx 允许/禁止） 00 = 禁止；01 = 中断请求或查询模式 10 = DMA0 请求（仅用于 UART0）,DMA3 请求（仅用于 UART2） 11 = DMA1 请求（仅用于 UART1）	00

（3）FIFO 控制寄存器。

寄存器	地址	操作	说明	复位后的值
UFCON0	0x500000008	读/写	UART0 FIFO 控制寄存器	0x00
UFCON1	0x500004008	读/写	UART1 MODEM 控制寄存器	0x00
UFCON2	0x500008008	读/写	UART2 MODEM 控制寄存器	0x00

其中各位含义如下：

UFCONn	位	说明	复位后的值
Tx FIFO 触发级别	[7：6]	决定发送 FIFO 的触发级别。 00 = 空；01 = 4 字节；10 = 8 字节；11 = 12 字节	00
Rx FIFO 触发级别	[5：4]	决定接收 FIFO 的触发级别。 00 = 4 字节；01 = 8 字节；10 = 12 字节；11 = 16 字节	00
保留	[3]		0
TX FIFO 复位	[2]	复位 FIFO 后自动清除 0 =标准；1 = Tx FIFO 复位	0
Rx FIFO 复位	[1]	复位 FIFO 后自动清除 0 =标准；1 = Rx FIFO 复位	0
FIFO 使能	[0]	0 =禁止；1 = 允许	0

（4）MODEM 控制寄存器。

寄存器	地址	操作	说明	复位后的值
UMCON0	0x50000000C	读/写	UART0 MODEM 控制寄存器	0x00
UMCON1	0x50000400C	读/写	UART1 MODEM 控制寄存器	0x00
保留	0x50000800C	—	保留	未定义

其中各位含义如下：

UMCONn	位	说明	复位后的值
保留	[7：5]	这 3 位必须为 0	00
自动流控（AFC）	[4]	0 =禁止；1 = 允许	0
保留	[3：1]	这 3 位必须为 0	00

UMCONn	位	说明	复位后的值
请求发送	[0]	如果 AFC 位被允许，这个值被忽略。在这种情况下，S3C2410A 将自动控制 nRTS。 如果 AFC 位被禁止，nRTS 必须由软件控制。 0 = 高电平(撤销 nRTS) 1 = 低电平(激活 nRTS)	0

（5）TX/RX 状态寄存器。

寄存器	地址	操作	说明	复位后的值
UTRSTAT0	0x500000010	读	UART0TX/RX 状态寄存器	0x6
UTRSTAT1	0x500004010	读	UART1 TX/RX 状态寄存器	0x6
UTRSTAT2	0x500008010	读	UART2 TX/RX 状态寄存器	0x6

其中各位含义如下：

UTRSTATn	位	说明	复位后的值
发送器空	[2]	当发送缓冲寄存器没有有效数据且发送移位寄存器为空时,该位被自动设为 1 0 = 非空 1 = 发送器空(发送缓冲和移位寄存器都为空)	1
发送缓冲器空	[1]	当发送缓冲器为空时,自动设为 1 0 = 缓冲寄存器非空 1 = 空(在 Non-FIFO 模式下,中断或 DMA 被请求。 在 FIFO 模式,中断或 DMA 被请求,在 FIFO 模式下,Tx FIFO 触发级别被设置为 00（空)时,中断或 DMA 被请求) 如果 UART 使用 FIFO,用户应检查 Tx FIFO UFSTAT 寄存器中的计数位和 Tx FIFO 的满位可以取代该位	1
接收缓冲数据准备好	[0]	当 RXDn 端口接收的有效数据被包含在接收缓冲区时,该位被自动设成 1 0 = 空 1 = 缓冲寄存器中有接收数据(在 Non-FIFO 模式下,中断或 DMA 被请求) 如果 UART 使用 FIFO,用户应该检查 Rx FIFO UFSTAT 寄存器中的计数位和 Rx FIFO 的满位可以取代该位	0

（6）错误状态寄存器。

寄存器	地址	操作	说明	复位后的值
UERSTAT0	0x500000014	读	UART0 错误状态寄存器	0x0
UERSTAT1	0x500004014	读	UART1 错误状态寄存器	0x0
UERSTAT2	0x500008014	读	UART2 错误状态寄存器	0x0

其中各位含义如下：

UERSTATn	位	说明	复位后的值
保留	[3]	0 = 无接收帧错误 1 = 帧错误（中断被请求）	0
帧错误	[2]	当接收发生帧错误时,它自动被设为 1 0 = 无接收帧错误 1 = 帧错误（中断被请求）	0
保留	[1]	0 =无接收帧错误 1 = 帧错误（中断被请求）	0
溢出错误	[0]	当接收发生溢出错误时,它自动被设为 1 0 = 无溢出错误 1 = 溢出错误（中断被请求）	0

（7）FIFO 状态寄存器。

寄存器	地址	操作	说明	复位后的值
UFSTAT0	0x500000018	读	UART0 FIFO 状态寄存器	0x00
UFSTAT1	0x500004018	读	UART1 FIFO 状态寄存器	0x00
UFSTAT2	0x500008018	读	UART2 FIFO 状态寄存器	0x00

其中各位含义如下：

UFSTATn	位	说明	复位后的值
保留	[15：10]		0
Tx FIFO 满	[9]	当发送 FO 为满时,该位自动设为 1 0=0 字节 ≤Tx FIFO 数据 ≤15 字节 1=满	0
Rx FIFO 满	[8]	当接收 FIFO 为满时,该位自动设为 1 0=0 字节 ≤Rx FIFO 数据 ≤15 字节 1=满	0
Tx FIFO 计数	[7：4]	Tx FIFO 中的数据个数	0
Rx FIFO 计数	[3：0]	Rx FIFO 中的数据个数	0

(8) MODEM 状态寄存器。

寄存器	地址	操作	说明	复位后的值
UMSTAT0	0x50000001C	读	UART0 MODEM 状态寄存器	0x00
UMSTAT1	0x50000401C	读	UART1 MODEM 状态寄存器	0x00
保留	0x50000801C	—	保留	未定义

其中各位含义如下：

UFSTATn	位	说明	复位后的值
Delta CTSl	[4]	在最后一次被 CPU 读以后,指示 S3C2410A 的 nCTS 输入已经被改变。 0 =还没有变化 1 = 已经变化	0
保留	[3：1]		0
清除发送	[0]	0 = CTS 信号被撤销（nCTS 引脚为高电平） 1 = CTS 信号被激活（nCTS 引脚为低电平）	0

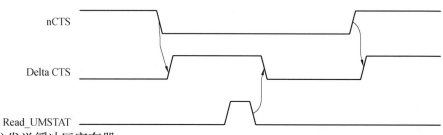

(9) 发送缓冲区寄存器。

寄存器	地址	操作	说明	复位后的值
UTXH0	0x50000020（L） 0x50000023（B）	写（字节）	UART0 传输缓冲区寄存器	—
UTXH1	0x50004020（L） 0x50004023（B）	写（字节）	UART1 传输缓冲区寄存器	—
UTXH2	0x50008020（L） 0x50008023（B）	写（字节）	UART2 传输缓冲区寄存器	—

（10）接收缓冲区寄存器。

寄存器	地址	操作	说明	复位后的值
URXH0	0x50000024（L） 0x50000027（B）	读（字节）	UART0 接收缓冲区寄存器	—
URXH1	0x50004024（L） 0x50004027（B）	读（字节）	UART1 接收缓冲区寄存器	—
URXH2	0x50008024（L） 0x50008027（B）	读（字节）	UART2 接收缓冲区寄存器	—

（11）波特率约数寄存器。

寄存器	地址	操作	说明	复位后的值
UBRDIV0	0x50000028	读/写	波特率约数寄存器 0	—
UBRDIV1	0x50004028	读/写	波特率约数寄存器 1	—
UBRDIV2	0x50008028	读/写	波特率约数寄存器 2	—

8. USB 寄存器

（1）USB 主机寄存器。

寄存器	基地址	操作	描述	复位后的值
HcRevision	0x49000000	—	USB HOST 控制状态 相关寄存器	—
HcControl	0x49000004	—		—
HcCommonStatus	0x49000008	—		—
HcInterruptStatus	0x4900000C	—		—
HcInterruptEnable	0x49000010	—		—
HcInterruptDisable	0x49000014	—		—
HcHCCA	0x49000018	—	USB 传输数据包 指针相关寄存器	—
HcPeriodCuttentED	0x4900001C	—		—
HcControlHeadED	0x49000020	—		—
HcControlCurrentED	0x49000024	—		—
HcBulkHeadED	0x49000028	—		—
HcBulkCurrentED	0x4900002C	—		—
HcDoneHead	0x49000030	—		—

寄存器	基地址	操作	描述	复位后的值
HcRminterval	0x49000034	—		—
HcFmRemaining	0x49000038	—		—
HcFmNumber	0x4900003C	—	帧计数相	—
HcPeriodicStart	0x49000040	—	关寄存器	—
HcLSThreshold	0x49000044	—		—
HcRhDescriptorA	0x49000048	—		—
HcRhDescriptorB	0x4900004C	—		—
HcRhStatus	0x49000050	—	根 HUB 相	—
HcRhportStatus1	0x49000054	—	关寄存器	—
HcRhportStatus2	0x49000058	—		—

（2）USB 设备寄存器。

寄存器	描述	偏移地址
FUNC_ADDR_REG	函数地址寄存器	0x140（L）/0x143（B）
PWR_REG	电源管理寄存器	0x144（L）/0x147（B）
EP_INT_REG	Endpoint 中断寄存器	0x148（L）/0x14B（B）
USB_INT_REG	USB 中断寄存器	0x158（L）/0x15B（B）
EP_INT_EN_REG	Endpoint 中断使能寄存器	0x15C（L）/0x15F（B）
USB_INT_EN_REG	USB 中断使能寄存器	0x16C（L）/0x16F（B）
FRAME_NUM1_REG	帧号 1 寄存器	0x170（L）/0x173（B）
FRAME_NUM2_REG	帧号 2 寄存器	0x174（L）/0x177（B）
INDEX_REG	索引寄存器	0x178（L）/0x17B（B）
EP0_FIFO_REG	Endpoint0 FIFO 寄存器	0x1C0（L）/0x1C3（B）
EP1_FIFO_REG	Endpoint1 FIFO 寄存器	0x1C4（L）/0x1C7（B）
EP2_FIFO_REG	Endpoint2 FIFO 寄存器	0x1C8（L）/0x1CB（B）
EP3_FIFO_REG	Endpoint3 FIFO 寄存器	0x1CC（L）/0x1CF（B）
EP4_FIFO_REG	Endpoint4 FIFO 寄存器	0x1D0（L）/0x1D3（B）
EP1_DMA_CON	Endpoint1 DMA 控制寄存器	0x200（L）/ox203（B）
EP1_DMA_UNIT	Endpoint1 DMA 单元计数寄存器	0x204（L）/ox207（B）
EP1_DMA_FIFO	Endpoint1 DMA FIFO 计数寄存器	0x208（L）/ox20B（B）
EP1_DMA_TTC_L	Endpoint1 DMA 传输计数寄存器（低字节）	0x20C（L）/ox20F（B）
EP1_DMA_TTC_M	Endpoint1 DMA 计数寄存器（中间字节）	0x210（L）/ox213（B）
EP1_DMA_TTC_H	Endpoint1 DMA 高字节计数寄存器	0x214（L）/ox217（B）

寄存器	描述	偏移地址
EP2_DMA_CON	Endpoint2 DMA 单元计数寄存器	0x218(L)/ox21B(B)
EP2_DMA_UNIT	Endpoint2 DMA FIFO 计数寄存器	0x21C(L)/ox21F(B)
EP2_DMA_FIFO	Endpoint2 DMA 传输计数寄存器(低字节)	0x220(L)/ox223(B)
EP2_DMA_TTC_L	Endpoint2 DMA 计数寄存器(中间字节)	0x224(L)/ox227(B)
EP2_DMA_TTC_M	Endpoint2 DMA 高字节计数寄存器	0x228(L)/ox22B(B)
EP2_DMA_TTC_H	Endpoint2 DMA 单元计数寄存器	0x22C(L)/ox22F(B)
EP3_DMA_CON	Endpoint3 DMA 单元计数寄存器	0x240(L)/ox243(B)
EP3_DMA_UNIT	Endpoint3 DMA FIFO 计数寄存器	0x244(L)/ox247(B)
EP3_DMA_FIFO	Endpoint3 DMA 传输计数寄存器(低字节)	0x248(L)/ox24B(B)
EP3_DMA_TTC_L	Endpoint3 DMA 计数寄存器(中间字节)	0x24C(L)/ox24F(B)
EP3_DMA_TTC_M	Endpoint3 DMA 高字节计数寄存器	0x250(L)/ox253(B)
EP3_DMA_TTC_H	Endpoint3 DMA 单元计数寄存器	0x254(L)/ox257(B)
EP4_DMA_CON	Endpoint4 DMA 控制寄存器	0x258(L)/0x25B(B)
EP4_DMA_UNIT	Endpoint4 DMA 单元计数寄存器	0x25C(L)/0x25F(B)
EP4_DMA_FIFO	Endpoint4 DMA FIFO 计数寄存器	0x260(L)/0x263(B)
EP4_DMA_TTC_L	Endpoint4 DMA 传输计数寄存器(低字节)	0x264(L)/0x267(B)
EP4_DMA_TTC_M	Endpoint4 DMA 计数寄存器(中间字节)	0x268(L)/0x26B(B)
EP4_DMA_TTC_H	Endpoint4 DMA 高字节计数寄存器	0x26C(L)/0x26F(B)
MAXP_REG	Endpoint MAX 包寄存器	
IN_CSR1_REG/EP0_CSR	EP 控制状态寄存器(输入)	
IN_CSR2_REG	EP 控制状态寄存器(输入)	
OUT_CSR1_REG	EP 控制状态寄存器(输出)	
OUT_CSR2_REG	EP 控制状态寄存器(输出)	
OUT_FIFO_CNT1_REG	EP 写计数寄存器(输出)	
OUT_FIFO_CNT2_REG	EP 写计数寄存器(输出)	

9. 中断控制器专用寄存器

(1)SRCPND:中断源标志寄存器。

位号	中断源	位号	中断源	位号	中断源	位号	中断源
31	INT_ADC	23	INT_UART1	15	INT_UART2	7	nBATT_FLT
30	INT_RTC	22	INT_SPI0	14	INT_TIM4	6	保留
29	INT_SPI1	21	INT_SDI	13	INT_TIM3	5	EINT8_23
28	INT_UART0	20	INT_DMA3	12	INT_TIM2	4	EINT4_7

位号	中断源	位号	中断源	位号	中断源	位号	中断源
27	INT_IIC	19	INT_DMA2	11	INT_TIM1	3	EINT3
26	INT_USBH	18	INT_DMA1	10	INT_TIM0	2	EINT2
25	INT_USBD	17	INT_DMA0	9	INT_WDT	1	EINT1
24	保留	16	INT_LCD	8	INT_TICK	0	EINT0

1：对应中断源有中断请求；

0：对应中断源无中断请求。

必须在中断处理程序中对其标志位清 0。

（2）INTMOD：中断模式寄存器。

位号	中断源	位号	中断源	位号	中断源	位号	中断源
31	INT_ADC	23	INT_UART1	15	INT_UART2	7	nBATT_FLT
30	INT_RTC	22	INT_SPI0	14	INT_TIM4	6	保留
29	INT_SPI1	21	INT_SDI	13	INT_TIM3	5	EINT8_23
28	INT_UART0	20	INT_DMA3	12	INT_TIM2	4	EINT4_7
27	INT_IIC	19	INT_DMA2	11	INT_TIM1	3	EINT3
26	INT_USBH	18	INT_DMA1	10	INT_TIM0	2	EINT2
25	INT_USBD	17	INT_DMA0	9	INT_WDT	1	EINT1
24	保留	16	INT_LCD	8	INT_TICK	0	EINT0

该寄存器是设置各中断源是 FIQ 中断还是 IRQ 中断。

1：对应中断源设为 FIQ 中断模式；

0：对应中断源设为 IRQ 中断模式。

（3）INTMSK：中断屏蔽寄存器。

位号	中断源	位号	中断源	位号	中断源	位号	中断源
31	INT_ADC	23	INT_UART1	15	INT_UART2	7	nBATT_FLT
30	INT_RTC	22	INT_SPI0	14	INT_TIM4	6	保留
29	INT_SPI1	21	INT_SDI	13	INT_TIM3	5	EINT8_23
28	INT_UART0	20	INT_DMA3	12	INT_TIM2	4	EINT4_7
27	INT_IIC	19	INT_DMA2	11	INT_TIM1	3	EINT3
26	INT_USBH	18	INT_DMA1	10	INT_TIM0	2	EINT2
25	INT_USBD	17	INT_DMA0	9	INT_WDT	1	EINT1
24	保留	16	INT_LCD	8	INT_TICK	0	EINT0

1：屏蔽对应中断源；

0:开放对应中断源。

(4)PRIORITY:中断优先级寄存器。

位号	含义	位号	含义	位号	含义
31:21	保留	12:11	ARB_SEL2	4	ARB_MODE4
20:19	ARB_SEL6	10:9	ARB_SEL1	3	ARB_MODE3
18:17	ARB_SEL5	8:7	ARB_SEL0	2	ARB_MODE2
16:15	ARB_SEL4	6	ARB_MODE6	1	ARB_MODE1
14:13	ARB_SEL3	5	ARB_MODE5	0	ARB_MODE0

其中各项含义如下:

ARB_SELn:n 组优先级顺序控制位	00:REQ0,1,2,3,4,5;01:REQ0,2,3,4,1,5; 10:REQ0,3,4,1,2,5;11:REQ0,4,1,2,3,5
ARB_MODEn:n 组优先级循环控制位	0:优先顺序固定不变;1:优先顺序循环,每响应一次中断,其顺序循环改变一次,但 REQ0、REQ5 位置不变

(5)INTPND:中断服务寄存器。

位号	中断源	位号	中断源	位号	中断源	位号	中断源
31	INT_ADC	23	INT_UART1	15	INT_UART2	7	nBATT_FLT
30	INT_RTC	22	INT_SPI0	14	INT_TIM4	6	保留
29	INT_SPI1	21	INT_SDI	13	INT_TIM3	5	EINT8_23
28	INT_UART0	20	INT_DMA3	12	INT_TIM2	4	EINT4_7
27	INT_IIC	19	INT_DMA2	11	INT_TIM1	3	EINT3
26	INT_USBH	18	INT_DMA1	10	INT_TIM0	2	EINT2
25	INT_USBD	17	INT_DMA0	9	INT_WDT	1	EINT1
24	保留	16	INT_LCD	8	INT_TICK	0	EINT0

1:对应的中断源被响应,且正在执行中断服务;

0:对应中断源未被响应。

必须在中断处理程序中对其服务标志位清零。

(6)INTOFFSET:中断偏移寄存器。

该寄存器的偏移值指示在 INTPND 中显示的中断源是 IRQ 请求模式。

1:对应的中断源,在 INTPND 中被置位。

位号	中断源	位号	中断源	位号	中断源
31:11	保留	7	INT_TXD2	3	INT_RXD1
10	INT_ADC	6	INT_RXD2	2	INT_ERR0
9	INT_TC	5	INT_ERR1	1	INT_TXD0
8	INT_ERR2	4	INT_TXD1	0	INT_RXD0

（7）SUBSRCPND：子中断源请求标志寄存器。

对有多个中断源的外设，显示其具体的中断请求。

1：对应的子中断源有请求；

0：对应的子中断源无请求。

在中断服务程序中，需要对其标志位清零。

（8）INTSUBMSK：子中断源屏蔽寄存器。

位号	中断源	位号	中断源	位号	中断源
31:11	保留	7	INT_TXD2	3	INT_RXD1
10	INT_ADC	6	INT_RXD2	2	INT_ERR0
9	INT_TC	5	INT_ERR1	1	INT_TXD0
8	INT_ERR2	4	INT_TXD1	0	INT_RXD0

对有多个中断源的外设，对具体的中断源进行屏蔽。

1：屏蔽对应的子中断源；

0：开放对应的子中断源。

10. ADC 和触摸屏专用寄存器

（1）ADCCON：ADC 控制寄存器。

15		14		13…6	
ECFLG		PRSCEN		PRSCVL	
5	4	3	2	1	0
SEL_MUX		STDBM		READ_START	ENABLE_START

其中各项含义如下：

ECFLG：转换结束标志（只读）	0：转换操作中；1：转换结束
PRSCEN：转换器预分频器使能	0：停止预分频器；1：使能预分频器
PRSCVL：转换器预分频器数值，数值 N 范围：1～255	注意：（1）实际除数值为 $N+1$（2）对 N 数值的要求：转换速率应该$<PCLK/5$
SEL_MUX：模拟输入通道选择	000：AIN0；001：AIN1010：AIN2 011：AIN3…111：AIN7
STDBM：备用模式设置	0：正常工作模式；1：备用模式，不做 A/D 转换
READ_START：通过读取启动转换	0：停止通过读取启动转换；1：使能通过读取启动转换
ENABLE_START：通过设置该位启动转换	0：无效；1：启动 A/D 转换（启动后被清 0） 注意：如果 READ_START 为 1，则该位无效

（2）ADCTSC：ADC 触摸屏控制寄存器。

8	7	6	5	4	3	2	1	0
保留0	YM_SEN	YP_SEN	XM_SEN	XP_SEN	PULL_UP	AUTO_PST	XY_PST	

其中各项含义如下：

YM_SEN：选择 YMON 的输出值	0：输出 0（YM=高阻）；1：输出 1（YM=GND）
YP_SEN：选择 nYPON 的输出值	0：输出 0（YP=外部电压）；1：输出 1（YP 连接 AIN[5]）
XM_SEN：选择 XMON 的输出值	0：输出 0（XM=高阻）；1：输出 1（XM=GND）
XP_SEN：选择 nXP 的输出值	0：输出 0（XP=外部电压）；1：输出 1（XP 连接 AIN[7]）
PULL：上拉切换使能	0：XP 上拉使能；1：XP 上拉禁止
AUTO_PST：自动连续转换 X 轴和 Y 轴坐标模式选择	0：普通 A/D 转换；1：连续 X/Y 轴转换模式
XY_PST：手动测量 X 轴和 Y 轴坐标模式选择	00：无操作模式；01：对 X 坐标测量；10：对 Y 坐标测量；11：等待中断模式

（3）ADCDLY：ADC 起始延迟寄存器。

31…16	15	14	13	12	11	10	9	8	7	6	5	4	3	2	1	0
保留为0	起始延迟数值：分两种情况															

①第一种情况：对普通转换模式、分离的 X/Y 轴坐标转换模式、连续的 X/Y 轴坐标转换模式，为转换延时数值。

②第二种情况：对中断转换模式，为按压触摸屏后到产生中断请求的延迟时间数值，其时间单位为 ms。

这个值不要设成 0。

（4）ADCDAT0：ADC 转换数据 0 寄存器。

15	14	13	12	11	10	9…0
UPDOWN	AUTO_PST	XY_PST		保留(0)		XPDATA 或普通 ADC 值

其中各项含义如下：

UPDOWN：等待中断模式的按压状态	0：触笔点击；1：触笔提起
AUTO_PST：自动 X/Y 轴转换模式指示	0：普通转换模式；1：X/Y 轴坐标连续转换
XY_PST：手动 X/Y 轴转换模式指示	00：无操作；01：X 轴坐标转换；10：Y 轴坐标转换 11：等待中断转换

XPDATA[9:0]:为 X 轴坐标转换数值或普通 ADC 转换数值,具体意义由其他位指示	其值为 0 ~ 0x3FF

（5）ADCDAT1:ADC 转换数据 1 寄存器。

15	14	13	12	11	10	9…0
UPDOWN	AUTO_PST	XY_PST		保留(0)		YPDATA

其中各项含义如下:

UPDOWN:等待中断模式的按压状态	0:触笔点击;1:触笔提起
AUTO_PST:自动 X/Y 轴转换模式指示	0:普通转换模式;1:X/Y 轴坐标连续转换
XY_PST:手动 X/Y 轴转换模式指示	00:无操作;01:X 轴坐标转换;11:Y 轴坐标转换;11:为等待中断转换
YPDATA[9:0]:10 位 Y 轴坐标转换结果	其值为 0 ~ 0x3FF

参考文献

[1] HENNESSY J L,PATTERSON D A. 计算机系统结构—量化研究方法[M].3 版.北京：电子工业出版社,2004.

[2] HENNESSY J L,PATTERSON D A. 计算机系统结构—量化研究方法[M]. 4 版.北京：电子工业出版社,2007.

[3] HENNESSY J L,PATTERSON D A. 计算机系统结构—量化研究方法[M]. 5 版.北京：人民邮电出版社,2013.

[4] 卡玛尔. 嵌入式系统:体系结构、编程与设计[M]. 北京:清华大学出版社,2009.

[5] 施部·克·威. 嵌入式系统原理、设计及开发[M]. 北京:清华大学出版社,2012.

[6] 沃尔夫. 嵌入式计算机系统设计原理[M]. 北京:机械工业出版社,2014.

[7] 卡特索利斯. 嵌入式硬件设计[M]. 北京:中国电力出版社,2007

[8] LABROSSE J J. 嵌入式实时操作系统 uCOS-Ⅱ[M]. 绍贝贝,译.北京:北京航空航天大学出版社,2003.

[9] 孙天泽,袁文菊. 嵌入式设计及 Linux 驱动开发指南[M]. 北京:电子工业出版社,2009.

[10] 刘淼. 嵌入式系统接口设计与 Linux 驱动程序开发[M]. 北京:北京航空航天大学出版社,2006

[11] CHRISTOPHER H. 嵌入式 Linux 基础教程[M]. 北京:人民邮电出版社,2012.

[12] 王洪辉. 嵌入式系统 Linux 内核开发实战指南[M]. 北京:电子工业出版社,2009.

[13] JOHN L. 嵌入式 Linux[M]. 北京:中国电力出版社,2003.

[14] 俞辉. 嵌入式 Linux 程序设计案例与实验教程[M]. 北京:北京航空航天大学出版社,2009.

[15] MAURICE B. UNIX 操作系统设计[M]. 北京:机械工业出版社,2000.

[16] 崔贯勋. 物联网技术基础实践[M]. 北京:清华大学出版社,2014.

[17] 王洪泊. 物联网射频识别技术[M]. 北京:清华大学出版社,2013.

[18] 李联宁. 物联网安全导论[M]. 北京:清华大学出版社,2013.

名词索引